JN011725

電気技術者
現場バカのしくじり

株式会社ボルト **大嶋輝夫** 著

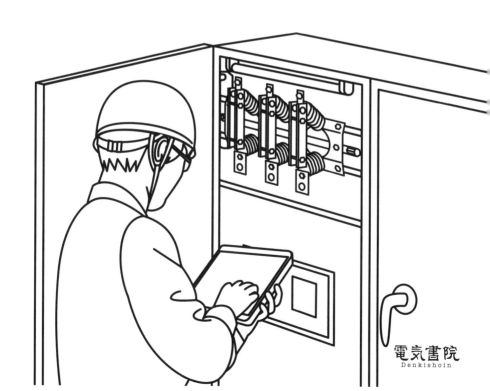

電気書院
Denkishoin

は じ め に

しくじりは，今から 50 年前の中学を卒業して上京した日から始まりました．

新宿から京王線に乗車して，聖蹟桜ヶ丘という駅で下車するように中学校の担任から教えてもらっていました．何も知らない田舎者の私は，新宿駅の切符売り場で乗車券を買い，聖蹟桜ヶ丘に停車する電車を駅員に尋ねたところ，目の前のドアの空いていた電車に乗ればよいと言われ，ドアの締まる直前に飛び乗りました．

乗車した車両の雰囲気は普通電車のようでしたが，車内放送で「特急電車」という言葉が耳に入ったとき，「特急券」を買ってないではないかと焦り始めました．車掌は来ないし，どうしたらよいかと考えているうちに聖蹟桜ヶ丘駅に無事到着し，下車しました．

すかさず改札脇の窓口に行き，駅員に「特急券を買わずに乗車しました」と告げたところ，「京王線の特急は特急券は要らないよ」と言われ，周りにいた人たちの田舎者という蔑んだような目線が集まったことを今でも鮮明に思い出します．

それから 50 年，現場好きの筆者は「現場バカ」と言われ続け，多くの「しくじり」を繰り返してきた人間である．今になっても多くの方々にたくさんのことを教えていただき，また，電気保安法人を近年設立して新たな挑戦をはじめると，多くの優秀な技術者が支えてくれ，自分なりによき人生を送らさせていただいていることに感謝し，少しでも皆に恩返しできればと思う今日この頃である．

本書は，筆者が経験したしくじりの事例，および同僚・先輩・上司から聞きおよんだ事例などがほとんどです．

筆者のしくじりは参考にすら値しないという方もおられると思いますが，読者皆様のお仕事にほんの少しのヒントにでもなれば幸いと存じます．読者お一人お一人が，周りに信頼される電気技術者になられること

を祈念しております.

著者記す

目　　次

第1章

電力現場でのトラブルからの教訓

1-1
現場の理論
ここ掘れワンワン！

　2009年に，80歳を迎えた元上司のお祝いの席に出席した．私が「師」と仰ぐお方である．

　30年以上も前の話であるが，当時，現場第一線の現業職場に配属され，職位も副班長となっていた．

　その年もいつもの年と同様に正月休みを終えて1月4日に出社し，社内放送で社長の"年頭の挨拶"なるものを聞いていた．その矢先，設備事故を知らせる「警報」が鳴り出した．

　即，私は事故測定班のうちの第1班の責任者として現場へ向かった．

　ケーブルの地絡事故である．我々の班は電源変電所へと向かった．

　地絡抵抗が小さかったことから，電源変電所のケーブルヘッドのリード線を切り離し，マーレーループ法による事故点測定を実施することとした．高圧マーレー法による測定にて，東京都道の地中に直設埋設されているケーブル部が「事故点」との測定結果が出た．

　私は早速ケーブルの布設ルート図を取り出した．

　測定結果のケーブル部の事故点から5mほど離れているハンドホール内に接続部があり，私は勝手に私流の"現場理論"から，この接続部が「真の事故点」だと決めつけた．

　その当時の私流の"現場理論"では，ケーブル事故のほとんどは，接続部で発生していたことが多いことから，測定結果の事故点から5mほど離れていたが，この程度は測定誤差範囲だと勝手に結論づけた．

　そこへ次長（80歳を迎えた元上司）から「テルちゃん，事故点出たかい？」と無線が入った．私は自信をもって，前述の内容を次長に報告

した.

　ところが,「バカヤロー！　おまえはまだ電源変電所にいるのだろう.現場を見たのか.憶測で判断するな！　事故点現場へ行け！」「おまえの判断が当たっているか間違っているかは現場を見てからの話だ.事故点がケーブル部と接続部とでは復旧方法も異なるんだぞ.俺も現場へ行く」とのことであった.

　そんなことぐらい俺も知ってるよ.でも,「俺の現場理論からいえば事故点はケーブル部ではなく,接続部だよ！」との思いで現場へ直行した.

　現場にはすでに次長が到着しており,付近を「犬」のように嗅ぎ回っていた.私が作業車から降りるや否や「テルちゃん,ここが臭うぞ！油だ！」と言う.

　私には何も臭わない.それどころかまだ道路を掘削してもいないことから,地中深い場所にあるケーブルの油の臭いなど警察犬でもわかるはずもない.

　ほかの誰もが私と同様であった.私たちが不思議に思う間もなく次長

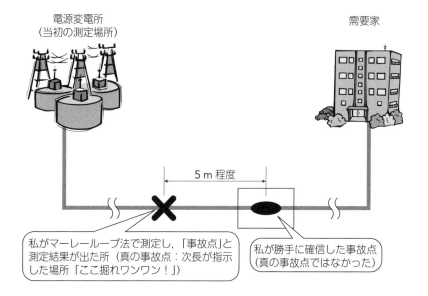

電源変電所
（当初の測定場所）

需要家

5m程度

私がマーレールーブ法で測定し,「事故点」と測定結果が出た所（真の事故点：次長が指示した場所「ここ掘れワンワン！」）

私が勝手に確信した事故点（真の事故点ではなかった）

は警察署の許可をとりつけ，道路掘削請負者に"ここ掘れ！　ワンワン"といわんばかりに道路の掘削を開始させた．

　唖然としている私を横目に，道路を少し掘った段階で「おー！　かなり臭ってきたな！」と，自信満々で次々に指示を出す．一方，私は接続部を一刻も早く解体して私の理論の裏づけを次長に見せたい一心で，次長の承諾を得て5mほど離れた接続部の掘削を平行して行った．

　接続部分は直接埋設のハンドホール内にあったことから，土の中から接続部のほうが早く顔を見せた．次長の指示で接続部を解体したが接続部に事故点は見当たらなかった．

　一方，次長の指示していた場所（事故点と測定されたケーブル部）では，堀りあがった道路の土の中からSLケーブルが顔を見せた．事故点の再測定は不要であった．SLケーブル（紙絶縁ケーブル）には地絡事故による鉛被に穴が空いた箇所が出現し，油がにじんでいた．

　私も直接油の臭いを嗅いでみるがほんのわずかである．道路を掘削していない時点で地中深くの臭いが本当にこの「オッサン」にわかったのか？

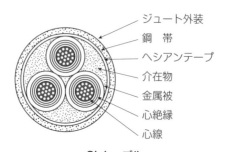

SLケーブル
出典：東京電力，地中送電技能訓練センター

次長は警察犬か？

嘘だ！　絶対に何かからくりがあるはずである．

この疑問は次の日，次長に呼ばれて解けた．次長の鼻が警察犬のように利くわけでなく，"多くの経験"から事故点が臭ったのである．それは，

① 　マーレーループ法による事故測定は，パルス法などほかの測定方法と比較して測定誤差は非常に少ない．つまり，裏を返せば「正確」である．

② 　道路にほかの企業の掘削跡がわずかにあった（数か月前の他企業工事でケーブルに傷をつけられた可能性あり：外傷遅発事故）

　　→ 　他企業工事のファイルを持参してきている（私は事故測定のことで頭がいっぱいで，他企業工事の実績まで考慮できなかった）

③ 　当該ケーブルは，経年25年以上の鋼帯外装ケーブルで，外装がかなりさびてぼろぼろとなっていることが予想され，他企業工事等による掘削用工具が接触しただけでもケーブルを傷つける度合いが大きいこと．

などなど，次長の多くの現場経験による理論から臭いを感じたのだ．

このことがあってから私はまず現場に多く出て，よく嗅ぎ回りよく触るようにし，その結果をもとに机上で物事を考えるようにしている．昨今，機械化が進みパソコン上で仕事が進むようになってきたが，電気技術者は現場に多く出向くことで，現場の理論を学ぶことができると最近特に感じているのは，私だけであろうか．

「ファラデーの電磁誘導しかり，難しい電気の理論も現場の理論も同じである．何回も失敗・経験を得てその理論が確立されているんだ」「現場と理論は違うなどという者がいるが，それこそ愚の骨頂である．おのれ自身の不勉強・愚かさを知れ」

当時，次長からの貴重な教訓であり，私が大切にしている言葉である．

1-2

電気理論は事故を防ぐ

　「ばかものー！　"テル！"おまえのこの設計図で現場はどうなるのか
わかってんのか．電気理論を勉強し直せ！」久々に次長からの雷であっ
た．

　自分ではすばらしくきれいに仕上がったトレース図面（昭和50年代
までは墨入れの図面が多く，自分のトレースの腕に自信をもっていた）
を持ち，意気揚々と次長の前に出向いたのであった．しかし，次長から
大きなパンチを食らった．

　問題の図面は需要家の敷地内に第2工場までの地中連絡管路を造り，
その中に高圧ケーブルを3相別々の管路に収める設計図であった．径の
細い管路を3条敷設するほうが現場の状況からベストであったため，そ
のような設計図としたのであった．

　私は完璧と思っていたので，誤っている箇所がどこなのかわからず途
方に暮れていると，次長から「おまえは渦電流を知っているか？」と聞
かれた．何となく知っていたくらいで正確に答えることができなかった．

　次長はいつも謎めいた言葉をかけられるので，設計図に大きな誤りが
あるとすれば渦電流であるに違いないと思い，ケーブルに関する専門書
を読んでみたがわからない．いろいろと書籍を調べていると，工業高校
生時代に受験した電気工事士（現在は第2種電気工事士）のテキストに
その答をみつけた．

　私の設計図には大きな誤りがあった．

　それは，管路にGP管という金属管路を使用した図面になっていた
のである．通常，CVT（トリプレックス形）ケーブルなどを金属管路

に収める場合，金属管内を流れる電流によって発生する磁界は3相の電流により互いに打ち消されるので，3相とも電流が平衡していれば理論上"0"となるので問題はない．

しかし，3相別々の管路に収める私の設計図では，交番磁界によって金属管に渦電流が流れ，渦電流損による金属管の発熱が現れるのは明らかであった．現場状況から大きな径の管路を敷設することができないことから，管路の材質を硬質ビニル系のものに変更した図面とした．

自分の自己満足で持っていった設計図がただの紙切れであることを知り，手直しをした図面を持ち次長の部屋へと足を運んだ．「テルちゃん！　渦電流の理論がわかったようだな」「しかし，いつみてもおまえの図面はきれいだな」と言われたが，自分がいかに不勉強であったかわかったときでもあった．

このこともきっかけとなり，基礎勉強の大切さを改めて感じたことと，次長が電験1種の免状を試験で取得していたこともあり，自分も電験の取得を目指して勉強を始めたのであった．

別現場での事例

その後，こんな出来事があった．ある自家用の需要家に低圧母線の太線化をお願いしておいたところ，通りがかりにその需要家の責任者に「大嶋さん，改修工事が先日終了したので，今日，時間があったら確認してくれるかな」と呼び止められた．

時間があったので確認してみると，母線は太線化されていたのだが，3本のうちの1本が金属管の外側に配線されているではないか．

さーて，ここまで読まれた読者はこの後私がとった行動はご想像がつくはず．──金属管を太くして3本の電線をその電線管にすべて収めた．

低圧電線も特別高圧ケーブルでも同じである．良い仕事をしよう．ちなみに，このときの電線管の温度は95℃に達していた．うっかり素手で触ろうものなら，火傷である．また，知らずに時間が経過したら大きな短絡事故になって大変なことになったと思うと，ホッと胸をなで下ろ

したことはいうまでもない.

　そのほか，変圧器など電気機械器具の鉄心の渦電流抑制対策など，渦電流一つをとっても電気の理論は奥が深い.

　第2種電気工事士の筆記試験に次のような問題が出題されていた.

【問題】　電線を電磁的不平衡を生じないように金属管に挿入する方法として，適切なものは.

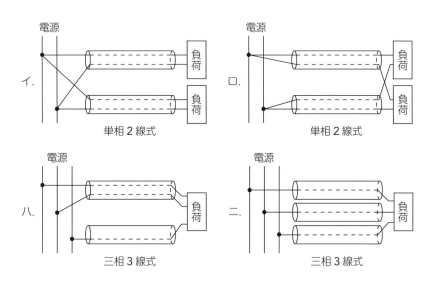

という内容のものである.

　私が最初に描いた図面は，この問題の「ニ」の図面であり，次長の雷をいただいてしまった訳である.　また，別現場での事例は「ハ」のようになっており，電線管の温度が95℃に達していた訳である.

　内線規程3110節：金属管配線の3110-2（電磁的平衡）では，「交流回路においては，1回路の電線全部を同一管内に収めること」と規定している.　ここに，1回路の電線全部とは，単相2線式であれば2線を，単相3線式や三相3線式回路であればその3線をいう.　したがって，正解は「イ」となることがわかる.

1-3

原因は現場にあり

　40年ほど前，5月中旬の日曜日の当直時の出来事である．

　現場事務所のインターホンを鳴らし続ける訪問者があった．

　50歳くらいの中年の男性が「マンホールの音がうるさくて眠れない！　何とかしろ！」と怒鳴り込んできたのである．たまたま主任が夜勤明けでまだ所内に残っていたので，現場へ同行してもらった．

　その現場は，都内でも慢性的に交通渋滞の発生していた環状7号線沿いのマンホールであった．

　現場に行くと，確かにマンホールのふたが胴枠（ふたを受ける枠組）との擦り付けが悪くガタついており，「ボワン」というような音を出していた．主任と私でとりあえず，粘土などを使用して仮補修を行った．

　所長の指示で，10日後にそのマンホールの本補修（胴枠とマンホールのふたともに改修）を計画していたところ，また同じ方から「マンホールの音がうるさくて眠れない！　これから警察に行く！」との苦情の電話が入った．

　その方の怒りは頂点に達していた．新築したばかりの家をお宅の会社で買い取れとまで言ってきたのである．

　その場は所長の対応で何とかおさまった．私はすぐに本補修の手配をしようとしたが，所長は仮補修をして毎日現場に出向き，音の原因を探れとの指示であった．

　所長はその方にあるお願いをしていたのである．それは，ほかの現場でも同様に発生しているマンホールの音の発生を食い止めたいとの思いから，音の発生原因を徹底的に突き止めるため，再度，仮補修とさせて

いただき，毎日現場での調査を実施するということであった．

　この仕事が私のグループ担当となったことから，それから毎日24時間体制で同じ現場へ出向くこととなった．5日しても現場に変化はなく音もしない．

　このことを所長に報告すると一喝された．「絶対に何か変化があるはずだ．嫌々おまえたちは現場に行っていないか．真剣さが足りない」．事実，私を含めた若年層のグループのメンバーは，毎日マンホールのふたばかり眺めている単調さに飽き飽きしていたのであった．

　どうしたらよいのか思案しているとき，次長も班長もとにかく「現場に出向いて現場を真剣に見ろ」とのことであった．しぶしぶ現場に出向

き，今日は見る場所を変えて見てみようとしたときである．

　大形車が前方の赤信号でブレーキをかけながらそのマンホール上を通過したとき，かすかに「ボワン」という音とともにマンホールのふたがほんの少し回転したように見えたのである．

　これが原因かもしれないと思った私は，マンホールと胴枠にペンキで印を付け，それこそ真剣に1日中マンホールのふたの動きを観察することとなった．1日に約1cm程度ではあるが確かに円周方向にふたが回っていたのである．

　そしてついには，ふたと胴枠の擦り付けの悪い箇所までふたが回ると，大きな音が発生（かなりの騒音）することがわかった．

　このことを所長に報告すると，所長から一言．「電気の現象にしろ，何の現象にしろ，原因は現場にある．行き詰まったときなどはもう一度現場をよく見ることが大切だな」

　その日に所長と私とで例のお宅へ伺い，音の原因と本補修の方法を説明しご了解を得た．その方は，毎日我々が約束を守り，現場を24時間調査していたことを見ており，「お宅の会社は信用できる」とまで言ってくださった．

　信頼を回復するには時間がかかるが，とにかく地道に仕事を行うことが大切であるとの教訓を得た．

　さらに所長からの宿題で，この事象についてのさらなる研究と適切かつ効率の良い補修方法についての研究結果を社内発表し，表彰されたことを付け加えておく．

　このことがあってから何か事象が起きるたび，とにかく現場へ何度も出向き，真の原因を探るようになったと思う．机上での想定は悪いとはいわないが，やはり事象は現場で起きているのである．

　そういえば，映画にもこのようなせりふがあった．

　「事件は会議室で起きてるんじゃない．現場で起きてるんだ！」

1-4
毎日の点検は大切
私は放火魔？

　2月は火災の多い月であるが，私自身が「放火魔？」となってしまっ
た苦い経験は，忘れもしない．

　その日は東京都大田区郊外の屋外変電所で送電線路の絶縁耐力試験を
実施するため，同僚たち6名と絶縁耐力試験車（事故測定もできる優れ
もの）で現場へ出向した．また，雲一つない快晴で絶好の試験日和であ
り，皆，気分の良い心もちで現場へと向かった．

　現場での試験準備も手順どおりに進み，皆，すぐそこに待っている悪
夢など知る由もなく，鼻歌交じりに耐圧試験準備も終了した．外の風も
穏やかで，私もなんとなく気分もウキウキしていた．

　給電所からの線路の停止連絡を受け，班長の指示で私と同僚で該当路
線の検電と接地を付けた後，相手端の変電所へ連絡を取り接地付けを指
示した．課電に向けて順調に手順どおりに作業は進んだ．

　「課電開始！」班長の指示で耐圧試験器の高圧スイッチが「オン」と
なった．チャート紙に描かれる漏れ電流曲線もいつになくきれいな曲線
であった．

　しかし，課電を開始して3分ほど経過したところでいきなり電流が
"0"，さらに電圧も"0"となり，電源も落ちてしまったのである．

　皆，一瞬何が起きたのか信じられない面持ちであった．私たちは試験
車に積んである測定装置が故障したのだと思い，気を取り直して装置の
点検を始めた．すると，"何か焦げ臭い"臭いがする．やはり故障だと
思ったときである．煙が漂ってくるではないか．「火事だ！」と同僚の
1人が叫んだ．

第1図

　辺りを見回すと，試験車より少し離れた所の，変電所内の芝生が燃え
だしているではないか．また，今日に限って何でこんなによく燃えるん
だ．アホー！　などといっている場合ではない．我々はすぐに水をかけ
て消火活動に入った．手際良く消火できたので，大事に至ることはなか
った．

　「発火の原因は何だ！」実は発火の原因は，私たちの持ってきた耐圧
試験器電源用の電工ドラムであった．その電工ドラムのキャブタイヤコ
ード部分には，1か所切断されたとみられる箇所があり，さらに切断箇
所の導線部分が適当により合わせて接続されており，おまけにビニルテ
ープで2〜3回巻いた（銅線部分が露出していた）だけのお粗末な補

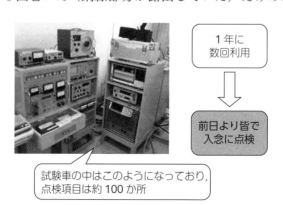

第2図

修が施してあるだけであった．発火したのは当然のことであった．

　しかし，本当の意味でのお粗末は，私たちの"出発前の点検"であることは明らかである．

　私たちは，前日より普段使用の少ない試験器類の点検は入念に行い，さらに試験当日の出発前にも詳細点検を実施した．

　しかし，耐圧試験器の点検ばかりに気を注ぎ，普段からよく使用する工具類の点検は，手を抜いていたと認めざるを得なかった．皆で深く反省したことはいうまでもない．

　我々電気技術者が，普段何気なく使用している工具類には，命綱，検電器，接地工具をはじめとする，命を守る工具類も少なくない．また，これらの工具は我々の生活を支え，社会の生活をも支えているといっても過言ではないであろう．

　工具類に限らず，現場へ出向する前の点検について，あなたの職場で，あなた自身がもう一度見直してみてはいかがだろう．

　「出発前の点検ヨシ！」

1-5

予定外作業は臭い〜！

　梅雨時の雨の日に鼻につく臭い（マンホールから漂ってくるあの汚物の臭いである）を嗅いでしまうと，40年程前のいや〜な日を思い出してしまうのである．

　その日は，ポンプ補修の作業票を班長から手渡され，手続きの非常に面倒である共同溝での作業に従事することとなっていた．

　班長と私と同僚2名は午後，前日の大雨により故障したと思われる共同溝マンホール部に設置されているポンプへと向かった．

　我々の調査結果から，ポンプ自体が故障していることが判明した．

　班長の指示で私ともう1名の同僚は現場経験が浅く力も有り余っている？　ことから，地上に駐車中のトラックに40kgほどあるポンプを取りに行き，慎重に共同溝マンホール部へポンプを運び込んだ．

　班長と別の同僚1名は故障しているポンプの撤去作業を実施しており，1時間ほどで取替え作業は終了した．

　作業が終了したところで，無線連絡が入り，班長と別の同僚1名は職場へと戻った．

　私ともう1名の同僚は意外に早く作業が終了したので，一服してから帰社しようということとなり，一服し始めたところ，同僚が時間があるので同じ共同溝の隣のマンホール部の調査をしていこうと，言い出した．

　共同溝の入溝許可は，ポンプ補修を実施した場所のみで，隣のマンホール部の許可は得ていなかった．

　共同溝の入溝許可は非常に面倒であり，許可を得るまで通常であれば2か月程度かかるので，私は悪いこととわかっていたが，調査をしてい

こうと同意してしまった.

　私たちのチームは,隣のマンホール部の電線路設計を進めており,「見つかりさえしなければ」また「調査だけなので」という思いから,「予定外作業だけれどよいだろう」と安易な気になり,懐中電灯の灯りを頼りに隣のマンホールへと向かってしまった.

　……ここからが悪夢の始まりであった……

　共同溝の通路を歩いて隣のマンホール部へ向かう途中で事件が起きた.

　先頭を歩いていた私は「ワアー！」という声とともに,崖から落ちるように共同溝のマンホール部の深くなっている所へ,続いてきた同僚とともに落ちたのである.

　共同溝の入構許可も得ず,所長の承認も得ないで作業をしてしまったことの天罰が下ったのである.

　図に示すように,大雨の影響で通路とマンホール付近が水浸しになっており,共同溝の入溝許可を得ていないことから,通路照明はなく（共同溝の電気は許可を得ていないと分電盤のスイッチを入れることができない）,懐中電灯の灯りを頼りに進んでいった我々は,段差の区別が付かなかったのである.

　ケガがなかったのが不幸中の幸いであった.

　……ここから第二の悪夢が始まった……

　「おい！　何か臭うぞ」

　そうなのである.水中にいる私の目の前には汚物が浮いているではないか.

　「うわー…（2人とも絶句）」

　その後,帰社するまでの悲惨な光景と,作業車の中のこの世の臭いとはとうてい思えぬほどの悪臭は読者の皆さまのご想像に任せよう.

　この汚物については,後日わかったことだが,付近の下水管と電力管が同じ埋設箇所で破損し,汚水が電力管を伝って共同溝に流れ込んでいたのである.

我々は所長とともに当時の建設省に出向き，事の次第を嘘偽りなく報告した．

建設省のお役人から厳しい指導が（汚物については指導係の皆さんに笑われっぱなしであったが）あった．

結局，この場所のポンプも故障していたため，後日，建設省の指導と所長命令で私たちの手で補修することとなってしまった．

ちょっとした思いつきでの「予定外作業」が，思わぬ大事故となっていることがしばしばある．

私たちもこの日，汚水が流れ込んでいなかったら……と思うとぞっとしたものである．

当然，私たちはこの日から予定外作業は一度もしたことはなく，させたこともない．「予定外作業は臭いぞ?!」を合い言葉に……．

1-6

補助ロープは身を守る

　暗きょ布設（現場では暗きょのことを「洞道」という）する地中送電ケーブルの現場調査での出来事である．

　当時，私は新米の主任となっており，部下を引き連れて現場調査に洞道の地下へと向かった．その洞道は地下30mもの深さに位置しており，調査開始前のTBM（Tool Box Meeting：危険予知訓練）で「3点支持と補助ロープの確実使用」の安全目標のもと，地中深く入孔していった．

　現場調査は地下の中を5kmほど歩きながらの調査で，洞道内の温度が35℃程度と非常に高く，皆，汗でびしょ濡れ状態であったので，少々休息をとり，地上へ戻ることとした．

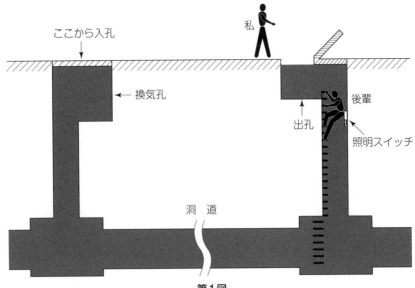

第1図

作業開始前に入孔した場所からかなり離れた場所であったので，近くの出入孔口より地上に上がることとした．その場所は地上へ上るための梯子が垂直についており，あまり気持ちの良い場所ではなかった．

部下の1人が高所恐怖症なので，私が先に上り地上の歩道部にある換気孔のふたを開けて地上で待つこととした．

高所恐怖症の部下も何とか尻をつき出したおかしな格好で梯子を上り始め，地上まであと1mという所まで来たとき，「ギャー」という声とともに梯子より足を滑らせて補助ロープ2本で宙づり状態となってしまった．

「大丈夫か．何がどうしたんだ」

彼は気は確かであったので，すぐさま梯子にしがみついた．

「感電しました．でも大丈夫です！」

と言ってなんとか地上へ出て来た．原因はすぐに解明できた．

へっぴり腰で上ってきた部下の尻が，換気孔付近に設置されていた金属製の照明用スイッチ（漏電していた）に触れて感電し，足を滑らせた

第2図

のであった.

　"補助ロープは身を守る"ことを証明してくれた実体験であった.

　その後，照明スイッチの防水化と位置を変更したことはいうまでもない.

　我々の働く職場（現場）は，感電と隣り合わせでもある.

　どこに危険が潜んでいるやもしれない．たまに「俺は慣れているから」と言って，安全保護具を軽んじている人を見かけることがある.

　安全保護具の確実着用は，いつどこで何が起こるかわからない危険から自分の身を守ってくれることを，職場の皆ともう一度話し合ってみてはいかがだろうか.

　"3点支持と安全帯・補助ロープの確実使用はわが身を守る"

　その後の彼は？

　もちろん，立派な班長として部下を指導中！

1-7

電磁誘導による火花で火災発生

　休日というと家でごろ寝をしている方や，逆に体を動かそうと公園に出かけてジョギングなど楽しまれる方も多かろう．私も晴れた日にはジョギングに出かけて，その後のビールを楽しみにしている．

　30年ほど前の休日も例外ではなく，国体の実施された運動公園まで足を伸ばして2時間ほど走りこんできた．シャワーを浴び終えてビールのつまみも整い，昼の楽しみを始めようとしたときである．

　電話のベルが鳴り出した．いやーな予感がしたので受話器を取るのを一瞬ためらったが，居留守を使うほどではないと思い受話器を取ると，トラブルの一報であった．ビールを横目に職場へと直行した．

　職場に到着すると，私のグループが担当する工事現場での暗きょ内火災である．

　早速我々は最近「火」を使用する仕事を行ったかをチェックしたが，使用した記録などない．とくに当該工事現場はOFケーブルの工事であったため，毎日絶縁油を扱う作業であることから，たばこも地上の決められた喫煙所でしか作業員全員吸っていないとのこと．

　また，接続前であることから，トーチランプ（はんだを溶かすためのガスボンベなど）の使用もまだ先のことであった．

　とにかくいろいろなことを想像しながら図面を片手に火災現場へと急行した．

　現場に到着すると消防車が30台ほど到着しており，消防隊長が我々のところに駆け寄ってきた．

　何が原因なのか．我々も消防も考えられることは，ケーブルの絶縁破

壊による漏電による火災であろうということであったが，トリップ情報
も発生していないことから，狐につままれた思いである．

　消防によるインパルスという優れものの消火器と，消防士の必死の消
火活動のおかげでようやく鎮火に至り，即，出火原因の調査に入った．

　現場検証の結果，作業用の油タンクから停止中の OF ケーブルへ仮給
油している給油管が出火場所であることが判明した．

　しかし，火も使用していない，ましてやたばこの吸い殻など見当たる
はずもない，我々も消防も原因がわからない．ただ，給油管に穴が開い
て絶縁油が漏れている状態にあった．

　消防の許可が下りたため，穴のあいた給油管を撤去しようとしたとき
である．「バチッ」と放電音が聞こえた．

　これが原因だ．給油管とケーブル支持金物（接地）の間で放電があり，
その放電が原因で管に穴を開け，絶縁油に引火したことが判明した．停
止中の電線路につながれた管の電圧は 15 V 程度であった．

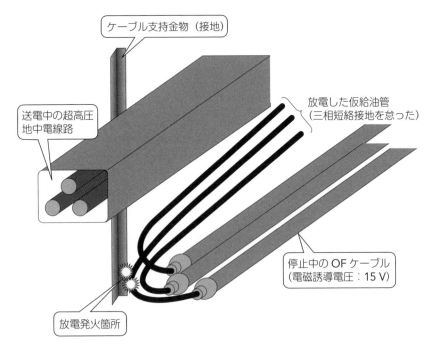

　すぐさま職場に帰所し，直近の運転線路からの相互誘導で発生する電磁誘導電圧の大きさを計算してみた．計算値は現場の電圧とほぼ一致した．変電所側の接地を確実に施したので，現場のケーブル心線については検電のみで，給油管をつないでいた関係上，三相短絡接地を我々は実施していなかった．

　また，電磁誘導電圧があることもわかってはいたが，電磁誘導電圧は小さいので，安全であると高をくくっていたのが誤りで，電磁誘導のエネルギーまでは考慮しておらず，そのエネルギーは十分に放電する能力をもっていたのである．

　車のバッテリーを短絡させたときを思い浮かべてみると納得がいく我々であった．その心線に直接給油管をつないでいたため，支持金物との間で放電するのは当然のことだったのである．

　その後，停止作業で変電所の電路接地を施しても，現場作業でわずかな電圧が現れる場所すべての三相短絡接地を施すことを徹底したことはいうまでもない．「電磁誘導の力」によって改めて三相短絡接地の大切さを勉強させられた我々であった．

　近年の電気主任技術者試験問題にも三相短絡接地に関連する出題があったが，皆さんも電気技術者として，自分の受け持ち現場の三相短絡接地箇所・手順などについて再チェックしてみてはいかがだろうか．

1-8

電気の笑い声？

　皆さんは「電気の笑い声」を聞いたことがありますか？　確かに私は聞いたのである．

　それは35年ほど前の出来事である．

　私と同僚はお客さまの屋内変電室での作業を終了し，屋外で機材を車両に積み込んでいた．そこへ，お客さまの電気主任技術者の方が急ぎ足で我々の元へと駆けつけた．

　「特別高圧電路を復電したところ，変電室のどこか特定できないのだが，奇妙な音が聞こえてくる」とのことであった．

　現場へ戻ると我々が作業した付近から微かに金属音のような，人の笑い声のような音が聞こえる．その音は，我々が実施した変電室母線の付近から聞こえてくるように感じた．

　その日，我々はケーブルヘッドの補修工事を実施しており，また，別の請負者が変電室母線の補修工事を実施していた．つまり，競合工事であった．とにかくどちらかの工事がその音の原因であることは確かである．

　皆でどこからその音が出ているのか調査してみると，屋内であるがため，あらゆる場所から発生しているように聞こえ特定できなかった．そこで電力会社の給電所へお願いし，再度お客さま母線とケーブル線路を停止し，ケーブルヘッドと断路器などのボルト類の締め付けチェックを実施することとした．

　しかし，我々の予想は見事に外れた．

　我々も変電室母線の補修工事請負者もボルト類の締め忘れはなかっ

た．ますますどこからその音が発生しているのかわからなくなり，困惑してしまった．

その日は，それ以上停電を引き延ばしておくことができず，復電を行ったが，その笑い声が消えることはなかった．我々は監視者をお客さまの変電室へ置き，帰社した．

本日の作業報告を所長やほかの上司に報告した．

本日の事象を所長に話したところ，「それは電気の笑い声だな」とのことであった．

電気の笑い声とは，母線やケーブルヘッドのリード線（軟銅より線）の"わらい"部分からのリーク音のことをいうとのことであった（図参照）．

我々の実施したケーブルヘッドではなく，おそらく変電室母線の工事

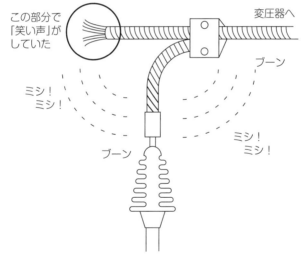

この部分で
「笑い声」が
していた

変圧器へ

ブーン

ミシ！
ミシ！

ブーン

ミシ！
ミシ！

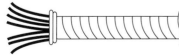

金属がきしむような音は，軟銅より線
の「わらい」部分から，リーク音が発生
したもの．

対策

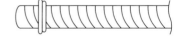

① バインド線で堅ろうに固定
② わらいの切断
③ やすりによる面取り

を実施した，お客さま側の請負者のほうに原因があるだろうとのことであった．

　所内の倉庫の隅にあるメーカ製のスーパーホーンというものがあるので，それを使用して再調査しなさいとのことであった．その日は夜も更けていたので，翌朝，スーパーホーンを倉庫から持ち出し，その笑い声の特定を再度実施することとした．

　翌朝現場へ行くと，変電室母線の補修工事請負者のほうもスーパーホーンを用意しており，やはり，上司に相談したら「電気の笑い声」ではないかとのことであったそうである．

　我々は合同で調査を開始した．調査を開始してから数分で「電気の笑い声」を発生している箇所を特定することができた．

　結果は所長がいっていたとおり，母線の端部のバインド部分がほんの少しであるが緩んでおり，その"わらい"部分から笑い声がしていたのであった．

　早速，その部分をバインド線でしっかり固定すると，我々をあざ笑うかのように笑っていた母線の笑い声が，ぴたりと止まった．

　皆さんは電気の笑い声を聞いたことがありますか？

　近年における受電設備は縮小機器が多く採用されており，このような現象を体験することはまれとなることだろう．

　しかし，昔も今も「施工不完全」をなくして良い設備を建設しなければならないことに変わりはない．技術者として，施工後のチェックはマンネリ化することのないよう，隅々までチェック・検査し，安全かつ品質の良い電気を送りたいものである．

1-9

新座の洞道電気火災の原因は？

新座の電気火災の原因はどのようなことが考えられるのでしょうか？　という質問があるテレビ局からあったので，想定される原因について概要を述べる．

⑴　**2016年10月12日火災発生時点での想定**

　第1図に示す換気孔からの多量の煙から，OFケーブル火災に間違いないと確信した．20年ほど前と25年ほど前に2回OFケーブル火災を経験しており，25年ほど前の火災は現場で私が消防と対応したことがあったため，すぐにピンときたのであった．

第1図　事故現場の換気孔からの煙（出典：東京電力）

火災発生の次の日，ある報道番組出演時は，情報が少ない中から想定される事故原因について「油圧の低下による絶縁耐力の低下」ということで解説した．

OFケーブルは油圧を0.3〜0.6 MPa程度（使用最高圧力はアルミシースの場合，通常0.8 MPa程度）としてケーブルの絶縁耐力を維持していることから，何らかの原因によって油圧が低下し，絶縁破壊（OF単心ケーブルなので地絡故障）してその際にアークによって絶縁油（鉱物油）に引火したものと想定したのである．

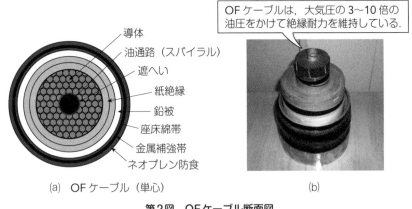

OFケーブルは，大気圧の3〜10倍の油圧をかけて絶縁耐力を維持している．

導体
油通路（スパイラル）
遮へい
紙絶縁
鉛被
座床綿帯
金属補強帯
ネオプレン防食

(a) OFケーブル（単心）　　　　　　(b)

第2図　OFケーブル断面図

また，事故箇所については接続部が弱点であることから，接続部の地絡故障であることに間違いないとテレビ報道では放送した．第3図に示すように接続部は給油コネクタ部と鉛工部が特に弱点である点からもこの部分からの漏油などが考えられた．

さらに，OFケーブル線路は，高低差によって静油圧に違いがあることから，特にルートプロフィールの高い位置の静油圧が低い位置より先に低くなる．このことから2016年10月12日火災発生時点では第4図に示すようにそのほかの原因も考えられた．

(2) 2016年11月4日のプレス発表から想定される原因

2016年11月4日のプレス発表での注目すべき点は二つある．

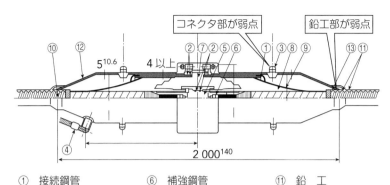

コネクタ部が弱点　　　鉛工部が弱点

①	接続鋼管	⑥	補強鋼管	⑪	鉛　工
②	O リング	⑦	エポキシユニット	⑫	防食層
③	コネクタ	⑧	絶縁油浸紙	⑬	セミストップ
④	接地端子	⑨	すずめっき軟銅線		
⑤	導体接続金具	⑩	スペーサ		

第3図　275 kV OFケーブル接続部断面図

OFケーブルの給油系統概要

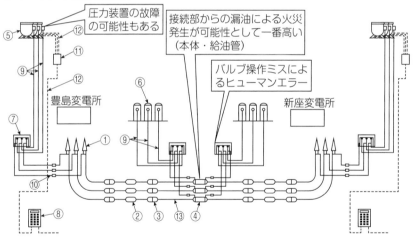

圧力装置の故障
の可能性もある

接続部からの漏油による火災
発生が可能性として一番高い
（本体・給油管）

バルブ操作ミスに
よるヒューマンエラー

豊島変電所

新座変電所

①	気中終端箱	⑥	圧力油漕	⑪	制御ケーブル用端子箱
②	普通接続箱	⑦	バルブパネル	⑫	制御ケーブル
③	絶縁接続箱	⑧	油量指示および警報受信装置	⑬	OF ケーブル
④	油止接続箱	⑨	給油管		
⑤	重力油漕	⑩	給油管用絶縁接手		

第4図　想定される原因のまとめ

① 　事故当日の油圧データから，城北線3番黒相は絶縁破壊後，油圧が低下しているのに対し，絶縁破壊した城北線1，2番，北武蔵野線1，3番は絶縁破壊する前に油圧が低下している.

② 　火災発生箇所の城北線3番黒相接続部は2008年に3 ppmアセチレンの発生が認められ，2011年15 ppmまで上昇後，下降傾向を示し，直近の結果は6 ppmとなっていた．可燃性ガス総量もアセチレンと同様に上昇・下降傾向を示している.

　上記①により，城北線3番黒相の絶縁油が劣化して絶縁破壊（地絡故障）し，そのアークエネルギーによって接続部の銅管（コネクタ部の弱点付近）が内圧上昇によって破裂して，絶縁油が霧状に噴出し，霧状の絶縁油に引火したものであると想定できる.

　また，上記②により城北線3番黒相は，ほかの相よりも"接続部のコア移動量"が大きかったものと想定される（第5図参照：コア移動量の発表はなし）.

　接続部のコアがミリ（mm）単位で移動した場合，ストレスコーン部

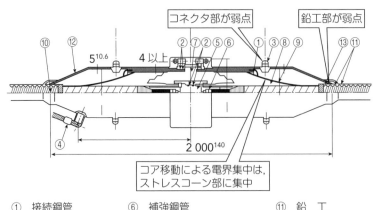

コネクタ部が弱点　　　　鉛工部が弱点

⑩ ⑫　5^{10.6}　4以上　②⑦⑤⑥　①③⑧⑨　⑬⑪

④　　　　　　　　　　　　2 000^{140}

コア移動による電界集中は，ストレスコーン部に集中

① 接続鋼管　　　　⑥ 補強鋼管　　　　⑪ 鉛 工
② Oリング　　　　⑦ エポキシユニット　⑫ 防食層
③ コネクタ　　　　⑧ 絶縁油浸紙　　　　⑬ セミストップ
④ 接地端子　　　　⑨ すずめっき軟銅線
⑤ 導体接続金具　　⑩ スペーサ

第5図　コア移動による電界集中が原因

分の電界が部分的に集中して，集中したところで部分放電が発生し，結果としてアセチレンが発生したものと思われる．

　東京電力の事故検証委員会の発表では，"接続部のコア移動"や地震等によるものが主たる原因で，接続施行時の油隙が徐々に拡大しその部分で放電が発生し，着火・火災に至ったとの結論である．今後，同様の設備の接続部内部のエックス線やガンマ線による接続部内部撮影を定期的に実施していくとしている．

　ケーブルコア移動は，OFケーブルやPOFケーブル特有の現象で，このケーブルはアルミ被の鎧装部分とケーブルの導体と絶縁紙のコアの間に少しの隙間があり，CVケーブルのように一体化していないことから，ケーブルが傾斜地や立坑に布設されている場合，ケーブル自重と熱応力によって，ケーブルコアが長手方向にずれる現象である．

　また，地震や車両の通行によるケーブル振動や，接続部への反抗力の不平衡を起因としてケーブルコアがずれることもある．本事象を検知するためには，絶縁油分析や絶縁油特性試験に加え，前述したような接続部内部の放射線撮影を実施することが望ましい．

　最後に，今後解体調査等を詳細に行い，絶縁破壊した原因ならびに火災に至ってしまった原因の究明を徹底的に行うことを希望する．そして，今後適切なる保守管理方法を確立されることを望むとともに，火災発生時の効果的な初期対応のあり方についても十分な議論・検討を望むものである．

第2章

自家用設備での
トラブルからの教訓

2-1-1

漏電による町工場の風呂での感電
「運の良かった従業員？」

　NHK の番組で人気のあったプロジェクト X でも放映されたことのある，下町の旋盤加工工場の隣近所での出来事である．

　旋盤加工工場の責任者から「従業員が感電した．すぐに調査してくれ！」との連絡で，私と同僚とで現場へ急行した．

　現場は次のような状況であった．

　その工場の従業員が仕事終了後，工場にある従業員用の風呂に入ろうとして，水道の蛇口に手をかけて湯の中に片足を入れた途端，ビリッと感電したとのことである．

　その従業員はショックとびっくりしたことが重なり，まだ残業で女性従業員も居残る作業場へとタオル 1 本のみで飛び出してしまった．ここからの工場内の様子は読者皆さんの想像に任せよう．

　私と同僚はまず，風呂の蛇口に検電器を当ててみた．感電したということから皆さんもご想像のとおり「発光」したのである．

　我々は，即座に受電キュービクルの接地線で漏えい電流を測定してみることとした．調査の結果，漏えい電流を検出したため，工場内の漏電調査を開始した．

　私と同僚とで連携を図りながら，低圧開閉器を次々に開放し漏電箇所の特定を試みたが特定できず，工場を全停してみることとした．しかし，蛇口の状況ならびに接地線電流に変化がなかったので，おそらく構外からの電気ではなかろうかとの判断に至った．

　一応，職場に待機している課長に電話で状況を説明したところ，我々の判断に間違いないだろうとのことであった．

　課長から電力会社に引込線分離の要請をしていただき，我々は，電力会社の配電作業部隊の応援を待った．

　配電柱上で引込線を分離しての調査結果，図に示すように，隣のクリーニング工場で使用している乾燥機が漏電しており，この漏れ電流がたまたま近くの地中の浅いところを通っていた水道管を流れ，水道管に電圧を生じたものであった．

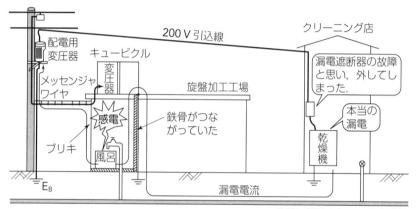

公道に埋設されている水道管

　クリーニング工場の経営者に話を聞くと，ここのところ漏電遮断器がよく働くので，漏電遮断器の故障かと思い，漏電遮断器を昨日外して直接乾燥機へ配線を接続したとのことであった．

　クリーニング工場の改修を即実施してもらったが，とにかく感電死亡事故にならず運が良かった．

　ここで，まだ調査をせねばならないことがあった．おわかりになった方は相当現場経験を積んでおられると思う．つまり，全停してもキュービクル接地線に流れる電流の回路を解明しておかなければならない．我々はおそらく配電柱の変圧器を絡んだ漏電回路が形成されているからであると仮定した．

　調査の結果，漏電回路は乾燥機→水道管→町工場のキュービクル接地線→工場鉄骨→高圧ケーブルのメッセンジャワイヤ→配電柱の変圧器B

種接地線→クリーニング工場200 V引込線→乾燥機という見事な回路ができ上がっていたのである．

【教訓】　やはり漏電遮断器は大切

　それにしても，感電した本人との会話の中で本当に運が良かったといわざるを得なかった．もし，湯船の中に入ってから蛇口を触ろうものなら，タオル1本で女子社員の前に飛び出した笑い話どころか，葬式の準備となっていたはずである（人体の大部分が水中にある状態の許容接触電圧の値をご存じの読者諸君には愚問である．わからない方は勉強不足かも？）．

　このトラブルではいろいろなことを勉強させられたが，我々電気技術者は特に，漏電遮断器の設置と電気の正しい使い方を，根気強く広くお客さまへお願いしていくことが大切である．ということはいうまでもない．

【参考】　低圧電路地絡保護指針による接触電圧の種類を次表に示す．

種別	接触状態	許容接触電圧
第1種	人体の大部分が水中にある状態	2.5 V 以下
第2種	人体が著しく濡れている状態 金属製の電気機械装置や構造物に人体の一部が常時触れている状態	25 V 以下
第3種	第1，第2種以外の場合で，通常人体状態において接触電圧が加わると，危険性が高い状態	50 V 以下
第4種	第1，第2種以外の場合で，通常人体状態において接触電圧が加わると，危険性が低い状態 接触電圧が加わるおそれがない場合	制限なし

　感電は電撃ともいい，人体に電流が流れることによって発生する．感電は，単に電流を感知する程度の軽いものから，苦痛を伴うショック，さらには筋肉の強直，心室細動による死亡など，以下に示す通電電流の大きさなどによる因子によってその症状の大小が決まる．

①　通電電流の大きさ（人体に流れた電流の大きさ）

②　通電時間（電流が人体に流れていた時間）

③　通電経路（電流が人体のどの部分を流れたか）
④　電流の種類（交流，直流の別）
⑤　周波数および波形

　したがって，通電電流が長時間にわたり人体の重要な部分を多く流れるほど命にかかわる危険性も大きくなる．

　感電に関しては特に感知電流が大きく関係する．つまり，通電電流を徐々に大きくしたとき，人体が感覚によって感知できる最小の電流を感知電流といい，成人男性における感知電流は，商用周波数の交流で 0.5 mA，直流で 2 mA といわれている．

　感電したときの人体に対する危険性は，主に人体に流れる電流によって決まるが，我々が使用している電源は定電圧であるため，通電電流に制限を与えるのは通電回路の抵抗となる．通電回路の抵抗は，表に示したように主に充電部や大地と人体との接触抵抗，人体の電気抵抗などからなる．

　人体の電気抵抗は，皮膚の抵抗と人体内部の抵抗に分けられ，このうち皮膚の抵抗は印加電圧の大きさ，接触面の濡れ具合などによって変化し，印加電圧が 1 000 V 以上になると皮膚は破壊されて 0 Ω 近くまで低下する．

　これに対して，人体内部の抵抗は印加電圧に関係なく，手－足間で約 500 Ω 程度である．そこで，電撃による危険性を考える場合，皮膚の抵抗は接触時の状況によって変化するため，通常，最悪状態を考えて 500 Ω が用いられる．

　なお，人体の電気抵抗は，皮膚が乾燥した状態で手から手の通電経路の場合，100 V の充電部と接触するときに約 2 kΩ になり，接触電圧が高くなるとともに小さくなる．水などの導電性液体で濡れた場合，その値は皮膚の電気抵抗 0 Ω プラス人体の電気抵抗約 500 Ω となる．

2-1-2

屋外ケーブルヘッドの焼損事故「ケーブルヘッドが火事だー！」

　夜間作業も終了し報告書を作成しているとき，き線事故を知らせる警報が鳴り出した．

　夜間の工事監理報告書は後回しとし，緊急出動の準備にとりかかろうとしたとき，当該き線から供給しているお客さまから「引込ケーブルの屋外ケーブルヘッドが燃え出して停電になってしまった．付近一帯も停電している」との連絡が入った．

　その日の天候は夜半から早朝まで小雨が降り続いていた状況にあった．

　まず波及事故に間違いはなく，現場に急行して作業班長に当該需要家の引込分岐開閉器の開放をするよう依頼し，配電線の復電を実施した．

　当時，自家用関連業務に就いていた私と同僚は当該需要家のケーブルヘッドへと急行した．現場に到着するとケーブルヘッドの火は自然に消えていた．間もなく主任技術者（管理技術者協会）の方も現場に到着したので，合同で調査を実施することとなった．

　ケーブルヘッドの点検を実施すると，屋外ケーブルヘッドの一部が焼けこげて炭化し，使用不可能の状態となっていた．お客さま責任者の了解を得て，知り合いの電気工事業者を手配して応急用ケーブルを引き込み，切換復旧作業を終了した．

　ここで，なぜケーブルヘッドが燃えだしたのか原因を追及してみると，事故の発生した2日前に台風の接近があり，塩分を含んだ風が長時間吹いたため，引込ケーブルの表面に多量の塩分が付着したと考えられた．

　さらに事故の前日，夜半から小雨が降り続いており，付着していた塩

分が溶け出してケーブル表面のいたる所にまで覆うかたちになり，導通に近い状態となってしまったと判断した．

　このため，高圧引込架空線とケーブルの接続点から水切りスリーブの表と裏面，ストレスコーンを経てケーブルヘッド支持金具の接地線に至る導通回路が形成され，表面リーク（漏えい電流が流れた）が発生したものである．

　そして，このリークが継続するうちにケーブルヘッドの絶縁保護テープ部分が過熱して，ケーブルシース，絶縁物へと燃え広がり，炭化して絶縁不良となったところへ，追い討ちをかけるように雨水が浸入し，地絡波及事故に至ったものと推定された．

　ここまで読まれて現場の状況を思い浮かべることができる方は相当に現場に精通している方でしょう．図を見ていただければ一目瞭然である．

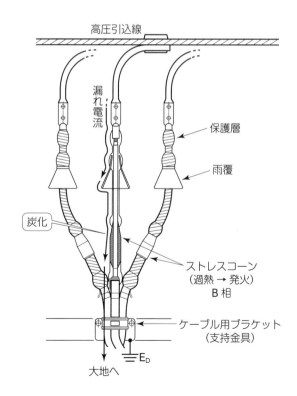

【教訓と対策】

　実は事故の発生した地域は海岸から離れているため塩害対象地区ではなく，耐塩設備工事が施されていなかった．

　今回の事故による教訓として，台風によって塩分が運ばれる範囲は予想以上に広いことがわかり，設備工事業者へ耐塩工事範囲拡大のお願いをすることになった．

　同様の事故は屋外ばかりかキュービクル内でも発生することがある．

　海岸付近の設備では，長期間にわたって潮風が通気口を通って吹き込み，塩分の付着することが確認されており，これにより，高圧引込ケーブルの表面からベークライト支持物を経て漏えい電流が流れて地絡事故となり，しかも事故点が地絡継電器の保護範囲外であるがために，配電線への波及事故に至ったことなどが挙げられる．

　皆さんももう一度保守されている設備の点検を塩害地域以外だからといわずに，よく点検してみてはいかがでしょうか．また，珍しいケースなどが皆さんの周りで発生したときは，電気技術者同士，情報交換したいものですね．

　それにしても現場は良い勉強の場である．

台風にまつわるもう一つの事象

　ある事務所ビルへ月次点検にお伺いしたときの出来事である．

　地階にあるキュービクル受電設備から点検を始め順次点検をすませ，取り付けている漏電カウンタの指示値を見ると，2942回もカウントしていた．

　一昨日，近くのお客さまにお伺いしたとき，ついでに立ち寄って漏電カウンタの指示値を見たときは確か「0」であったはず．

　連絡責任者のAさんに漏電警報器が動作しなかったかどうか尋ねると，動作していないとのことであった．これは厄介なこととなるかもしれないと思いながら，早速データロガーを取り付けて原因を追求することにした．

　それから 11 か月もの月日を費やしたが，月次点検のつど調べても動作の形跡はなく，なかばあきらめかけていたある日，1 階電灯回路で午前 2 時ごろから 8 時までの間に 15 回の漏電があり，これだと思った．

　この日は台風の接近で強風が吹き荒れており，漏電発生の時間帯には最も風が強かったことから，吹きさらしの場所に設置してある誘導灯ではないかと推測した．何台かの誘導灯の内部点検をすると，そのうちの 1 台の器具つり下げ用のパイプとつりボルトとの間で，つりボルトが長すぎたために電線の被覆が損傷している箇所を発見した．

　よく見るとつりボルトに心線が接触漏電した形跡が見つかり，これが原因で誘導灯が強風で揺れるたびに漏電が発生していたことが判明した．

　施工時は確実に取り付けられていたのであろうが，経年によりねじが緩んだことによるトラブルで，幸いにも漏電の発生がいずれも夜中であったため大事に至らなかった．

　直接風を受ける箇所や振動が頻繁にある箇所に取り付けている器具等には，日ごろから緩みについて注意しよう．

2-1-3

厄介な漏電調査
「漏電の繰り返しはなぜ？」

(1)　事のなりゆき

　その日は，朝一番の飛行機で羽田を飛び立ち，北海道にあるプラスチック工場で省エネルギー診断・指導を行い，夜には羽田に戻るという強行軍の日程であった．

　最初にプラスチック工場を経営する社長と懇談してから，一応手順どおりに受電部のキュービクルを見せていただくこととした．

　設備担当のAさんが案内をしてくれ，普段どおり安全のために押出し成型工場用キュービクルの扉を検電したところ，検電器が発光したものだから私は「え？」と声を発してしまった．

　今日は省エネルギー診断どころではない旨，本日案内していただいた北海道の中小企業団体のBさんに説明し，またAさんとプラスチック工場の社長には保安管理者にも連絡するようお話しした．

(2)　調査開始

　これまでの経験から，おそらく成型機のヒータ回路が漏電（他県でも同じようなことを経験している）しているものと判断し，工場内の分電盤で，7台あった成型機回路の漏れ電流を持参していた七つ道具のクランプメータで測定すると，工場のほぼ中央に位置した成型機の1台の回路に20A弱もの漏れ電流が流れていた．

　やったと思った瞬間，すぐに漏れ電流値がほぼ"0"となってしまった．そしてしばらくするとまた漏れ電流が流れるのであった．

　その時間間隔を測定すると，15秒程度漏れ電流が流れてから漏電が止まり，40秒程度してから再び漏電が15秒程度続く，の繰り返しであ

った.

漏電している成型機の状態を見ていると，10組あるシリンダヒータのうち NO.6 のヒータが入ったとき漏電状態となることが判明した．

(3) 原因は何？

社長と設備担当者に状況を説明し，とりあえず不良ヒータのプラグを抜いて，再度キュービクルに行って扉を検電すると発光しなかった．

キュービクルの内部を点検するため，扉を開け，まず変圧器の B 種接地線にクランプテスタを当てると，なんと 9 A 近く流れているではないか．

これは別のヒータも漏電しているのは確かであり，今日は厄介なことになりそうだなと思ったが，私も電気のプロである．再び工場内の分電盤で各回路の漏れ電流を測定することとした．

ほどなくして保安管理者の C さんとその弟子 D 君が到着した．なんとその弟子 D 君は私が電気主任技術者の資格試験講習会の講師として教えた私の弟子でもあった．

久々の再会の喜びもつかの間，状況を説明しながら，C さんたちが持参していたクランプメータを準備していただいた．

我々は，成型機のヒータ回路が開放していると漏電箇所が判明しないので，ヒータが入るまで待つこととし，運転中のほかの 3 台の回路にもクランプメータ類を取り付けて監視していると，約 5 分後，運転中のほかの 3 台のうちの 1 台に 7 A もの電流が流れ，しばらくしてほぼ"0"になった．

ほかの 1 台の漏電をつきとめたので，担当者に手動で順次ヒータを入れてもらうと，同じく 10 組のシリンダヒータの NO.6 が入ったときに漏電することが判明した．

このようなヒータの漏電は，バンドヒータ内部の発熱体を絶縁している絶縁物が，熱劣化によってヒータが外部ケースと接触することがほとんどである．

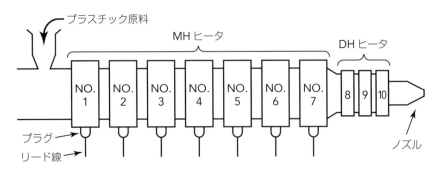

図　プラスチック押出成型機の概要

　我々は，停止中のものも含めて設置されている成型機すべてのヒータの漏電を調べることとした．私よりも北海道の中小企業団体のBさんは飛行機の時間を気にしていらしたが，電験の教え子の前で格好がつかないこともあり，最後まで付き合うこととした．

　運転中の成型機はクランプテスタで電流を，停止中のものは絶縁抵抗を測定してほかに異常のないことを確認した．おかげで飛行機の時間にぎりぎりとなってしまい，省エネルギー診断は後日改めて行うこととなってしまったが，プラスチック工場の社長，保安管理者のCさんとその弟子D君からたいへん喜ばれた．

　なぜ，今回のような大きな漏電にもかかわらず，成型機の作業員が感電せず，また漏電に気付かなかったのか．それは，この工場では乾燥した木製の台の上で仕事をしていたからである．

(4)　**対策**

　もしもの場合を考えると，「各成型機に漏電警報器の設置」が大切である．

　余談であるが，日程を改めて3か月後に省エネルギー診断でこの工場にお伺いしたら，大歓迎を受け，早速社長から「すべての機械に漏電警報器を設置しましたよ」と聞かされた．

【教訓】　漏電警報器の設置は大切！

変圧器のB種接地工事の接地抵抗許容値の緩和理由

　変圧器のB種接地工事の接地抵抗許容値は，電路を自動遮断できる装置を設けることにより緩和できる，その理由とは？

　電気設備技術基準の解釈第17条に変圧器のB種接地工事の接地抵抗許容値の規定がある．

　この接地は，低圧側電路の異常電圧の抑制を目的としており，基本的に接地抵抗値は，高圧側または特別高圧側の電路の1線地絡電流のアンペア数で150を除した値に等しいオーム数とされており，これにより，混触時の低圧側の電位は150Vを超えないようにしている．

　しかし，低圧機械器具を時間と電圧に区分して実験した結果，解釈に示されるとおりに緩和しても危険がないことが確認されたため，300V，600Vと規定されたものである．

　さらに，その後の機械器具の性能向上，混触事故の減少に伴い，再度数多くの機械器具の耐圧試験を行った結果に基づき，混触時に1秒以内に自動的に遮断すれば対地電圧の上昇限度を600Vまで認めることが規定された．

　なお，300V2秒，600V1秒の値は，人が触れた場合には危険な電圧となるので，このようなB種接地工事が施してある場合に，D種接地工事と連結することは危険が伴うので注意を要する．

　電気設備技術基準では，B種接地工事の接地抵抗値を決定する場合，基礎となる1線地絡電流の算出方法についても規定があり，いかに接地工事が人身安全・設備安全に大切なのかがよくわかると思う条文でもある．

2-1-4
大形製造機器が起動しない 「3E リレーは必要」

　久々に九州方面の省エネルギー診断・指導のお声がかかった．

　ある県の中小企業振興機構職員のHさんの案内でA工場に到着した．

　早速工場の中を責任者のIさんの案内で回っていたとき，機械部品製造工場内のある大形機械（100t製造機）が目に入った．責任者のIさんと作業者のSさんは申し合わせたように，私に質問してきた．

　「先生，この大形機械のモニタが，起動時にサーマルリレーが働いて起動しないことがあります」とのことであったので，私は詳しくそのときの様子を聞くこととした．

　その大形機械は，22kWのモータをY-△起動し，ギヤで80kgの重さの主軸を回転させて運転するのであるが，サーマルリレーが動作してしまうため，ギヤ比を大きくして，回転を遅くすると回り出すとのことである．

　そして，しばらくして回転が少し上がってきてから，小さいギヤ比に切り換えて工作物を加工する高速運転にすると運転できたとのことであり，何かおかしいところがあるのでしょうかとのことであった．

　早速，私たちは現地調査を開始した．

　七つ道具はいつも持ち歩いているので，早速責任者のIさんと作業者のSさんと電気担当者のAさんに協力してもらい，まず制御盤内から調査することとした．まず，目視点検および電圧測定，絶縁測定を試みたが異常はなかった．

　配線には異常がないようなので，とにかくその大形機械を運転してもらい，様子をうかがうこととした．私はその間にクランプリークメータ

を準備し，準備が整ったことを確認して運転してもらった．

　運転が始まった時点から，クランプリークメータにて電圧測定と電流測定を行うと，起動時にR-S相間の電圧が209 Vから195 Vに降下した．このときの起動電流の最高値が265 Aであったので，この電圧降下は当然であると思われた．

　ここで，サーマルリレーの整定値は85 Aとなっており，サーマルリレーは動作せずに運転できたのである．265 Aという起動電流は明らかに大きいので，これは主軸（80 kg）の重量の影響ではないか？　と思い，主軸を外してもらい，無負荷で運転してもらうこととした．

　その結果は，何も変化なし！　（私はこのときばかりは打つ手なしか？　と思った）

　おかしいと思ったら，とことん追求しなければ気のすまないのは，技術者の誰もが持ち合わせている気質であると思う．とにかくしばらく運転を続けてもらい，運転状態や電圧・電流値を確認することとした（もうこの時点では省エネ指導はお預けとなっていた）．

　気を取り直して電圧・電流値を測っていると，各線の電流値が40～80 Aとかなりバラツキがあるではないか．さらにその電流値もフラついていることがわかった．

　ここで私は，「これは制御盤以降に異常がある」と確信した．と同時に，以前次長と2人で，あるお客さまの点検に出向いたとき経験したことが頭の隅をよぎった．

　配線に問題あり？　あるいは端子の緩みか？

　「モータ端子箱が怪しいぞ」とばかりに，端子箱を覗いた．

　「配線がぐらぐらしている！」すぐに私は電気担当者のAさんにこの大形機械の回路を停電するようお願いした．

　停電を確認してからモータ端子箱内を調査すると，思ったとおり電線固定ねじが何本か緩んでおり，さらにアークの痕跡も発見した．原因は端子部の接触不良と判断した．

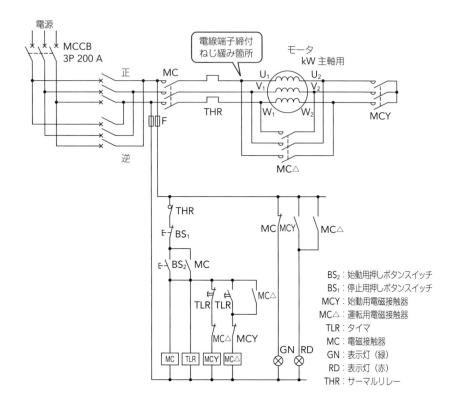

電気担当者のAさんにお願いして，端子をペーパで磨いて接続の手直しをし，念のためその他の箇所をすべて点検し，異常がないことを確認したので，大形機械を運転してみることとした．

　大形機械は気持ち良さそうに運転を開始した．各線の電流を測定してみると，各線ともに44Aとバランスしていた．

【今回の事象で得た教訓】　3Eリレーの設置が大切

　この大形機械を電流アンバランスの異常状態のまま無理に運転を続けていたら，モータが焼損することは明らかである．

　このようなトラブルを防ぐためにも「3Eリレーの設置」は大切である．

2-1-5

乾燥機の漏電による感電！

　プラスチック製品製造工場の電気担当 K さんから「プラスチック成型機が漏電して作業員が感電したので，至急現場に来てほしい」との連絡が入った．幸い，漏電遮断器が正常動作して，作業員は「ピリッと電気を感じた」程度で，無事であるとのことであった．

　私と同僚は至急工場に駆けつけ，K さんと感電した作業員から聞き取り調査を行った．

　第1図に示すように，作業者がプラスチック成型機とプラスチック材料の乾燥機に手を触れた瞬間，ピリッと電気が体に流れてショックを受けたとのことであった．

　昨日まではプラスチック成型機に異常はなかったが，今日，作業を始

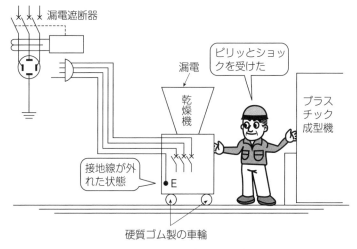

第1図　漏電回路（感電の経路）

めようと最初に移動式乾燥機を起動し，プラスチック成型機に触れた瞬間，感電したとのことであった．同時に，漏電遮断器が働いて移動式乾燥機がストップした状況を確認した．

　私たちは，プラスチック成型機の漏電ではなく，移動式乾燥機が漏電しているものと直感した．この工場にある移動式乾燥機は，プラスチック成型機に入れる材料の乾燥を行うもので，電熱器とファンモータで構成されている．また，乾燥機は，硬質ゴム製の車輪で大地から絶縁されており，電源は三相200 V，漏電遮断器を経て4極コンセントから4心ケーブルで乾燥機に配線されているような状況であった．

　私たちは，漏電を直感した移動式乾燥機から事故調査を進めることとした．

　最初に，テスタにて移動式乾燥機の外箱と大地間電圧を測定すると185 Vを示した．次に電源を切り，乾燥機と対地間の絶縁抵抗を測定すると0 Ωを示した．私たちは思わず目を合わせてしまった．移動式乾燥機が完全地絡の状態であり，この機器が絶縁不良となって漏電したのである．

　移動式乾燥機について，電熱器とファンモータを切り離して絶縁抵抗を調べてみると，電熱器回路が50 MΩ，ファンモータ回路が0 Ωであり，ファンモータに絶縁不良が発生していることが判明した．

　ここで我々は二つの疑問を抱いた．一つは昨日まで，作業者が移動式乾燥機に手を触れても，何故感電しなかったのだろうかということである．

　作業者に聞取りを行ったところ，作業床が防水加工を施されていること．また，普段の作業時は，ゴム底の靴を履いて作業を行っていたため，大地に対して絶縁された状態となり，人体に電流が流れなかったものと推測された．

　しかし，今日は作業者が第1図に示すように，移動式乾燥機と接地してあるプラスチック成型機を同時に両手で触れたことから，感電ショッ

クを受けたものであった.

　次に二つ目の疑問であるが, 移動式乾燥機自体が漏電状態であるにもかかわらず, 漏電遮断器が動作しなかった原因を調査した.

　この乾燥機は, 硬質ゴム製の車輪で大地に対して絶縁されており, 電源側の4心ケーブルで配線されている. 当然, 接地が施されている状態となっているはずである. しかし, よく調査してみると, 第1図に示すように, 接地線は浮いたままで, 接続されていなかったのである. つまり, 漏電しても漏電回路が形成されず, 漏電電流が流れない状態となっていたのである.

　今回の事故例の場合, 漏電遮断器が取り付けてあるのにもかかわらず, 移動式乾燥機が大地に対して絶縁されていて, 4心ケーブルの接地線が取り付けられていなかったため, 電気ショックを受けるまで漏電遮断器が動作しなかったものである.

　私たちもこのトラブルから, 改めて移動用の機器は, 接地を完全に接続することと漏電遮断器の取付けが必要であるという教訓を得た.

【参考】　漏電遮断器の基本機能は, 漏電電流をZCTにより確実に検出し, ZCT二次側に発生する誘起電圧により主回路を遮断することにある.

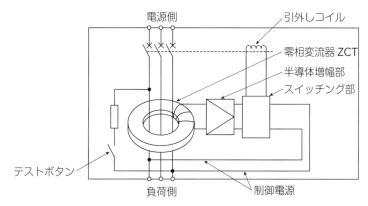

第2図　電子式漏電遮断器の内部回路図

　遮断方式には，電磁式と電子式の2方式があるが，わが国では，ZCTの二次出力を増幅しスイッチング部を動作させて電圧引外しコイルを駆動して主回路を遮断させる電子式が製造されている．第2図に電子式漏電遮断器内部の回路図の例を示す．

2-1-6

温泉を掘り当てた？

　東北にある墓石製作会社へ省エネルギーの指導に出向いたときの出来事である.

　省エネの指導を終了してそのほかに何かないかと尋ねたところ，製作所の社長から「アース線の埋めてある付近から，2日ほど前より湯気が出てくるようになった. この地下にもきっと温泉の水脈があると思うので，アース線をどこかに移動したいのだが」と相談を受けた.

　近くには有名な東山温泉があるので，このあたりで温泉が出てもおかしくはない. しかし，私は以前に経験している「漏電」で地面から湯気が出ていた顧客のことが頭の片隅に浮かんだ.

　喜び勇んでいる社長さんにこのことは言えずに，とにかく現場を確認してみることとした. 現場は雪解け水を多量に含んでいる地面で，確かに相当な量の湯気が出ている. 私は湯気の臭いを嗅いでみたが，硫黄などの臭いはせず無臭であった.

　やはり漏電だと直感した. それもこれだけ多くの湯気を出しているとすると，かなり漏電しているものと思われた. 事実を社長さんにお話しし，所持していたクランプメータですぐに調査してみることとした.

　クランプメータで測定すると，何と5Aも流れていた. 絶縁抵抗計も所持していたことから，工場に設置してある機器の絶縁抵抗を測定すると1台が0MΩであった.

　すぐに当該機器を切り離してみると漏電はなくなり，しばらくすると湯気の量が減少してきた. トラブルの原因は，県から電気の先生（私のこと）が来るので，乱雑になっていた工場を3日前に片付けたとき，当

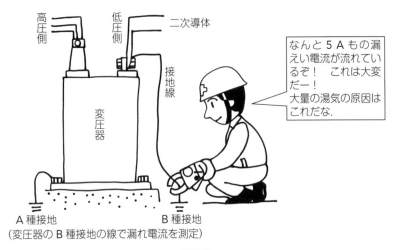

第1図

該機器の電源配線を墓石で傷つけてしまったことが漏電の原因と判明した.

とりあえず，このことを保安管理者に連絡するとともに，感電のおそれもあるので，電気設備工事店にも社長から連絡してもらい，次の日に処置をすることとした.

私に責任はないのだが，関わってしまった以上，放っておけず，県側のはからいで，私はその日東京へ帰宅せずに近くの温泉旅館に1泊した.

次の日，保安管理者が実施した漏電測定はやはり5Aで，接地抵抗は55Ωであった．計算上での接地極の発熱量は，およそ1500Wであり，この熱で雪解け水が蒸気と化したのであった.

それにしても本当に温泉ではないかと思うほどの湯気の量であった．なお，保安管理者の方は以前より，工場内では小さな機器であるのだが漏電したとき感電のおそれがあるので，当該機器にも「漏電遮断器」を取り付けるよう注意を促していたようであった．やはり「漏電遮断器」は大切ですね.

皆さんの周りももう一度点検してみてはいかがでしょうか.

漏電遮断器の概要

　漏電遮断器の基本機能は，この漏電電流を零相変流器（ZCT）により確実に検出し，ZCT 二次側に発生する誘起電圧により主回路を遮断することにある．

　遮断方式には，電磁式と電子式の 2 方式があるが，わが国では，ZCT の二次出力を増幅しスイッチング部を動作させて電圧引外しコイルを駆動して主回路を遮断させる電子式が製造されている．第 2 図に電子式漏電遮断器内部の回路図例を示す．

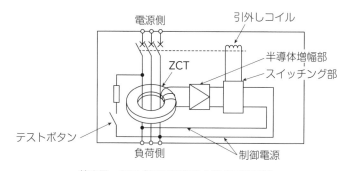

第2図　電子式漏電遮断器内部の回路図例

　漏電遮断器の種類を保護目的により大別すると次の 2 種類になる．
　一つ目は，近年普及が著しい第 3 図に示すような温水便座付属用漏電

第3図　温水便座付属用漏電遮断器

遮断器のような漏電保護専用形，二つ目は，家庭内や工場，事務所ビルなどに用いられる過負荷・短絡保護兼用形（配線用遮断器兼用形とも呼ぶ）である．最近は各メーカから，配線用遮断器と漏電遮断器（過負荷・短絡保護兼用形）において同一外形寸法のものが発売されている．

2-2-1
火災発生直前！
工場長，肝を冷やす

　同僚と 2 人で現場出向の準備をしていると課長から「テルちゃん，お得意先の A 鉄工所へ大至急出向いてくれないか」との声がかかった.

　課長の話では A 鉄工所の設備担当の B さんから，工場内で焦げ臭い臭いがしたので調査したが原因がわからない．電気が原因かもしれないのですぐに調査してほしいとのことであった.

　私と同僚は現場出向の準備も整っていたので，早速 A 鉄工所へと駆けつけた.

　B さんの案内で工場内へ入ると，木くずの焦げたような臭いがした.明らかに絶縁物の焦げた臭いとは違った異臭が漂っている.

　とりあえず私と同僚は電路などの絶縁測定を行ってみることとし，工場長の了解を得て一時工場の操業をストップしていただくこととした.

　200 V 分電盤の主幹スイッチを開放し，各回路および各機器の絶縁抵抗を測定したが，絶縁は良好であり異常はなかった．さらに工場内の作業員の話を聞いてみたが，漏電火災警報器の動作もなかったようである.

　そこで私と同僚はもう一度，工場内の点検を詳細に行ってみることとした．もうすでに定年退職した前所長の言葉「原因がわからないときはとにかく現場をくまなく調査しろ！」を思い出した.

　工場長ほか数名の協力を得て工場内の詳細調査を開始した．15 分ほどして同僚から「テルさん，ここのトタンが変色しています.」と呼ばれた.

　その場所は，電気溶接機が据え付けてある付近で，確かに建物側壁のトタンが一部焦げたように変色していた．かたわらの木の柱も焦げてお

り，トタンに手を触れると少々熱くなっており，「焦げ臭い」臭いの原因はここであることがわかった．

　我々2人は漏電だと直感したため，電気溶接機の二次側回路を調査してみることとした．

　溶接機からホルダまでのプラス側は溶接用ケーブルを使用していたが，溶接機から被溶接体までのマイナス側は，ビニル電線を使用しており，しかも7本より心線の4本だけ（3本は断線していた）を折り曲げて被溶接体に引っ掛けたままとしていた．

　また，被溶接体にはD種接地線を取り付けていなかった．さらに追い討ちをかけるようにトタン壁の外側にはなんとアセチレンガスのボンベがトタン板と接触している等辺山形鋼のアームにチェーンでしっかりと固定されていた．我々は絶句してしまった．

　つまり，溶接電流の一部がプラス側→被溶接体→ガスボンベ→大地→マイナス側の経路で流れ，トタン壁側の柱の一部を焦がしていたのである．

　もしもアセチレンガスボンベに少しでも不良箇所があったら，場合によっては火災や感電の大惨事を引き起こしていたところである．

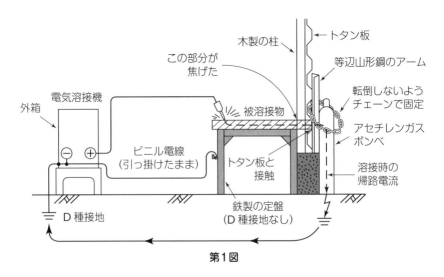

第1図

これには工場長も血の気が引いたとのことであった．先日の地震でアセチレンガスボンベが倒れたので，安全のためにとこのような措置をとったことが，逆に大きな危険を招いてしまったのである．

【対策】

今回の教訓から次の対策（電気設備技術基準の解釈第190条「アーク溶接装置の施設」の規制事項を守る）が必要である（第2図参照）．

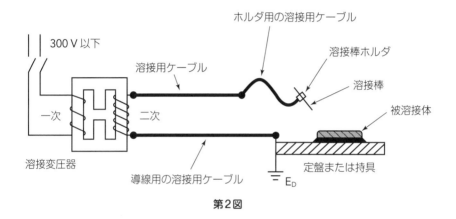

300 V 以下
ホルダ用の溶接用ケーブル
溶接棒ホルダ
溶接用ケーブル
溶接棒
一次
二次
被溶接体
溶接変圧器
導線用の溶接用ケーブル
E_D
定盤または持具

第2図

① 電路は，溶接の際に流れる電流を安全に通ずることができるものであること．

② 被溶接体またはこれと電気的に接続される持具，定盤等の金属体にはD種接地工事を確実に施すこと．

③ 電線（プラス側およびマイナス側）は，溶接用ケーブルまたは2種以上のキャブタイヤケーブルを使用し，被溶接体への接続はクランプ等で確実に固定すること．

【教訓】

電気設備技術基準に定められている条項は絶対に守ることが大切！

2-2-2

いつの間にか変圧器がV結線に！

　夏の暑い日にあるお客さまから電話が入った．「受電室の変圧器がいつもより大きな音を立てているので，調査してもらえないだろうか」とのことである．

　その需要家の単線結線図の写しを持って，自家用グループのメンバーと2名で現地へ出向いた．途中，私もメンバーもおそらく単線結線図から判断して，変圧器がV結線になっているのではないかと予測していた．

　現場へ到着し，まず，工場長と電気担当からお話をうかがい，受電室の中の外観点検から始め，目視点検するも異常はない．受電中であることから我々は慎重に，問題の変圧器の二次側負荷電流をクランプテスタにて測定した．結果，各相の電流もバランスしており異常は認められない．

　同僚と私は目を合わせると，お互いに"にやり"とした．

　変圧器のケース部分に手を触れてみた．やはり3台のうちの1台が冷たく，ほかの2台は夏場ともあって異常に熱くなっていた．我々はこの時点で「V結線になっている」ものと判断した．早速確認のため，変圧器二次側の口出し線の電流を測定すると，予測していたとおり"零"を指示した．

　運転している2台の変圧器の温度状態から，我々はすぐに停電して変圧器内部の調査を開始できないか工場長にもちかけた．しかし，工場の休止はできないとのことであった．

　工場の操業状態から，2台の変圧器は160％程度のかなりの過負荷

で運転されていると思われたため，工場長にとにかくこのままでは変圧器が焼損してしまう旨を伝えた．相談の結果，工場の負荷制限をお願いし，もし何かあったらすぐに連絡するよう伝え，調査は夜中に実施することにした．

同僚2名と私は21時過ぎに再度工場へ出向いた．

工場長と電気担当の立会いの下，仮電源準備後，工場をすべて停電して調査を開始した．

早速変圧器のふたを開放して内部を見ると，変圧器内部のタップ板の裏で引き出し線の外れが発見された．補修工事はいたって簡単だった．

変圧器の励磁振動でナットが緩み，引出し線が外れたと思われるが，施工時のトルク不足も否めない．

変圧器がV結線になる原因

△結線している変圧器が，ある日突然V結線運転してしまうことがよく報告されている．

とにかくこの現象は，欠相とならないので始末が悪い．電動機類の運転にはなんの支障もなく，ましてや電灯にも異常など出ないので，発見が困難となることがたびたびあるので注意が必要である．V結線になる原因としては，次の事象が挙げられる．

① 変圧器内部のタップ板の裏で引き出し線の外れ（今回の事象）

② 二次巻線の引出しリード線の接触不良やリード線切れ

③ 低圧引出し線の外部接続部のナットの緩みによる接触不良

④ 高圧側に取り付けているカットアウトのヒューズの接触不良

工場長と電気担当よりお礼をいわれ帰途に着いたが，とにかく何か異常と思われる事象があったら，すぐに保安管理者に連絡することが大切である．今回，連絡がなければ，最悪，変圧器の焼損事故に至ったと思われる．

何か異常を感じたらすぐに保安管理者に連絡する旨，施設者に常日頃からお願いしておくことも大切である．

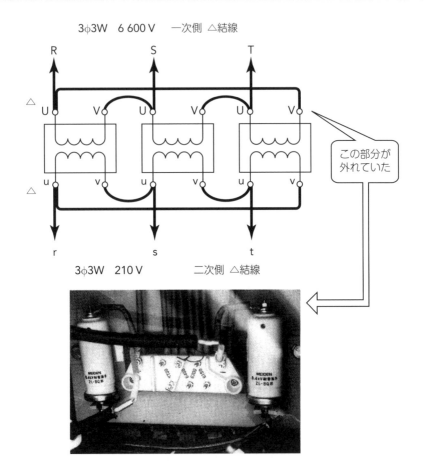

3φ3W　6 600 V　　一次側　△結線

この部分が
外れていた

3φ3W　210 V　　　二次側　△結線

　読者の方々にもこんな経験をもつ方が多くおられると思われるが，V
結線になる原因はこのほかにもいくつかの例が報告されている．我々電
気技術者は，お互い情報を交換し，勉強することも大切である．3台の
変圧器はV結線になることがある，ということを念頭に日々の点検を
行おうではありませんか．

2-2-3

相順（色）の確認を怠ったための トラブル「相順は大丈夫？」

　今から40年ほど前の出来事である．

　その当時，私は工事現場の第一線で設計・現場管理の毎日に明け暮れていた．当時はわが国全体がオイルショックからの立ち直りを見せ始めており，建設ラッシュの折り，電気工事現場も昼・夜，土・日の区別なく人間の扱いを受けぬほど多忙を極めていた．

　我々の現場も時間外勤務が200時間を超えるほど（当時はまだ日曜日のみ休みであったため，この時間外数は異常な数値？）忙しく，遊びに行こうなどと言い出すものなら，職場の全員から白い目で見られてしまう状況であった．したがって，1人で何件もの現場を掛け持ちで設計・管理していた状況であった．

　このようななかで，題目である相順間違いが発生し，顧客に多大な迷惑を掛けてしまった．単純なミスであるが，皆さんは他山の石を一つの教訓として頭の中に入れておいていただければ幸いである．

　事の起こりは，関東の電力会社の相順は一般に黒→赤→白の表示がR→S→Tの順となっているのに対し，その顧客は赤→青→白の表示がR→S→Tの順となっていた．このことからミスが発生した．

　打合せの時点では，当然誰もが色の順番がいつもの仕事と違うので，十分にチェックをして確認をとったことはいうまでもない．

　顧客側のGISと電力会社側のGIS内のケーブルヘッド相順も図面で確認し，打合せ調整は十分であったにもかかわらず，なぜミスが発生したのか．

(1)　なぜミスが発生したのか

　まず，顧客の GIS 納入メーカ側は，打ち合わせを実施した設計側の者が現場を取り仕切る部署の課長にその旨を伝えた．その課長は現場代理人に相順の話も含めて説明をした．

　しかし，その後 GIS 納入メーカ社内の事情で，現場代理人が現場着手前に変更（当初予定していた現場代理人が体調を崩した）となり，現場でそれらの事柄を取り急ぎ説明を受けたことから，実際に現場を取り仕切った現場代理人（変更後の代理人）は，青→赤→白を R → S → T（実際は S → R → T の順になっている）の順で表示をしてしまい，現場施工を終了した．

　この現場代理人は，顧客の相順が赤→青→白の表示が R → S → T の順であることの引継ぎを受けていたにもかかわらず，電力会社の相順が黒→赤→白で R → S → T の順であり，普段の慣れから，引継ぎ事項を忘れて顧客は青→赤→白が R → S → T の順と疑いもなく現場施工してしまったのである．運悪いことに，現場代理人を補佐する主任技術者も現場代理人が前任者から引継ぎを受けているので疑わなかったとのこと．

　次に電力会社側のケーブルヘッドの施工業者はというと，電力会社から仕様書での説明を受けており，GIS ケーブルヘッドの下部には電力

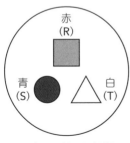

顧客の要望した相順
赤 (R) →青 (S) →白 (T)

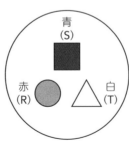

GIS の内部表示
(S→R→T の相順で施工終了)

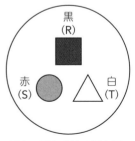

関東の電力会社の相表示
(GIS 下部にはこの表示が
されていた：第2図参考)

第1図

このように表示されている

第2図

会社の表示（黒→赤→白の表示がR→S→Tの順）となっていたので，そのとおりに組み立てた．

　さらに，電力会社の監督員もGISのメーカが大手であり，最後の念押しの確認を怠ってしまった．そこで今回のミスが発生したわけである．

　皆，相順はあっている（電力会社保守部門の人の最終確認も色で確認するので，相確認は異常なしとの判断が当然であった）ことで運開となった．遮断器が入り，動力回路の運転が始まった途端，関係者一同大変な騒ぎとなった．

　今回のミス事例は私の後輩が担当する件でしたが，反省はつきないものがある．皆さんはこのようなミスを自分は起こすことがないと思っていませんか．そうは言い切れないはずである．

(2)　**教訓**

①　現場引継ぎは，書類・現場の両方で入念に行う．また，数名の責任者・職長などの立会いや，必要によっては電力会社の社員にも立ち会ってもらう．

②　施工中のチェックなど，現場代理人任せにしないで皆で確認し，お
　かしいと思ったら全員が納得するまで確認すること．

　今回のミスはすべて代理人任せにしていた全員の責任であると思う．
安全管理のなかに「全員リーダ制度」などがあるが，もう一度初心に帰
りミスのない仕事をしよう．

2-2-4

製造機械の移設でモータが焼けた？ サーマルリレーが動作しない！

　安全キャンペーンで高圧受電のプラスチック加工工場のお客さまを訪問し，責任者と話していたときのことである．事務所に工場内で仕事をしていた作業者の1人が駆け込んできた．その作業者はあわてた様子で「○○製造機械が煙を出して止まってしまった」とのことである．

　私は急いで工場内の機械のところへ行った．加工機械の前に行くと，工場の作業者たちが心配そうな様子で機械を取り囲んでいた．残っていた臭いから私は「モータが焼けたな」と直感した．

　その加工機械の担当者に状況を詳細に聞くことから始めた．その内容は，この加工機械は先週末までは別のラインで使っていたが，作業手順の変更があり，今朝，新ラインに移して使い始めたところ，調子が悪くて何となく変に思っていたそうである．

　機械を操作しているうち，時々ピリッと電気を感じるようになり漏電しているのかなと思ったが，月曜の朝から製造ラインを止めるわけにもいかず，そのまま機械を運転していたら，突然機械が煙を出して止まってしまったということであった．

　私は作業車に戻り，車に積み込んである七つ道具を取り出し，詳細調査と原因追求を行うこととした．

　作業者の話から，漏電していることはまず間違いないと思われたので，まずモータ回路の絶縁測定をしてみることとした．その結果，0.01 MΩ以下と明らかに絶縁不良を起こしていることがわかった．

　しかし，その製造機械は新品に近いので，劣化してモータが焼けることはあまり考えられない．そして，先週末までは正常に運転していたと

のことから，配線に異常があると考えた．

　そこで次に，配線のチェックをしてみると，ブレーカの電源側でも 0.01 MΩ 以下と明らかに絶縁不良を起こしていることがわかった．

　この結果から，機器盤内を点検してみると，移動に際して無理に盤内の配線を引っ張った形跡が認められた（第1図参照）．配線の一部がアルミ製の端子台に食い込み，焼損した痕跡がみられた．漏電はここから発生していたと判断できた．また，その1相はほとんど断線状態であった．

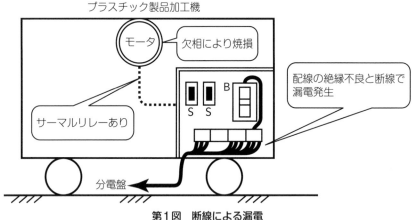

第1図　断線による漏電

　この配線は電源用に3心のキャブタイヤケーブルを使用していたため，加工機械は接地されておらず，そのため作業者がピリッと電気を感じたものであった．

　ここまで読まれて，「あれ？」と思われた方もおられるかと思う．

　そう，私もモータが焼ける前になぜ，サーマルリレーが動作しなかったのだろうと思った．

　調査の結果，このトラブルはさらに追い討ちをかけるように，サーマルリレーの感度が最大に設定されていたため，1相欠相による異常運転でモータが焼損したことが判明した．

　このため，私は工場の責任者に了解をいただき，知り合いの電気工事

業者に連絡を取り補修をお願いした.

　1時間ほどで電気工事業者が到着し，配線の修理と予備モータに取替えを終了するとともに，キャブタイヤケーブルを4心に引き替え，接地工事を施し，異常なく加工機械を再稼動することができた.

　漏電を決して甘くみてはいけない．ピリッとくるときには，設備が私たちに異常信号を発信し故障していることを訴えているのである.

　電気技術者として，我々はその訴えに耳を傾け，五感を生かして異常を一刻も早く見つけ出し，適切な処置を施すことによって機械は蘇生する．また，そのことを誠実に行うことによって，お客さまに安心をお届けすることができるのではないか.

【教訓】　漏電を甘くみるな

　この事故例から，読者の皆さまが電気主任技術者となられ，保安管理の仕事に就かれたときには，次のことをお客さまに根気強くお願いしていただきたいということである.

① 　漏電などが起こったときは速やかに保安管理者や保安協会へ連絡すること．仕事優先で機械を稼動し続けないことが大事である.

② 　移動して使用する機械には必ず接地を施す．また，漏電遮断器の設置が絶対に必要である.

　さらに，読者のなかで設備工事業者の方がおられたら，サーマルリレーについては適正設定をお願いする.

【参考】　三相モータの1相が断線などにより欠相となると，第2図に

示すような等価回路となることから，モータに流れる電流が2倍程度となり，さらに巻線電流が大きくなることにより巻線抵抗も大きくなり，大きなジュール熱が発生することがわかる.

　また，三相モータの滑りも大きくなるので，作業者が冒頭話していたように，機械の調子が悪くなるのは当然のことといえる.

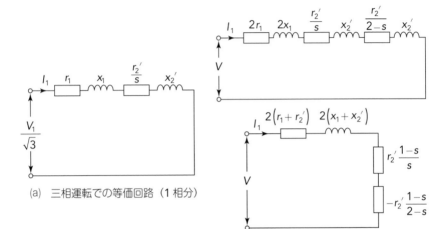

(a) 三相運転での等価回路（1相分）

(b) 単相運転での等価回路（1相失相時）

第2図

2-2-5
プルボックス施工ミスによる漏電「雪のいたずら」

　雪がしんしんと降る日，安全キャンペーン期間中のお客さま訪問を同僚と2人で実施していたときの出来事である．

　約束していた工業団地のあるお客さまの訪問を終了し，帰所しようとした矢先であった．電気担当のAさんがあわてて我々を呼び止め，「受電室の予備発電機が突然回り始めた！　一緒に見てもらえないだろうか」とのことである．車には作業工具が搭載してあったので，早速調査を行うこととした．

　発電機室に入ると，消火ポンプ専用の非常用予備発電機が心地良さそうに回っているではないか．工場内に火の手はあがっていなかったので，火災ではない．

　原因は朝から降り続いている雪によるものではないかと，ある程度予想したものの，非常用予備発電機は商用電源が停電したときに自動運転する機構となっていることから，電源系統から調査を始めるのが一番である．

　はじめに予備発電機を「自動」→「手動」に切換えを行い，発電機を停止した．

　次に，電気担当の方に，消防用の電源ボックスの設置してある場所に案内してもらった．

　電源ボックスのボックスカバーを開けてみると，アークによってボックス内が黒くすすけている状況を発見．「これが原因ですね」と言って，「切」となっている配線用遮断器を指差した．

　「でも，なぜ突然切れてしまったのでしょうね」と電気担当からすぐ

さま質問がきた．そう，ボックス内のすすけた状況から，何らかの原因で短絡か地絡があったと判断された．

　早速懐中電灯を照らしてよく見ると，ボックスの下部に少し水が溜まっており，さらに配管から水滴が流れ出てきていた．やはり，朝から降り続いていた雪が原因であると想定された．

　我々は電源ボックスから逆に配管を追っていくこととした．

　建屋の天井内にプルボックスがあり，そのカバーが昨年実施した工事で外されたままとなっていた．そこに，折からの雪が屋根との隙間から吹き込んで暖房で解けた雪（都会の雪は水分が多く，雨が直接入っているのと同じような状態であった）が配管を伝わって，消防用の電源ボックスへと浸入したものであったことが判明した．

　つまり，消防用電源ボックス内へ水が浸入し，そのことによって短絡事故が発生し，配線用遮断器がトリップした．その結果，商用電源が喪失状態となったことから，消火ポンプ専用の非常用予備発電機が自動運転したことが明らかとなった．

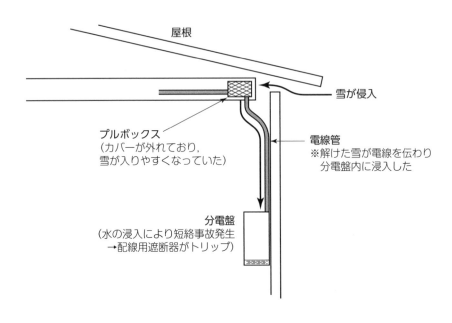

その後，職場へ連絡した同僚も到着し，配線用遮断器の取替えとプルボックスカバー取付けの応急的な処置をすませ，一件落着となった．

【教訓と対策】

① プルボックスのカバーなど，仕事は最後まで終了したか確認チェックする．

② 屋外に分電盤を設置するような場合，水の浸入対策を実施する（配管部分は特に盤上部・下部・側面ともに十分に対策を施す）．

③ 屋外分電盤などは，防水工事は定期的に実施する（経年劣化補修は早めに実施）．

以上の対策をとることが大切であり，高圧受電の場合では，特に機器の破損や波及事故に至るケースがあるので十分注意が必要である．

【参考】

(1) キュービクルと引込み部の保安上考慮すべき事項

① 設備の運転中は，各部の温度上昇・異音・変色などに注意する．

② 機器・ケーブルなどの点検・劣化診断を定期的に行う．

③ 保護装置の動作試験を定期的に行う．

④ 強風・豪雨・地震などがあったときは浸水・冠水その他の異常の有無について調査する．

⑤ ケーブル布設箇所付近の地面の掘削工事に立会い，ケーブルの損傷を防止する．

(2) 現場での日常の保安対策

① 過熱トラブルについては，サーモグラフィ診断，放射温度計測定，テープ状示温材貼布による未然防止対策が図られている．

② 機器，ケーブルの劣化診断方法には，機器絶縁油の油中ガス分析・酸価測定・耐圧試験やケーブルの活線診断（直流垂畳法，直流成分法，零相電流法）・精密診断（直流高圧漏れ電流法，$\tan \delta$ 法）などがある．

③ 必要に応じて，次のような設備の改善を行う．

(i) 保安責任分界点に地絡遮断装置がない場合は，地絡遮断装置付高

圧交流負荷開閉器を設ける.

(ii)　ブチルゴム電力ケーブルは，なるべく早く架橋ポリエチレンケーブル（CVT ケーブルなど）に取り替える．なお，冠水する場所では，遮水層付きケーブルが望ましい.

(iii)　零相変流器の貫通電線がカンブリック絶縁の場合は，架橋ポリエチレン絶縁かエチレンプロピレン絶縁のものに取り替える.

(iv)　変成器がモールドでない場合は，モールド形に取り替える．また，電圧変成器の一次側に，十分な遮断性能をもつ高圧限流ヒューズを取り付ける.

2-2-6
接地線接続忘れにより連鎖的感電
「完了検査は確実に」

　実家の近くにある有名メーカの工場での省エネルギー診断を終えて，久々に実家に立ち寄った．

　その工場からの帰りに，小学・中学時代の親友H君の家の前を歩いていると，たまたまH君が旋盤工場兼用の家から出てきて声をかけられた．

　H君は少々知的障害があり，私の両親がH君の両親と親しかったことから私はH君を弟のように毎日面倒を見ていた．しかしそのH君も旋盤加工工場の経営者となっており，久々の再会であったことから我々は社長室で昔話に花を咲かせていた．

　工場で働いていた作業員が我々のところに飛んできて「どの機械に触れてもビリッと感電して仕事ができない」という．

　私はすぐさま「H君，ちょっと待っていてくれ．実家から七つ道具をすぐに取ってくる」「至急保安管理者にも連絡を取ってくれ」と言って，50 mほど先の実家に急ぎ，七つ道具を小脇に抱えて工場に戻った．

　ここは兄貴分であった私の出番である．少しかっこいいところを見せなくてはと思いつつ，早速調査に取りかかった．

　トラブルが発生した旋盤工場には，さまざまな旋盤が10台ほど据え付けられていた．

　作業員の話によると，「午前中の作業ではどこも異常がなかったが，午後から同じ旋盤で仕事に取りかかったところ，ビリッと感電した」「隣の機械を使っていた同僚も同じで，ビリッと感電した」とのことである．

　これは何か配線関係の漏電によるものか，接地関係のトラブルに違い

ないと直感したので，最初にビリッと感電したという旋盤機械の絶縁測定を行ってみた．すると，完全地絡状態となっていたことから，旋盤機械の中で漏電が発生していることが考えられた．

　しかし，よく考えると不思議なのである．つまり，午後仕事を始めたと同時に感電したのであるから，旋盤機械が停止している昼休み中に異常が発生したことになる．

　そこで私は作業員に聞き取り調査を行うこととした．ここからが大変であった．H君の経営する旋盤工場の作業員全員が，H君の考えで皆，障害のある子たちばかりなのであった．

　とにかく根気良く昼休みに何をしたかと聞くと「機械の操作どころか，触りもしていない」と言うのである．この子たちの言うことに偽りはない．

　私は，午前中の作業終了時が怪しいと思い，さらに作業終了時に何かしていないか思い出してもらった．

　1人の作業員が「午前中の旋盤作業でできた金属の切り粉を掃除し，回転部に注油だけを行った」と思い出してくれた．私は「これだ」と直感した．

　そこでもう一度問題の旋盤機械を調査することとした．

　調査の結果，側面についている手元スイッチのカバー取付ビスが緩んでおり，スイッチのケースとカバーの間に隙間があった．カバーを開けてみると，思ったとおりスイッチケースの内部に金属の切り粉が入っており，スイッチ駆動部にも付着していた．

　私の推測は，午前中の作業終了時に旋盤を掃除したとき，こぼれた切り粉がスイッチケース内部に侵入し，漏電を引き起こしたものであると結論付けた．そこで，切り粉をきれいに取り除き，再度絶縁測定を行ったところ絶縁不良は解消した．さらに，ほかの機械についても調査してみたが異常はなかった．

　さて，これですべてが解決されたわけではなかった．次はすべての機

械でビリッと感電した原因を調査しなければならない.

　今までの経験から，すべての機械で同じ現象が現れるということは，電源回路か接地回路に必ずといってよいほど原因があり，特にその8割が接地回路に原因があった.

　H君の工場も同様で，接地回路が怪しいと思われたので接地回路を調査すると，すべての工作機械の接地線が連接接続されていた．調査を進めていくと図に示すように，その接地線が分電盤下部の接地線用防護管の中で切れていた.

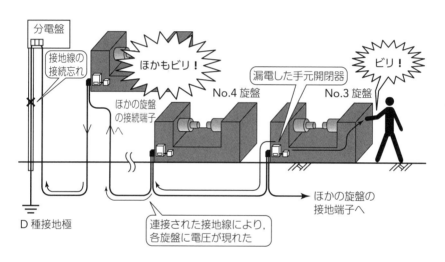

これでは感電するはずである.

　つまり，1台の旋盤機械の漏電が，連接の接地線を伝わってすべての機械に影響していたのである.

　H君の話によれば，最近，機械を1台増設したとのことであり，その際，分電盤付近で何やら配線を切ったり張ったりしていたとのことである.

　つまり，接地線が切れていた原因は，分電盤に開閉器を取り付けたときに接地線の接続を忘れてしまったのではないかと考えられた.

　何をいまさらと思う方もおられると思うが，「竣工検査」は確実に実

施することが大切である．外観検査を入念に行うことで，多くの施工ミスを発見することができるので，肝に命じておきたいものである．

　H君の工場を出るとき，作業員の皆が仕事の手を休め，私に深々とお辞儀をしてくれたことが印象に残っている．先日も旋盤工場にうかがったが，その当時より規模を縮小してH君は今の厳しい時代を乗り切っているようである．そしていつも礼儀正しくお辞儀をするあの子たちに，私は励まされているような気分になるのである．

2-2-7

後片付け・清掃は大切

　ある大手交通会社の大形車整備工場の省エネルギー診断に訪問したときの出来事である.

　診断が終了し,工場の責任者のAさんに「そのほか何か聞きたいことはございませんか」と尋ねたところ,工場の設備担当者のFさんから「省エネ以外についてお聞きしてよろしいでしょうか」と尋ねられた.

　私は「電気のことでしたら,大体のことは大丈夫です」と答えた.

　すかさずFさんは「実は,ここ数日前から整備員休憩室出入口のアルミサッシ扉に手を触れると,たまにピリピリと電気を感じることがあるのですが,調べてもらえませんでしょうか」とのことであった.

　こういうこととなると体がむずむずしてくるのである.

　七つ道具はいつも持ち合わせていたので,早速整備員休憩室に行き,電気を感じるという扉に手を触れてみた.しかし,異常はなく,この状態では原因はつかめないと思い,以下の事項について調査してみた.

　①　アルミサッシ扉の対地電圧は「0」Vであった.

　②　キュービクル内の受電変圧器のB種接地線に流れる電流もほぼ
　　　「0」Aで,また,低圧回路の漏電も検知されない状態であった.

　「たまにピリピリと電気を感じる」ということから,とにかく漏電が発生していることに間違いはないのである.

　次に,工場の午後の休憩時間に停電をお願いし,各回路,分電盤,操作盤などの絶縁抵抗を測定したがいずれも良好であった.

　この時点で少し焦りを感じた.不定期に発生する漏電の原因を探すのは容易なことではなく,安請け合いしてしまったことを後悔していた.

しかし，引き受けてしまった以上，私の性格から絶対に原因をつかんでやるという気が湧いてきた．

　気を取り直して，Ｆさんに停止中の機器を順次稼動してもらうこととした．このことで，漏電している回路または機器の特定ができると考えていた．しかし，整備作業に必要なコンプレッサなどの機器すべてを稼動しても，漏電電流の発生を確認できなかった．

　「打つ手なし」と思っていたところ，整備を終了したバスが洗車のため整備員が洗車機のスイッチを入れた．その瞬間，動力用変圧器のＢ種接地線に1〜6Ａの範囲で電流が断続的に流れた．私は「これだ」と確信した．

　整備員休憩室出入口のアルミサッシ扉へ，一目散に走った．扉の電圧を測定してみると，10〜60Ｖ程度の対地電圧がＢ種接地線に流れていた電流と同様に，断続的に測定された．

　Ｆさんに「洗車機」が漏電していてアルミサッシ扉に電圧が現れていることを告げた．

　するとＦさんとＡさんともに「この洗車機は最近取り替えたばかりの新品なのですが」ということであった．これは何か施工不良があるのではと直感した．

　また，Ｆさんから「そういえば，この洗車機が納入された頃から，アルミサッシ扉に手を触れると，たまにピリピリと電気を感じるようになった」とのことであった．

　さっそく回路から調査してみることとした．

　回路には漏電遮断器も付いており，また絶縁抵抗測定を行ったが，結果は良好であった．まだ新しい洗車機であることから，洗車機自体の不良とは思えなかったが，詳細に調べてみることとした．

　調査の結果，図に示すように押しボタンスイッチの金属ケースの中にドリルくずとみられる「金属片」を発見した．さらに詳しく押しボタンスイッチを調べると，スイッチのケース内側に「放電跡」が付いており，

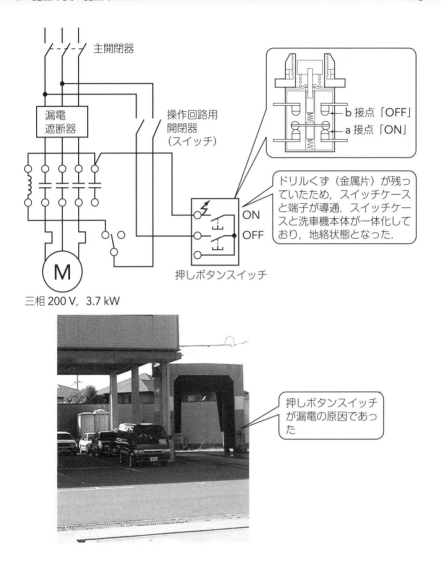

主開閉器

漏電
遮断器

操作回路用
開閉器
（スイッチ）

b 接点「OFF」
a 接点「ON」

ドリルくず（金属片）が残っ
ていたため，スイッチケース
と端子が導通．スイッチケー
スと洗車機本体が一体化して
おり，地絡状態となった．

ON
OFF

押しボタンスイッチ

三相 200 V，3.7 kW

押しボタンスイッチ
が漏電の原因であっ
た

M

これが事故の原因になったものと確信した．

　ドリルくずのような金属片は，電磁開閉器（マグネットスイッチ）を
収めた金属箱に，押しボタンスイッチを組み込む工事の際，押しボタン
スイッチの端子付近に引っかかったまま取り除かれずに残っていたもの
と考えられた．明らかに「施工不良」である．

　これにより，洗車機を運転したときの振動で端子とケースが短絡され，洗車機本体に漏れた電流が，建物鉄骨につながっている接地線から鉄骨を通して大地に流れ，そしてさらに，鉄骨を共有した薄鋼板で外装した整備員休憩室のアルミサッシ扉にも漏れ電流が流れ，扉の開閉の際にピリピリ電気を感じたものであった．

　しかしなぜ，このような漏電があったにもかかわらず，洗車機の漏電遮断器が動作しなかったのであろうか．

　これも回路を調べてみるとすぐに解決することができた．

　図に示したように，「洗車機の操作回路が漏電遮断器よりも電源側に接続されていたため」であった．このときの教訓として次の事項が挙げられる．

①　漏電遮断器は設置位置に十分注意して回路設計する．

②　「竣工検査」は清掃も含めて確実に実施することが大切．

2-2-8
圧着不完全による漏電トラブル 「火災発生寸前！」

　私と後輩とで工業団地内にある繊維製品加工工場へ月次点検に出向いたときの出来事である．まず受電キュービクルの外観点検を行い，後輩に点検を指示した．後輩は普段と変わらず変圧器B種接地線電流の測定を実施した．

後輩：大嶋さん大変です．見てください．35Aもの漏えい電流が流れています．

大嶋：本当だ．これは大変だ．動力回路で漏電があるな．

　早速，我々は低圧盤裏の各送り幹線で測定した．その結果，繊維製品加工機械工場送り回路であることがわかった．

　次に漏電箇所追跡のため，工場の分電盤で絶縁測定を実施することとした．

　調査の結果，負荷側回路に異常はなく，電源側回路が0.01MΩを示し完全な絶縁不良となっていた．電源側の配線はキュービクルから分電盤まですべて金属管工事で施工されており，途中に接続箱が3箇所あった．

　そこで我々は接続箱で配線を切り分け，漏電箇所を調べようと1箇所目のアウトレットボックスに手を触れたところ，かなり熱くなっていた．私と後輩は目を見合わせた．

後輩「大嶋さん．ありましたねー」

大嶋「1箇所目のアウトレットボックスでラッキーだったな」

　私と後輩は原因はここだと直感し，ボックスのふたを開けて内部を見た．すると電線の圧着接続部分が黒く焼け焦げて素手で触ると火傷するくらい熱くなっていた．また，第1図に示すようにアウトレットボック

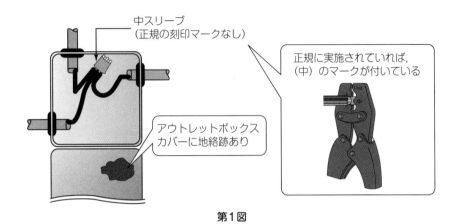

第1図

スのカバー内側には地絡の痕跡があり黒くなっていた.

　原因は接続部の圧着不完全（非正規の圧着工具使用による）によって過熱し，テーピングが溶けて充電部がボックスカバーに接触し，漏電したものと推定された.

　工場長に事情を説明し，早速補修を終了したが，繊維製品加工工場のため，いたる所に繊維くずが付着しており，この過熱が原因で繊維くずが燃え出しでもしていたら，消防車出動という騒ぎとなっていたことであろう.

　今回のトラブルと同様なトラブルはこれまでにも数多く発生している.

　記憶に新しいところでは，あるプラスチック製品の加工工場で，動力用変圧器のB種接地線に20Aという大きな漏えい電流が流れていた.

　その工場は，直流モータを使用してプラスチック製品の加工を行っており，三相誘導モータで直流発電機を運転して直流電圧を発生させ，直流モータに電源供給している工場である.

　早速，成型機，粉じん機およびその付属機器ごとの調査を開始した.

　その結果，ある動力回路から漏えい電流が発生しているのを発見し，絶縁測定を実施したところ，絶縁抵抗計は0MΩを指示し，完全地絡状

態となっていた．

　この配線も金属管工事で施工されており，アウトレットボックスが2箇所あった．このときも漏電箇所絞込みのためボックスで切り分けて検出区間を短くすることとした．

　電源側に近いアウトレットボックスのカバーを開けたところ，カバーの裏側にスパークの痕跡を確認した．

　このときの原因は，アウトレットボックス内の電線接続箇所でテーピング不良箇所があり，それがカバーに押さえつけられた状態で，絶縁テープが剥けて電線接続部の先端が金属製のカバーに接触して漏電していたものである．

【教訓】

①　スリーブ圧着は正規の工具を使用し，刻印を確認する

②　テーピング状態確認を怠るな

　この種の事故としては，例えばモータ端子のテーピング不良による保護カバーへの連続放電など，回転機器の場合，発見に困難を伴うことも考えられるので，ケーブル取替え，機器の取替え時などには十分注意することが大切である．

　なお，参考に第1表にリングスリーブの種類，第2表に終端重ね合せ用スリーブ（E）の使用可能な電線の組合せを参考に示す．

第1表　リングスリーブの種類

スリーブの呼び	各部の寸法 [mm]				圧着工具のダイスに表示する記号	外　形
	最大使用電流 [A]	L	d	D		
小	20	10.0以上	4.0	5.0	1.6×2（1.6×2 本圧着）小（その他）	
中	30	10.0以上	5.3	6.9	中	
大	30	10.0以上	6.1	7.7	大	

第2表　終端重ね合せ用スリーブ（E）の使用可能な電線の組合せ

呼び	電線組合せ			圧着マーク
	同一の場合		異なる場合	
	φ1.6 mm または 2.0 mm²	φ2.0 または 3.5 mm²		
小	2本	―	φ1.6 mm 1本と 0.75 mm² 1本 φ1.6 mm 2本と 0.75 mm² 1本	○
	3～4本	2本	φ2.0 mm 1本と φ1.6 mm 1本～2本	小
中	5～6本	3～4本	φ2.0 mm 1本と φ1.6 mm 3本～5本 φ2.0 mm 2本と φ1.6 mm 1本～3本 φ2.0 mm 3本と φ1.6 mm 1本	中
大	7本	5本	φ2.0 mm 1本と φ1.6 mm 6本 φ2.0 mm 2本と φ1.6 mm 4本 φ2.0 mm 3本と φ1.6 mm 2本 φ2.0 mm 4本と φ1.6 mm 1本	大

さらに第2図に示すようなこともあるので，ご用心！

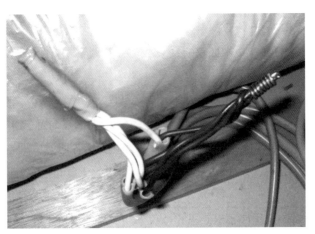

第2図　絶縁処理がされていなかった事例

2-2-9

木ねじで不幸中の幸い．ケーブルの損傷事故「隣の部屋にも注意」

　電気安全週間が始まり，上司と私とで月曜日の朝一番であるお客さまへ訪問したときのことである．訪問するなり工場長のHさんより「よいところに来てくれました」とのことであった．

　工場長のHさんの案内により工場に近づくと工場内が少し騒然となっており，この工場の電気保安管理技術者のAさんの見慣れた顔が私の目に飛び込んできた．

　上司と私は工場長のHさんに事の次第を尋ねると，朝一番で出勤すると「漏電警報器がけたたましく鳴っていた」ので，電気保安管理技術者のAさんに緊急出動をお願いしたとのことである．

　私は社有車からすぐに七つ道具を取ってきて，電気保安管理技術者のAさんと早速建物の1階にあるキュービクルへと向かった．

　まずキュービクルの検電を行い，漏電警報器のブザーを止めた．

　私とAさんは，最初に動力用変圧器のB種接地線で漏れ電流を測定してみた．その結果，接地線電流は6.5Aという高い値を示した．これは明らかに工場内のどこかに漏電があることを示している．そこで急がば回れということわざがあるが，1回路ごと詳細に漏電調査をしていくこととした．

　漏電回路を調べていくと，工場内1階の奥にある工作機械の電動機回路であることが判明し，その送り用開閉器の絶縁抵抗はほぼ「0Ω」に近い値を示した．

　さらに回路を調査していくと，図に示すA点では6.5Aの漏電電流が流れているが，C点では漏電電流が流れていない．漏電電流の調査結

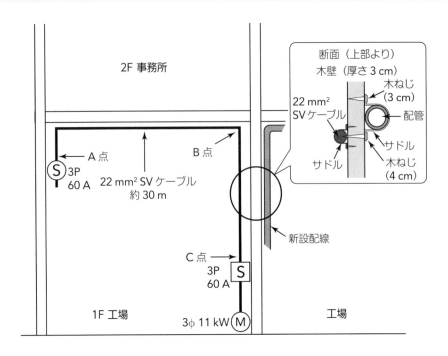

果から，A点-C点の間で漏電が発生していることを示している．

　図に示すように，この回路は送り用開閉器から手元開閉器までSVケーブルを天井と壁に直接固定しており，その長さは約30mあった．

　また，この工場の建屋は40年以上使用されており，木造2階建で，鉄骨などもなく下からの目視点検では全く異常はなかった．

　我々は眼の届かない上部の箇所を点検するため，社有車のラックから脚立を運び入れ，送り用開閉器側からケーブルのサドルを外しながら，順次クランプメータで漏れ電流を測定していった．

　すると，B点を境にして漏れ電流は完全に消滅した．我々は「事故点はここだ」と思わず言葉にした．外観上に全く異常はなく，木製の壁も何の変哲もなかった．

　しかし，SVケーブルに手を触れてみると少し温かく感じたので，工場長のHさんに休日に電気工事か何か作業をしなかったかとお聞きすると，日曜日に隣の作業場のコンプレッサ配管の取替工事があったとの

ことである.

　Aさんと私はこれが原因であると直感した.

　隣の部屋に行き配管ルートを確認すると,新しいコンプレッサ用の管が配管されており,ちょうどB点付近と思われる箇所に配管固定用のサドルが取り付けてあった.検電器を当てると明るく点灯し,サドルに手を触れると思っていたとおり温かくなっていた.

　この場所が事故点だと確信し,我々は送り用開閉器を開放し,サドルを固定していた木ねじを引き抜いた.SVケーブルを損傷させていた木ねじの長さは4cmあり,先端が黒く焼けていた.また,図に示すようにもう一方のサドル固定用の木ねじは3cmであったことから,その先端は見えなかったものである.

　したがって,図に示すようにおそらく3cmの木ねじがなくなり,たまたま持ち合わせていた4cmの木ねじを使用したところ壁板を突き抜け,運悪く隣の作業場のSVケーブルを貫通して1線に接触したものと想定された.

　木ねじを抜いてから絶縁抵抗を測定してみると,5MΩまで回復していたのでとりあえず通電したが,工場長のHさんに,休日に停電して配線の改修を実施していただくことをお願いし,さらに,電気安全週間ということもありいろいろとお話しをして帰社した.

【教訓】　木ねじ1本であっても仕様変更は慎重に！

　このトラブルは一見すると運が悪かったと思われるが,しかし,工事日が日曜日だったので,動力回路の開閉器がすべて開放してあったことが逆に運が良かったともいえる.

　もし,動力回路が充電されていたら配管作業をしていた作業者が感電したかもしれないのである.帰り際,工場長のHさんから「皆さんのおかげで大事故にならずにすみありがとうございました.これから何か工事を行うときには電気保安管理技術者のAさんに連絡します」と言われ,我々はほっとした思いがした.

2-2-10
引込ケーブル金属シースの2点接地による地絡リレーの誤動作発生！

　あるプラスチック製品製造工場の電気担当Kさんから「工場が一部停電となっているので, 至急現場に来てほしい」と連絡が入った. 幸い, 配電線波及事故には至っていない模様である.

　我々は至急工場に駆けつけ, Kさんから現場の停電状況の説明を受け, 調査を開始した. 調査を開始してすぐに, 受電室から高圧ケーブルで送電されているキュービクルに施設されている地絡保護付き気中開閉器の地絡リレーが動作して, 工場が一部停電となったことが判明した.

　我々は, 1週間ほど前に実施したケーブル工事に, 何となく原因があるのではないかと直感した. とにかく, 地絡保護付き気中開閉器の地絡リレーに動作表示が出ていることから, 地絡事故であることは99％間違いないのである.

　私と同僚は, 今日は簡単に終わるなと思いつつ, まず, この気中開閉器を開放して高圧機器一括の対地間の絶縁抵抗を測定してみた.

　結果は, 1 000 Vメガーで1 500 MΩ以上あり, 絶縁不良箇所が見当らないという状況であった. その瞬間, 同僚と私は先ほどの思いを一転して顔を見合わせた. 今日は長くなるなという重苦しい気持ちとなってしまった.

　とりあえず一度, 気中開閉器を投入してみることとした. 投入した結果は, 頭の中で描いていたとおり, 異常なく投入できてしまった. 現在までの状況をKさんに説明し, 仕方なく我々は, このまま様子をみることとした.

　2時間ほど異常がなく, 焦りが出てきたときであった. 再び地絡リ

レーが動作して停電となったことから，我々は原因調査を再開した．

　この顧客のキュービクルは半年前に新品に更新したことから，高圧機器の絶縁不良や，地絡リレーの劣化はまず考えられなかった．また，くまなくキュービクルを点検したが，小動物の侵入による事故も見当たらなかった．

　キュービクルまでのケーブル工事が1週間前に実施されたこと以外に，事故要因は考えられなかったことから，ケーブルの接地工事（ZCT：零相変流器を含む）を点検することとした．

　最初に，キュービクル側の接地工事は，零相変流器の負荷側で接続されており問題はなかった．次に，受電室のケーブル送出し側の接地を点検してみることとした．

　ケーブルの接地は片側の1点接地が原則である．調査結果は，送出し側の接地線は外されているのが確認されたので，異常は見当たらなかった．

　しかし，受電室のケーブル終端部の接続部分が暗くて見にくかったことから，懐中電灯で照らしてよく見てみると，ケーブルシールドの接地端子の折り曲げられた箇所が，ケーブル支持金具に接触しているのを発見した．

　同僚と私は思わず「やった，これだ」と叫んでしまった．

　つまり，1週間前に実施した工事の際，片側接地で施工することまではよかったのであるが，接地端子の浮かせ方法が十分でなかったため，接地線が支持金具に接触してしまい，結果として，ケーブルシールドの接地が両端接地となってしまっていたのである．

　このため，ケーブルシース循環電流および低圧側の漏電電流や迷走電流がケーブルシールドに分流し，零相変流器を流れて地絡リレーを動作させたものと推測した．

　なお，地絡保護付き気中開閉器が投入後2時間経過し，地絡リレーが動作したのは，低圧側に絶縁不良機器があり，これを使用したときに漏

電電流が流れ，このときに地絡リレーが動作したものと推測した．

　実はこの日，我々は低圧側のある機器に絶縁不良を発見しており，電気担当Kさんに改修をお願いしたところ，2時間後の地絡リレー動作が発生したものであった．

　今回の事故は，ケーブル貫通形零相変流器でケーブルが，前述のように両端接地（2点接地）となっていたために発生したものである．今回の処置としては，受電室のケーブル送出し側のシールドの接地端子を，十分支持金具から離して完了した．

【参考】　ケーブル貫通形零相変流器の接地工事方法(高圧受電設備規程)

　貫通形零相変流器を使用する場合，引込用ケーブルのシールド接地の方法は第1図(a)のように，引出し用ケーブルの場合は第1図(b)のように施工するのが標準である．

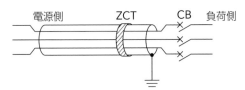

(a)　引込用ケーブルのシールド接地

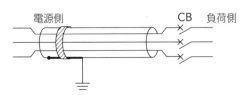

(b)　引出用ケーブルの接地

第1図　ケーブルのシールド接地

　ケーブルの接地は片端接地（1点接地）を原則とし，両端接地（2点接地）は行わない．

　理由は，両端に接地線を取り付けると地絡電流が両端の接地線に分流するため，継電器の感度低下をもたらすほか，大地に迷走電流や低圧側の漏れ電流があると，誤動作するためである．

　さらに，第2図に示すように負荷電流によりシースに電磁誘導電圧が

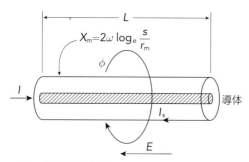

$$X_\mathrm{m}=2\omega\log_e\frac{s}{r_\mathrm{m}}$$

I　：導体電流 [A]
I_s　：電磁誘導によるシース電流 [A]
E　：電磁誘導によるシース電圧 [V]
X_m　：導体とシースの相互リアクタンス [Ω/m]
ϕ　：I による鎖交磁束 [Wb/m]
s　：ケーブルの中心間隔 [m]
r_m　：シースの平均半径 [m]

第2図　ケーブルシースへの電磁誘導

現れ，その大きさに比例した循環電流が流れることによっても，誤動作を引き起こすおそれがあるからである．

2-3-1

ネズミによる短絡事故発生！

　夜勤明けの朝，帰り支度をしていたところ，き線事故の警報が鳴り始めた．我々はすぐに現場へと出動した．

　現場に到着すると，付近一帯が停電となっていた．私たちが車を降りるのを待っていたのか，当時ワッフルで人気の菓子工場の隣にあるお店のおばさんが「電気屋さん！　うちの隣の工場で30分くらい前にものすごい音がしたよ．何かが爆発したような感じだった！」と興奮した様子で私たちに駆け寄ってきた．

　早速当該工場の引込み付近から調査を始めると，引込柱のところで気中負荷開閉器への縁回し線が断線して垂れ下がっていた．現場班長に当該需要家の切離しと，き線の復電をお願いして，作業長以下我々は当該工場の事故調査を行うこととした．

　また，この時点で保安協会にも一報を入れ，現場に急行するようお願いした．

　早朝であったので，菓子工場の社長はまだ出勤途中とのことであったが，良いタイミング？　で電気担当の総務課のＦさんが出勤してきたので，緊急を要する旨お話して変電室へと向かった．

　ドアを開けた途端に異臭が鼻を突くとともに，我々は「動物だ」と直感した．当時まだ経験の浅い私にもこのことはわかった．変電室内の調査を実施したところ，受電用油遮断器のタンク上に停電現行犯であるネズミの死骸を見つけた．

　事故の直接の原因は，遮断器の負荷側のところにネズミが接触して短絡事故となり，そのため電力会社変電所で高圧配電線の過電流継電器が

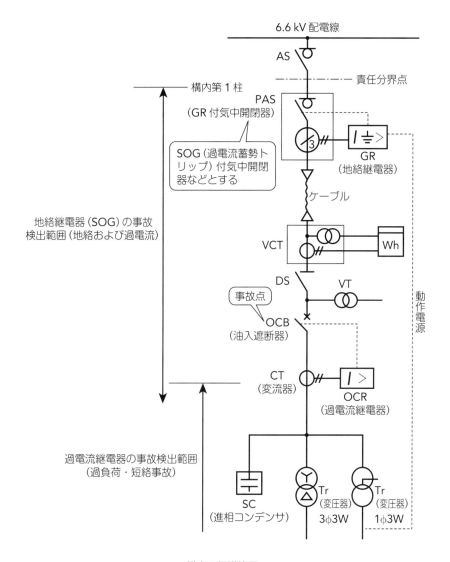

構内の保護範囲

動作し，断線して垂れ下がった縁回し線が永久接地状態となり，配電線の再閉路時に地絡継電器が動作して再閉路失敗となって，配電線の停電→波及事故に至ったものであった．

　この事故の直接の原因はネズミの接触によるものだが，大きな問題が

残った．ここまで読まれてピンときた方は現場にかなり精通していると思う．その問題とは，この事故が保護範囲外で起こったために波及事故に至ったことである．

　遮断器受電方式における保護装置の保護範囲は，過負荷や短絡事故に対しては過電流継電器用の変流器，地絡事故に対しては地絡継電器用の零相変流器の取付点から負荷側である．

　したがって，事故が故障電流を検知する変流器または零相変流器から電源側にある場合は保護範囲外になり，それらの場所で発生した事故では電力会社変電所の配電線出口の遮断器が開放する．

　この事象を防ぐためには，保護継電器の保護範囲をできるだけ広くすることが必要で，次の対策を講じることとしている．

① 故障電流を検知する変流器の取付位置をできるだけ電源側にもっていく

② 遮断器もできるだけ電源側に設置する

　例えば，SOG（過電流蓄勢トリップ付き地絡トリップ形）付気中負荷開閉器などを構内第1柱に設けることで，短絡事故や地絡事故に対する保護範囲が広くなり，配電線への波及事故を減少することができる．また，ネズミの通れそうな孔は完全に塞いでおくことが大切である．

　そんなこと常識だ！　なんていっている人も，もう一度自分の現場を見回してはいかがでしょうか．銀座の真ん中にだって大きなネズミがたくさんいるんですから．本当です！　ご用心！　ご用心！

2-3-2

短絡事故発生！
銀座のネズミは猫より大きい？

　銀座の中心から1kmほど築地本願寺側にある高圧の需要家で短絡事故が発生した.

　その需要家は, ある有名な会社のオフィスビルで, 定時退社を推奨する, 25年以上前にはごくまれな会社であった. その会社は午後5時30分が定時であり, 警備会社の警備員も午後6時には全員が引き揚げているような状態であった.

　全員が帰宅した時点から短絡事故のストーリーは始まっていたのだった. 短絡事故は午後7時頃発生した. 突然, 雷のような音とともに, 付近一帯が停電となった. 電力会社からの連絡を受け, 我々は出動した.

　当該の高圧需要家へは警備会社の警備員がすでに到着しており, さらに, 当該需要家は配電系統から切り離され, 付近の停電は解消されていた. 我々は現場で電力会社の作業班長から引継ぎを受け, 早速需要家構内の調査を進めることとした.

　受電室に入ってみると, 焦げ臭いにおいが漂っており, 受電室内の計器用変圧器（VT）が吹き飛んでいるのを発見した.

　事故点がすぐに判明したので, 持参した携帯発電機を運転させて受電室内の仮照明を配備し, さらに検電と三相短絡接地をすませ, 受電室内のVTの損傷状況を詳しく調べてみることとした.

　すると, VTと一次側ヒューズが別になっている形式で, ヒューズとヒューズホルダが跡形もなく吹き飛んで床上に散ばっており, 短絡事故のすごさを物語っていた.

　VT本体は, 表面が焼損して黒焦げとなっており, 第1図に示すよう

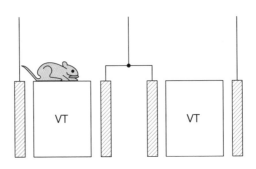

第1図　ネズミの侵入による短絡事故

に二つある VT の左側の VT 上に，それまでに見たこともない特大の
ネズミが焼け焦げて横たわっていた．銀座で大きなネズミを見ることは
何度かあったが，体長が 30 cm 近くのネズミを見たのは初めてであった．

　この事故の原因を推測してみると，おそらく社員と警備員全員が退社
して人気がなくなったことから，ネズミが活動を始め，地下受電室のフ
レームを駆け上がり，VT に接触して地絡を起こした．

　この際，VT 一次側ヒューズが旧式のものであり，限流ヒューズでは
なかったことから，地絡電流を遮断できずに，ヒューズ溶断の際にアー
クが発生し，アークによってアーク短絡に発展したものと我々は推測し
た．

　この需要家は，電力会社の配電用変電所から 400 m 程度の距離にあ
ることから，配電系統のインピーダンスが小さいため，短絡電流が大き
くアーク短絡の被害が大きくなったものと考えられた．詳細な調査を進
めると，VT のほか，断路器の一部も溶断していた．

　さらに，この短絡事故は受電用遮断器の電源側に VT が接続されて
いたため，構内の過電流リレーを動作させることができなかったため，
配電線波及事故に至ってしまったのであった．

　ネズミの侵入経路については，地下変電室に内径 25 mm の不要配管
があり，そこからネズミが侵入したものと推測された．

　この事故の直接原因は，ネズミの侵入によるものであり，こうした小

動物による事故を防ぐには，次のような対策が必要である．

① ネズミなどの小動物の侵入防止

ネズミは建物のわずかな隙間，電線管の隙間などから侵入することができるので，建物の窓や小穴，換気扇のシャック部，電線管の隙間などを密閉する．また，キュービクルでは，屋根の折返し部，基礎コンクリートの隙間などをなくす．

② 充電部を絶縁物で囲む

変圧器，高圧進相コンデンサなどの充電部に保護筒を設け，高圧母線には高圧絶縁電線を使用する．

③ VTを遮断器の負荷側に取り付ける

この事故事例では，VTが遮断器の電源側に取り付けられていたため，構内の遮断器で遮断できず，配電線への波及事故となったことから，VTは遮断器の負荷側に取り付けることを推奨する．

④ VT一次側ヒューズに遮断容量のある限流ヒューズを取り付ける

⑤ 引込みの気中開閉器には，地絡保護付きのものを設置する

以上の対策のほか，ネズミの侵入路に防そ剤を散布する，殺そ剤や捕そ器具でネズミを駆除するなどの方法もある．しかし，すべてのネズミを駆除することは不可能であるので，変電室に侵入させない対策を主体とするのが最善策である．

第2図 改修したVT

2-4-1

高齢者マークの経験と知恵はすごい！

　現場作業の報告書を書き終えて所内一番のベテランである次長に提出したときのことである．

　「バカヤロー！ "テル"おまえの目は節穴か？」いつも以上に大きな雷であった．その報告書というのは，ある新設の需要家での停電の原因が「原因不明」として報告したものであった．

　実はこの需要家の原因不明の停電に関する報告書は4回目であった．

　報告書をすべて整理してみると，停電はある時間帯に発生しており，そのすべてで高圧地絡継電器が不必要動作していた．

　また，原因調査は製品の不良，構外の事故電流による影響，電圧変動，小動物進入などなど，あらゆる方面，かつ，詳細に調査したが原因らしきものは，発見できずとしていたものである．

　自分としては雷を落とされるほど間抜けな調査であったのであろう

第1図

か．私がその場で答えられずにいると，次長から「おまえの調査にミスはなかったと思う．ただし，ここまで調査して時間帯・リレーの不必要動作という二つのキーワードを得たのなら"外来電波の影響調査"も行うべき」とのアドバイスであった．

つまり，私の報告書は原因不明のままで，この先どのように調査を進めたらよいかが抜けていたため，次長の雷が落ちたのである．

翌日，その需要家の周辺を調査してみると，3 km 以上離れたところに大手通信会社の送信所があった．

お客さまに今回の事象を説明し，高圧地絡継電器の入力電圧波形の確認をさせていただくこととなった．

不必要動作が発生する時間帯にオシロスコープで波形を観測すると，電波周波数などからの判断で，外国向けに送信している電波と同じであることが確認された．

電波の進入経路は第2図に示すように，構内柱の高圧気中開閉器内部に設置している，ZCT〜キュービクル内の高圧地絡継電器に至る約15 m の ZCT 二次側架空配線がアンテナとなり，これに電波が進入して高圧地絡継電器を不必要動作させたものと推測された．

早速このことを報告書にまとめて次長に報告すると，「皆に水平展開するように」とのことであった．そのときの次長の顔は自信満々に見えた．

その後の飲み会の場で知ったが，次長は私が担当した現場近くに送信所があったことから，電波による不必要動作ではないかと思い，前述のようなアドバイスを私にしたとのことであった．

また，当時「初心者マーク」の私たちに「高齢者マーク」の次長から，高圧地絡継電器の取付けが普及してきた昭和45年頃から，電波による不必要動作対策が話題になっていたことを聞かされた．

障害の原因になる電波には，一般の放送電波からアマチュア無線に至るさまざまな電波，さらには，いろいろな機器から発生する雑音などもトラブルを引き起こすことが報告されている．

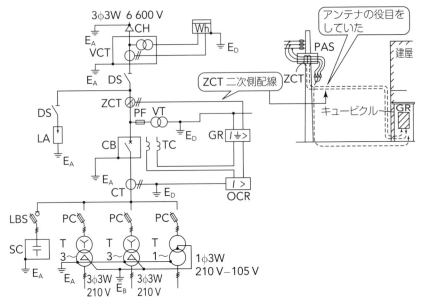

第2図

　現在，携帯電話，スマートホンなど多くの方々が利用する時代において，我々の電気現場においてこれらの機器から発生する「電波」が問題となっており，電気技術者を悩ませている．

　本題のトラブルの対策はというと，次のようなことを実施して解決することができた．

① 　ZCT〜リレーまでの配線を，シールド配線とした．

② 　通信会社の指導の下，LCフィルタを作成し，リレーの入力回路に組み込んだ．

③ 　接地線をすべて1箇所にまとめて，キュービクル内のA種接地に接続した．

　今回の出来事で，常に先を考えて仕事を進めることの大切さを勉強することができたと同時に，経験がいかに大切であるかも「超ベテラン」の次長から教えられた．かも．

2-4-2
放送電波で感電！
電波による異常電圧誘導

　私が入社して初めて22 kV供給工事に携わったときの出来事である．班長と私とで当該ビル建設現場に電力ケーブル引込み用シャフトに取り付ける，ケーブル架台の設計変更のお願いに出かけた．現場に到着すると，ちょっとした騒ぎとなっていた．

　ビル最上部に設置された建設用クレーンのつり上げ用フック（ワイヤの長さ60 m程度）に，玉掛け作業主任者がワイヤを掛けようとしたら「パシッ」と火花が出た．また，ほかの作業員がフックに手を触れたらかなりの電撃を受けたとのことであった．

　現場で待ち合わせていた建築現場の電気関係の技術者が，漏電があったのだろうということで調査に当たっており，高圧の工事用受電設備の電源を切り，全停電にして火花の原因を調べていた．しかし，火花や電撃はなくならなかった．

　この騒ぎでは設計変更のお願いどころではなく，我々も同じ電気技術者であることから，調査に協力することとなった．

　電源を切っているのであるから，漏電が発生することはない．また，クレーンの電源スイッチも切ってあるので，万に一つの漏電も考えられなかった．まず，フックと大地間の電圧を測定してみることとした．

　テスタで測ってみると，600 Vの目盛りが振り切れてしまい，高電圧が発生していることは間違いない．そこで，フックを接地させてみると火花が出て，電圧は"0"となった．

　これは静電誘導ではないかと思い現場付近を見回したが，静電誘導を引き起こす原因となるようなものが見当たらなかった．その日はとにか

く作業性は悪いが，今後の作業ではフックに接地線を取り付けておき，作業ごとに接地することとして原因調査を打ち切った．

　我々の設計変更の打ち合わせも時間がなくなり，翌日改めてということとなってしまい，もやもやした気持ちのまま帰所した．

次長のアドバイスで原因解明

　次の日の朝，次長に事と次第を報告すると，「それは放送電波（中波）のしわざではないか」とのことであった．現場付近には放送局のラジオ送信所があった．

　早速，電圧測定用の計器とオシログラフを積んだ測定車を現場へと走らせた．建築現場の電気技術者のはからいで現場到着とともに測定を開始した．「班長！　電圧 1 800 V です」「よし！　オシロだ」「○○サイクルです」（周波数は高周波としておく．また，当時，周波数の単位はヘルツではなくサイクルといっていた）．

　これで，明らかに放送電波による異常電圧の誘起であることが判明した．

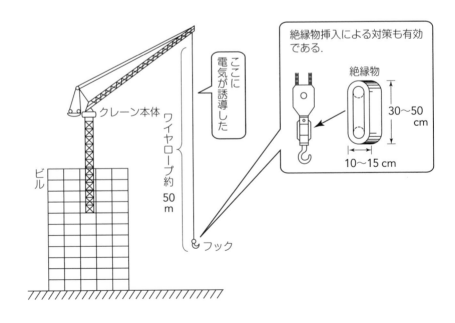

　今でこそ，超高層ビルの建設現場では知られるようになったが，私の入社した頃では超高層ビルの建設ラッシュが始まったばかりで，電波による異常電圧の誘起についてはあまり知られていなかった．

　その誘起電圧は数百〜数千Vに及び，ビルの鉄骨，クレーンの本体，ワイヤロープなどの構成によって異なり，特に共振状態になったときは数千Vに達することがある．

　また，建築工事の進捗に伴ってクレーンがある高さになったときに高電圧が発生するのが特徴で，特に注意が必要である．

　ご存じの方も多いと思うが，これから先は復習の意味で確認しておいてほしい．

【教訓】
・アンテナを別に設ける．最近ではこの方法がベストである
・フックを接地するか，ゴム手袋の着用（作業性が非常に悪い）
・フック部分に絶縁物をかぶせるか，滑車とフックの間に絶縁物を挿入（耐久性に難あり）

【参考】　誘起電圧の特徴

　周波数が高く，手を触れても電流が皮膚の表面を流れ，一度触れると瞬時に電圧が下がるため，生命の危険はないが，高周波電流特有の火傷を伴うことがあり，さらに，ショックが大きいことから，建設現場での高所作業では墜落二次災害が想定されることである．とにかく現場ではいろいろな現象に遭遇するので，経験豊富な年長者をうまくおだてて？　問題の解決を図るのも良い方法である．

2-4-3
漏電遮断器の外部磁界によるトラブル

　以前，お客さまから「漏電遮断器が外部磁界によるトラブルだとメーカの見解を聞かされましたが，そのようなことがあるのでしょうか．そのような場合の漏電遮断器を設置するときの注意点と，その他のトラブル例などがありましたら教えてください」との質問があり，そのときに回答した事項についてご紹介する．

　人体が感電したときに人体から大地へ流れる電流や負荷機器が絶縁破壊したときに大地へ流れる電流などを総称して漏電電流と呼ぶ．

　漏電遮断器の基本機能は，この漏電電流を ZCT により確実に検出し，ZCT 二次側に発生する誘起電圧により主回路を遮断することにある．

　遮断方式には，電磁式と電子式の2方式があるが，わが国では，ZCT の二次出力を増幅しスイッチング部を動作させて電圧引外しコイルを駆動して主回路を遮断させる電子式が製造されている．第1図に電子式漏電遮断器内部の回路図例を示す．

　漏電遮断器の種類を保護目的により大別すると次の2種類になる．

　一つ目は，近年普及が著しい第2図に示すような温水便座付属用漏電遮断器のような漏電保護専用形と，家庭内や工場，事務所ビルなどに用いられる過負荷・短絡保護兼用形（配線用遮断器兼用形とも呼ぶ）である．最近は各メーカから，配線用遮断器と漏電遮断器（過負荷・短絡保護兼用形）において同一外形寸法のものが発売されている．

(1)　漏電遮断器設置後のトラブル

　漏電遮断器は前述したように，人体が感電したときや負荷機器が絶縁破壊したときの大地へ流れる商用周波数（50/60 Hz）の漏電を検出し，

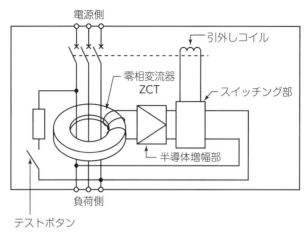

第1図　電子式漏電遮断器の内部回路図例

第2図　温水便座付属用漏電遮断器

自動的に主回路を遮断するように，その動作性能を，JIC C 8201-2-2 および電気用品安全法で規定・規制されている．

　漏電遮断器が設置された実回路では，突入電流，外部磁界，高周波サージ電圧／サージ電流，放射電磁波などが要因となって漏電遮断器を不要動作させる事例が報告されている．

(a)　外部磁界によるトラブル

　配電盤内に漏電遮断器を設置し，負荷機器の通常運転では問題が発生しないのに，同一盤内の別系統の負荷機器を運転すると漏電遮断器が不要動作する，というトラブルを経験したことがある．

　そのときの現場での調査では，不要動作した漏電遮断器の付近に，別系統の大電流母線，およびその系統の変圧器（制御用）が設置されていた．詳細調査の結果，これらの機器への通電直後に発生する「過大な漏れ磁束」が漏電遮断器のZCTへ作用し，その結果「二次電圧を発生」させて不要動作に至ったものと判明した．

　この現場の場合，スペース的な問題および漏電遮断器に近接した大電流母線が曲げ加工されて施設されていたことから，漏れ磁束の定量的な把握が困難であった．このため，漏電遮断器側での対策は困難であることから，漏れ磁束発生源と漏電遮断器の間に鉄製の「シールド板」を設置することにより問題を解決させることができた．

(b)　ノイズ・サージによるトラブル

　ノイズ・サージによるトラブルも多く報告されているので，一部を紹介する．

①　1線から大地へ流れる高周波サージ電流によるトラブル

　高周波サージ電流が負荷電流と重畳した場合は不要動作が発生するおそれは少ない．しかし，1線から大地へ流れた場合は高周波漏電電流となる．

　これは，負荷機器の中にはノイズ吸収用のコンデンサを大地へ接地して使用されるものがあり，漏電遮断器が設置された電気回路で正常に運転されていたにもかかわらず，このような機器を負荷側へ増設後，不要動作が発生するという事例がある．つまり，サージ電圧発生源が元々電源側にあり，負荷機器増設後に大地へ流れる高周波電流が増大したためである．

　高周波サージ電流に対する性能として，JIS C 8201-2-2／附属

書2における，漏電遮断器の8.6では「インパルスサージ電流耐不要動作に対する漏電遮断器の性能の検証」を規定している．また，8.6.1では「ネットワーク静電容量負荷時の耐不要動作性能の検証」を，8.6.2では「続流電流のないフラッシオーバの場合の耐不要動作性能の検証」を規定している．

　対策としては，ZCT二次巻線と半導体増幅部の間にピークカットフィルタ（例：ダイオードを逆並列に接続）を設けるとともに，CRによるπ形フィルタを設けて高周波成分をバイパスさせ，かつ，適度な遅延をもたせるようにして不要動作を防止する．

② 1線と大地間に加わる高周波サージ電圧によるトラブル

　高周波サージ電圧は，漏電遮断器負荷側の対地漏れ抵抗・対地静電容量を介して高周波の漏電電流を発生させる．この結果，ZCT二次巻線に波高値の高い高周波電圧が誘起されて不要動作が発生するものである．

　JIS C 8201-2-2 附2.8.6では「雷インパルス不動作試験」としてその性能を規定している．試験電圧は波高値 $7\,\mathrm{kV} \pm 0.21$，波頭長 $1.2\,\mathrm{\mu s} \pm 0.36$，波尾長 $50 \pm 10\,\mathrm{\mu s}$，の条件で，第3図に示す試験回路において，定格電圧を加えた閉路状態で正負それぞれ1分間隔で

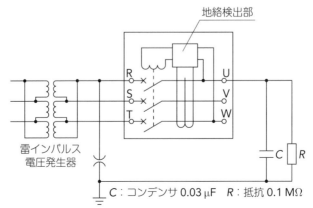

C：コンデンサ $0.03\,\mathrm{\mu F}$　R：抵抗 $0.1\,\mathrm{M\Omega}$

第3図　雷インパルス不動作試験回路

3回印加する．試験中動作してはならない，とされている．

なお，この試験の評価レベルを一定とするため，使用する雷インパルス発生器の能力として，試験時に流れる電流の波高値が約200 A程度となることを目標としている．

対策としては，前述①の1線から大地へ流れる高周波サージ電流と同様の対策としている．

③　インバータ負荷の高周波（高調波）漏れ電流によるトラブル

インバータは，通常モータの運転制御のため，出力電圧および出力周波数を可変（V/f一定制御）しており，インバータの二次側に高周波（高調波）電圧が発生する．

この結果，インバータ二次側の配線やモータの対地静電容量を介して流れる高周波充放電電流が常時漏れ電流となり，インバータの一次側に設置された漏電遮断器が不要動作することが報告されている．

インバータ二次側で感電事故や絶縁破壊事故が発生した場合，漏電遮断器の ZCT が検出する漏電電流には，対地電圧と漏電事故回路のインピーダンス分で決まる商用周波数成分と，対地静電容量による高周波成分が混在することとなる．

インバータ回路における不要動作低減の対策としては，前述した①高周波サージ電流および②高周波サージ電圧の対策に加え，高周波常時漏れ電流に対して鈍感になるよう，ZCT 二次側フィルタ回路の周波数特性の改良が各製造メーカにおいて成されてきた．

なお，インバータ回路へ適用する漏電遮断器の選定にあたっては，漏電遮断器メーカの技術資料を充分に検討することが大切であり，技術的に不明な点を残さないよう，メーカ各社の技術部門に問い合わせるのがベストである．

(c)　ZCT の平衡度によるトラブル

ZCT の平衡度とは，いわゆる「残留特性」である．

　モータの始動電流や制御用トランスの励磁突入電流のような，漏電遮断器の定格電流を大幅に上回る負荷電流が流れたとき，漏電が発生していないにもかかわらず，ZCTの中を貫通している主回路導体の幾何学的配置のアンバランスから，ZCT鉄心の磁束のベクトル和が"0"にならず，二次巻線に電圧を発生する特性である．

　この二次電圧の値が漏電検出時の設定値に達した場合，漏電遮断器の半導体増幅部とスイッチング部を動作させ，引外しコイルを駆動して主回路を遮断する．

　このようなZCTの平衡度による不要動作は，電源電圧と突入電流の両方が存在して発生する現象であり，突入電流のみで動作する過電流引外し機構の瞬時動作とは意味合いが異なるので注意する必要がある．

　漏電遮断器設置当初，負荷機器を支障なく運転していたとしても，途中で設備変更（モータの増容量，制御用トランスの増設など）により，当初の予想していた以上の突入電流が流れ，漏電遮断器が不要動作することがある．

　通常，モータ負荷などの場合，過負荷・短絡保護兼用形漏電遮断器が使用される場合が多い．これらの漏電遮断器は，構造設計上，定格電流に応じた過電流検出部は可変要素とし，その他の開閉操作機構，ZCT，電子回路部は共通要素とするのが一般的である．

　したがって，メーカはZCTの平衡度について，同一設計構造品の最大定格電流に対して性能保証を行っている．つまり，メーカ各社は，ZCTを貫通する主回路導体は相間の絶縁性能を維持しつつ，幾何学的配置のアンバランスがないようにし，個々の漏電遮断器の平衡度の特性バラツキを抑えるよう改良を加えている．

(2)　**漏電遮断器の選定上のトラブル**

(a)　意図した仕様と現品仕様の不一致によるトラブル

　前述したように，漏電遮断器の選定に当たっては，漏電遮断器メー

カの技術資料を十分に検討することが大切であり，技術的に検討不十分となって不要動作など発生しないように，メーカ各社の技術部門に問い合わせるのがベストであるのだが，意図した仕様と現品仕様の不一致によるトラブルは，現場においてしばしば発生する．

　漏電遮断器は，電気配線図面または設備仕様書などにより，メーカ形式，定格電圧，定格電流，定格感度電流，定格遮断電流，内装／外装付属品の有無などを指定して，漏電遮断器メーカへ発注する．

　発注にあたり，私の経験からメーカ指定の製品コードまたは注文コードを正しくインプットして発注し，漏電遮断器が納入されて設置する時は，本体の銘板表示事項を十分に確認してから施工する．ここで，最も注意を要するのは定格電圧である．

　現在使用される漏電遮断器は，同一外形寸法で，100-200 V 用と100-200-415 V 用のものがあり，使用回路の電圧に合った漏電遮断器を設置しなければならないのであるが，ここで過ちを犯してしまったことがある．

　その過ちとは，415 V の回路へ定格電圧 100-200 V の漏電遮断器を使用してしまい，内蔵電子回路に過大な電圧が加わり，その結果，漏電遮断器の故障→取替え→上司にお叱りを受けるに至ってしまった．若年技術者時代の基礎的な失敗である．

　200 V と 415 V が混在する電気設備には，最初の選定時から補修用品も含めて 100-200-415 V 品に統一したほうが，私の失敗からの経験上，設置時および運転後の補用品交換時のリスク低減のためにもよいと思われる．

(b)　不適切な感度電流・動作時間の選定によるトラブル

　漏電遮断器の定格感度電流が，負荷回路の常時漏れ電流に対して鋭敏すぎる場合に不要動作することがあることは一般的に知られているところである．

　常時漏れ電流は，負荷側配線の対地静電容量によるものが多いが，

電気炉，シースピークなどの中には，冷却時に絶縁抵抗が大きくても，高温時に絶縁抵抗が低下するものがあり，注意する必要がある．

　なお，定常時の漏れ電流だけでなく，開閉時や始動時に発生する過渡的な電圧による対地漏れ電流で，漏電遮断器が不要動作することもある．単純に「高感度・高速形のほうが安全」として選定することは，必ずしも正しい選定とはいえず，十分に検討する必要がある．

　第2表に設置場所と定格感度電流および動作時間の法的規制内容を示すので，参考にしてほしい．

　漏電遮断器は，負荷側で発生した漏電電流が，定格感度電流に達した場合に自動的に電路を遮断する機器である．

　したがって，感度電流と動作時間の選定に当たっては，法的規制内容と負荷機器の接地抵抗を含め，十分な検討が必要である．前述したが，漏電遮断器メーカの技術資料を十分に検討することが大切であり，技術的に不明な点を残さないよう，メーカ各社の技術部門に問い合わせるのがベストである．

第2表　設置場所と定格感度電流（出典：JEM-TR142：2019表27）

	適用場所	関連法規	漏電遮断器の仕様	
1	機械器具の金属製の台及び外箱の接地工事の困難な場所（水気がある場所を除く．）	・電気設備技術基準〈解釈第29条〉 ・内線規定〈1350-2〉	・定格電圧 ・定格感度電流 ・動作時間	300 V 以下 15 mA 以下 0.1 秒以下
2	可搬式及び移動式の電動機械器具	・労働安全衛生規則〈第333条〉	・定格感度電流 ・動作時間	30 mA 以下 0.1 秒以下
3	洋風浴室内のコンセント	・内線規定〈3202-2〉	・定格感度電流 ・動作時間	15 mA 以下 0.1 秒以下
4	電気温水器・電気暖房器などの深夜電力機器	・内線規定〈3545-5〉	・定格感度電流 ・動作時間	30 mA 以下 0.1 秒以下
5	C種及びD種接地工事の接地抵抗値を500 Ωまで緩和する場所	・内線規定〈1350-1〉	・定格感度電流 ・動作時間	100 mA 以下 0.2 秒以下
		・電気設備技術基準〈解釈第17条〉	・定格感度電流 ・動作時間	規定なし 0.5 秒以下

　なお，日本電機工業会技術資料／漏電遮断器適用指針（JEM-TR 142：2019）も，選定時に活用することを推奨する．

　少々長くなったが，読者の皆さまの周りで漏電遮断器のトラブルがありましたら，参考としていただきたいと思う．

第3章

自家用設備の保守管理

3-1

高圧需要家の保護協調①

　今回は，電験3種を取得して高圧の自家用需要家の保守の業務に就きましたが，会社で私が担当しているお客様2件が老朽化した設備のリニューアルを大々的に実施することとなりました．担当のお客様はPF・S形とCB形の受電方式なのですが，3種受験時にはほとんど保護協調についての勉強が必要ないことから，実際の現場での受電設備の保護協調について教えていただきたいとの質問があったので，概要を説明する．

(1)　保護協調はなぜ必要？

　高圧配電線路には地絡，短絡などの事故を速やかに遮断するため，第1図に示す受電・変電設備ごとに保護装置（保護継電器と遮断装置の組合せ）が設置され，これらの保護装置は，保護協調（時間および電流の協調）をとる必要がある．

　保護協調は，機器を保護するよう調整するとともに，保護装置間の動作協調をとることが大切で，仮に，高圧自家用受電設備の保護装置と配電用変電所の保護装置との間で動作協調がとられていないと，配電用変電所の保護装置が動作してしまい，ほかの高圧自家用受電設備や一般住宅・商店なども停電してしまう，いわゆる「波及事故」となってしまう．この事故の社会的影響は甚大であることはいうまでもない．

(2)　遮断装置別の保護方式は基本3種類

　高圧自家用受電設備の遮断装置による保護方式を分類すると次の3種類に分類される．

①　CB形：遮断器（CB）と過負荷・短絡を検出する過電流継電器（OCR）および地絡を検出する地絡継電器（GR）を組み合わせて，過負荷・

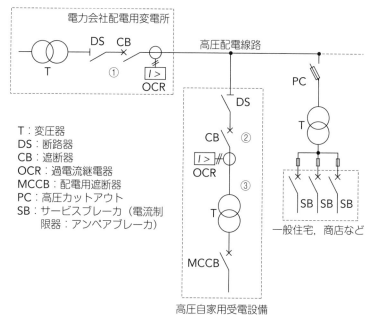

第1図　高圧配電線路例

短絡，地絡保護を行うものである．

② PF・CB形：受電点の短絡電流が高圧配電線路の事情により遮断器の遮断電流より大きくなった場合などに行われる保護方式で，短絡に対しては，遮断器の動作前に電力ヒューズ（PF）の溶断によって高圧電路を遮断させるものである．

③ PF・S形：最も単純かつ経済的な保護方式で，電力ヒューズと負荷開閉器（LBS）とを組み合わせたものである．過負荷，地絡は引外し装置付の負荷開閉器を使用するが，短絡は電力ヒューズにより行うものである．

一般に使用されるのは，300 kV·A 未満の場合は③の PF・S形，それ以上は① CB 形が採用される．構成は電験受験時に学習したとおりである．

⑶ 過電流保護協調

　高圧自家用受電設備の保護協調には過電流保護協調と地絡保護協調がある．ここでは，一般に採用される CB 形と PF・S 形の過電流保護協調について述べる．

⒜ CB 形

　CB 形による過電流保護協調の主な検討事項の基本は，次のとおりである．

① 変圧器の励磁突入電流や負荷機器の短絡などによる過渡電流により動作しないかを確認する．

② 高圧自家用受電設備の保護装置（OCR + CB）と配電用変電所の過電流継電器および低圧の配線用遮断器（MCCB）との動作時間協調を図るには，全領域において，⑴式の関係を満足する必要がある．

$$T_{RY1} > T_{RY2} + T_{CB2} > T_{MCCB} \tag{1}$$

　ただし，T_{RY1}：配電用変電所の過電流継電器の動作時間 [s]，T_{RY2}：高圧自家用受電設備の過電流継電器の動作時間 [s]，T_{CB2}：高圧自家用受電設備の遮断器の遮断時間 [s]，T_{MCCB}：配線用遮断器の遮断時間 [s]

　これらの関係を第 2 図に示す．

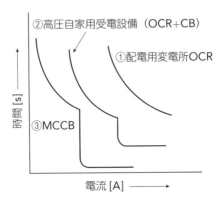

第2図　CB形の過電流保護協調例

(b) PF・S形

電力ヒューズによる過電流保護協調の主な検討事項の基本は，次のとおりである．

① 変圧器の励磁突入電流や負荷機器の短絡電流などの過渡電流が電力ヒューズの許容電流以下であることを確認する．

② 高圧自家用受電設備の電力ヒューズと配電用変電所の過電流継電器，および配線用遮断器（MCCB）との動作時間協調には，全領域において，(2)式の関係を満足する必要がある．

$$T_{RY1} > T_{PF} > T_{PF}' > T_{MCCB} \qquad\qquad (2)$$

ただし，T_{RY1}：配電用変電所の過電流継電器の動作時間 [s]，T_{PF}：高圧自家用受電設備の電力ヒューズの遮断時間 [s]，T_{PF}'：同上電力ヒューズの許容電流時間 [s]，T_{MCCB}：配線用遮断器の遮断時間 [s]

これらの関係を第3図に示す．

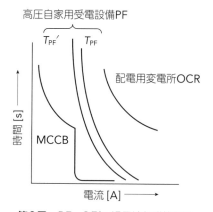

第3図　PF・S形の過電流保護協調例

⑷ 地絡保護協調

高圧自家用受電設備における地絡保護協調は，短絡保護協調と同様に配電用変電所の地絡保護方式に対応して，動作時間協調および地絡電流協調を図る必要がある．

(a)　動作時間協調

　1線地絡事故の場合，配電用変電所では，地絡抵抗の大きさにより0.5〜4.0秒程度の幅をもって遮断している．

　一方，高圧自家用受電設備では，一般にJIS C 4601（高圧受電用地絡継電装置）準拠の地絡継電器（動作時間＝整定電流値130％で0.1〜0.3秒）を使用している．このとき，遮断器に3サイクル遮断（動作時間50 Hz＝0.06秒，60 Hz＝0.05秒）のものを使用したとすると，50 Hz地域は最高で0.36秒，60 Hz地域は最高0.35秒で動作することになるので，動作時間協調は十分図ることができ，問題はないということとになる．

(b)　地絡電流協調

　高圧自家用受電設備に設置されている，地絡継電器の感度電流整定値は，一般に200 mAとしている．しかし，高圧引込ケーブルが長い場合などは，第4図に示すように高圧配電線路の地絡事故により不必要動作をすることがあるので要注意である．また，遮断器の三相不揃い投入，突入電流などにより誤動作することもある．これらの場合に感度電流を変更する際は，電力会社との協議が必要となる．

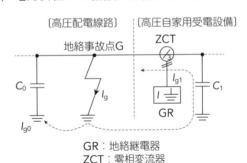

　　　GR：地絡継電器
　　　ZCT：零相変流器

第4図　不必要動作の説明図

　実際には，「保護協調線図」を作成して必ず電力会社と技術協議して確実に協調が図れているかを相互確認してほしい．次回以降に具体的な計算例を挙げて少し詳しく説明する．

3-2
高圧需要家の保護協調②
PF・S形過電流保護協調

　引き続き PF・S 形の過電流保護協調について少し詳しく説明する．詳細な部分については，JEAC 8011「高圧受電設備規程」により検討が必要である．本稿はあくまでも検討手順などについての参考としてほしい．

　以下のケースの受電設備を検討の条件として，実例計算を交えて説明する．

・キュービクル式高圧受電設備
・保護形式：PF・S 形
・受電電圧：6 600 V，50 Hz
・300 kV·A（三相変圧器 200 kV·A，単相変圧器 100 kV·A，進相コンデンサ容量 30 kvar）
・受電点三相短絡電流：12.5 kA
・配電用変電所の過電流保護装置：変流比（CT 比）；400/5 A，OCR；タップ 5 A，動作時間；定限時領域 0.2 秒

(1)　**配電用変電所 OCR と受電設備の主遮断装置との時限協調**

　この場合，次式の関係を満足することが必要となる．

$$k \times T_{RY1} > T_{PF}$$

T_{RY1}：配電用変電所過電流継電器の動作時間 [s]，T_{PF}：受電用 PF の動作時間 [s]，k：配電用変電所過電流継電器の慣性特性係数

　PF の時間－電流特性には，次の 3 種類がある．

①　許容電流時間特性（許容時間－電流特性）

　この特性は，ヒューズにある時間電流を通電しても，可溶体に劣化を

生じない電流の限界と時間との関係を表したものである．

② 溶断特性（溶断時間－電流特性）

この特性は，ヒューズに過電流が流れ始めてから，可溶体が溶断して，アークが発生するまでの時間と電流との関係を表したものである．

③ 遮断特性（動作時間－電流特性）

この特性は，ヒューズに過電流が流れ始めてから，アークが消滅するまでの時間と電流の関係を表したものである．

配電用変電所 OCR と受電用 PF の協調は，③の遮断特性を用いて検討することとなる（第1図参照）．

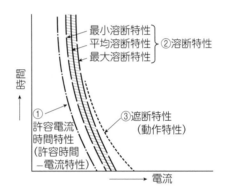

第1図　限流ヒューズの時間－電流特性

配電用変電所 OCR の動作特性例（CT 比 200/5 A，タップ 6 A の場合）と，電力ヒューズの遮断特性例を，第2図に示す．

斜線で示した部分が動作協調のとれない部分であり，この動作特性の OCR と PF の組合せの場合，PF は定格電流 50 A 以下のもののみの使用となる．

このように，PF・S 形では，配電用変電所 OCR の動作特性により，受電用 PF の定格電流が制限されるため，受電設備の容量が大きくなり，協調がとれなくなるときは，PF・S 形は採用できない．

配電用変電所の OCR の動作特性と動作協調がとれる PF の定格電流の最大値はおおむね 75 A 程度であり，この電流値から PF・S 形受電

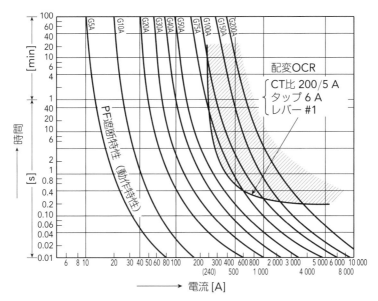

第2図　配電用変電所の過電流継電器と主遮断装置（限流ヒューズ）との動作協調検討例

設備が採用できる受電設備容量が最大 $300\,\text{kV·A}$ 程度に限定されるのは，この理由が主となるからである．

　また，最近はストライカ引外し式負荷開閉器が使用されており，ヒューズが溶断するとストライカが動作し，これに連動して負荷開閉器を開放する仕組みとなっている．

　ストライカ引外し式負荷開閉器は，ヒューズの1相または2相溶断時に3相とも開極するので欠相運転が防止され，残りの相の負荷側が充電されることを防止することができる．

(2)　受電用PFの定格電流の選定

　選定の考え方は次のとおりである．

① 変圧器の常時負荷電流および許容過負荷でヒューズエレメントが劣化しないよう十分大きな定格電流値とする．

② 変圧器の励磁突入電流でヒューズエレメントが劣化しない定格電流値とする．

　具体的には，変圧器の励磁突入電流－時間特性より PF の許容時間－電流特性が上まわるような定格電流値を選定する．

③　変圧器の短絡保護

　変圧器二次側短絡時に，変圧器を受電用 PF で保護するために，変圧器の短時間耐量（パーセントインピーダンス4％未満のものは一次定格電流の25倍，通電時間2 s）以下の動作時間－電流特性をもつヒューズを選定する．

　なお，上記の考え方をもとにして，メーカより，PF を受電設備に適用する場合の選定表（第1表にその一例を示す）が出されているので，これを利用して，定格電流を選定することも可能である．

第1表　三相・単相変圧器一括保護用限流ヒューズの選定表例

動力用3φ[kV·A] ＼ 電灯用1φ[kV·A]	—	5	7.5	10	15	20	30	50	75	100	150	200	250	300
—														
5														
10														
15													50A	
20						20A								
30														60A
50														
75								30A						
100														
150														
200								40A				60A		
250									50A					
300														
500				60A										

　任意の変圧器の組合せの場合は，次の要領で選定表を適用すれば選定できる．すなわち，任意の組合せの変圧器は，図のように各相分の容量に換算し，その大小関係がA≧B≧Cとすれば「3×B」を表の縦軸(3φ)に，「A－B」を横軸(1φ)にとり，交点がその設備の求める限流ヒューズの定格電流である．
　また，V結線の場合は，2個の変圧器合計容量に1.5を乗じたものを1個の三相変圧器と同等に考えて適用する．

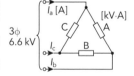

・実例計算

①　変圧器の常時負荷電流

三相変圧器（200 kV·A）定格一次電流 = 17.50 A

単相変圧器（100 kV·A）定格一次電流 = 15.15 A

∴　合成定格一次電流 = 32.65 A

② 変圧器の励磁突入電流

変圧器の励磁突入電流は，32.65 A の 10 倍の電流値，326.5 A，0.1 s となる．

③ 変圧器の短時間耐量

CB 形の実例計算値と同様に

三相変圧器 = 17.50 A × 25 倍 = 437.5 A，通電時間 2 s

単相変圧器 = 15.15 A × 25 倍 = 378.75 A，通電時間 2 s

以上，変圧器保護のために短時間耐量以下で動作する整定値とする．

(3) 受電用PFと変圧器二次側MCCBとの時限協調

考え方は CB 形の場合と同様であり，MCCB の負荷側の短絡事故に対し，MCCB のみが動作し，主遮断装置が動作しない動作特性をもつ定格電流のものを選定する．

受電用 PF と MCCB は次式の関係にあること．

$$T_{PF} > T_{MCCB}$$

T_{PF}：受電用 PF の許容電流時間 [s]，T_{MCCB}：MCCB の動作時間 [s]

(4) 受電用PFの遮断電流値の検討

受電用 PF は，受電点短絡電流以上の定格遮断電流値を有したものを選定する．

なお，規格（JIS C 4604：1988「高圧限流ヒューズ」）では，PF の定格遮断電流値は 12.5 kA，20 kA，31.5 kA，40 kA の 4 種類が規定されており，通常は，定格遮断電流値が 40 kA のものが用いられる．

(5) 高圧受電設備規程による変圧器一次側保護用ヒューズの定格電流選定法（参考資料）

変圧器一次側の電路開閉および保護用としては，変圧器の台数，重要度，操作上などの理由から，限流ヒューズ付負荷開閉器または変圧器容

量 300 kV·A 以下のものには，高圧カットアウトを使用するなどの場合があり，高圧カットアウトの適用に当たっては，次の限流ヒューズの選定と同様の選定を行う．

　変圧器一次側に使用する限流ヒューズの定格電流を選定するうえで特に注意することは，次の3項目である．

① 　変圧器の常時負荷電流および許容過負荷でヒューズエレメントが劣化しないよう十分に大きい定格電流値を選ぶ．

② 　変圧器の励磁突入電流で，ヒューズエレメントが劣化しないように励磁突入電流－時間特性より限流ヒューズの許容特性が，上まわるような定格電流値を選ぶ．

③ 　限流ヒューズの定格電流選定に当たっては，ヒューズの最小遮断電流以上で限流ヒューズが動作するようにし，その上位および下位保護装置との動作協調を十分考慮する．

　上記②に対する選定方法を次に示す．

　選定に際して必要なデータは，以下の2項目である．

　(a)　限流ヒューズの許容特性

　(b)　変圧器の励磁突入電流－時間特性

　(a)は，各ヒューズメーカのカタログに記載されている．また，励磁突入電流を考慮した変圧器容量に対する限流ヒューズ定格電流値の適用表も記載されているので，一般的にはその適用表により選定すればよいこととなる．

　(b)は，詳しくは変圧器メーカに問い合わせて入手するものであるが，第2表にその例を示した．第2表より，例えば単相 50 kV·A の場合の励磁突入電流最大波高値は，変圧器定格電流波高値の 10.0 ～ 40.0 倍でその減衰時定数は 1.6 ～ 10 サイクルであることがわかる．

　この励磁突入電流で，劣化しないようなヒューズの定格電流を選定するためには，励磁突入電流波形を，減衰を考慮しながら時間積分して実効電流を求め，限流ヒューズの許容特性曲線上にプロットし，その点よ

第2表　配電用6kV油入変圧器（JIS C 4304）の励磁突入電流波高値倍数Kと減衰時定数τの例

変圧器容量	単相変圧器 定格一次電圧 6.6 kV 定格二次電圧 210 V		三相変圧器 定格一次電圧 6.6 kV 定格二次電圧 210 V	
	波高値倍数 Kの幅	減衰時定数 τの幅	波高値倍数 Kの幅	減衰時定数 τの幅
50 kV·A	10.0 ～ 40.0	1.6 ～ 10	9.0 ～ 40.0	1.1 ～ 8
75 kV·A	16.0 ～ 30.0	2.0 ～ 9.7	12.4 ～ 26.0	1.5 ～ 7.6
100 kV·A	12.0 ～ 28.0	2.0 ～ 10.1	10.0 ～ 23.0	1.5 ～ 7.6
150 kV·A	8.0 ～ 24.0	3.0 ～ 10.4	12.0 ～ 20.0	1.75 ～ 7.9
200 kV·A	8.0 ～ 25.0	3.25 ～ 11.8	10.0 ～ 18.0	2.0 ～ 9.4
300 kV·A	9.0 ～ 21.0	4.0 ～ 13.4	10.0 ～ 20.0	2.1 ～ 11.3
500 kV·A	7.0 ～ 17.0	4.0 ～ 16.0	8.7 ～ 18.0	2.5 ～ 13.4

備考1　励磁突入電流は，電圧位相零点で投入した場合の第一波高値であり（この場合に最も大きな値となる）定格一次電流波高値に対する倍数で示した．また，減衰時定数τは励磁突入電流波高値が，第一波高値の36.8％となる時間をサイクルで示した．いずれも各メーカの値を包含したバンド幅である．
備考2　本表は，㈳日本電機工業会・小型変圧器技術専門委員会より提出された変圧器容量別の励磁突入電流波高値倍数と，減衰時定数の値である．

り大きな許容特性をもつ限流ヒューズを選定することとなる．

　しかし，この方法では手間がかかるため，実用的には第2表の励磁突入電流倍率Kと減衰時定数τを利用して，実効電流換算する次の簡易法で選定するほうが簡単であるし，実用的といえる．

　励磁突入電流波高値を$i_\phi = \sqrt{2} \times I_n \times K$とすると，励磁突入電流実効値$I_\phi$は，次式によって計算される．

$$I_\phi = \frac{i_\phi}{\sqrt{2}} \cdot \alpha = \frac{\sqrt{2}}{\sqrt{2}} \cdot I_n \cdot K \cdot \alpha = I_n \cdot K \cdot \alpha$$

　K：励磁突入電流波高値倍数，I_n：変圧器の定格電流，α：実効電流換算係数（第3表参照）

　また，励磁突入電流の減衰を考慮した励磁突入実効電流I_ϕの継続時間Tは次式により算出する．

$$T = (2\tau - 1) \times \frac{1}{2} f \, [\text{s}]$$

第3表　実効電流換算係数 α

τ [サイクル]	α	
	三相変圧器	単相変圧器
2.0	0.649	0.590
3.0	0.575	0.523
4.0	0.543	0.494
5.0	0.527	0.479
6.0	0.516	0.469
7.0	0.508	0.462
8.0	0.502	0.456
9.0	0.496	0.451
10.0	0.494	0.449
11.0	0.491	0.446

備考　単相変圧器は，三相変圧器に比べ，励磁突入電流の半波持続時間が短いので，単相変圧器の $\alpha = \dfrac{三相変圧器の\alpha}{1.1}$ とした.

τ：減衰時定数 [サイクル]（第2表参照），f：回路の周波数 [Hz]

　以上から励磁突入実効電流 I_ϕ が継続時間 T [s] 間持続するとして，この値を限流ヒューズの許容特性曲線上にプロットし，許容特性を超えない定格電流の限流ヒューズを選定すればよいこととなる.

⑹　高圧回路電線の短時間耐量の検討

　PF の場合，短絡電流の遮断時間が $0.01\,\mathrm{s}$ 以下とごく短時間であるため，短絡時許容電流計算式を用いて計算すると，電線およびケーブルの太さは $8\,\mathrm{mm}^2$ 以下が適用できるが，機械的な強度を考慮して，一般に PF・S 形受電設備の電線の最小太さは $14\,\mathrm{mm}^2$ とする.

　以上の条件をもとに，作成したモデル受電設備の保護協調図例を第3図に示す．この保護協調図をもとに電力会社と技術協議を行い，各整定値を最終決定する.

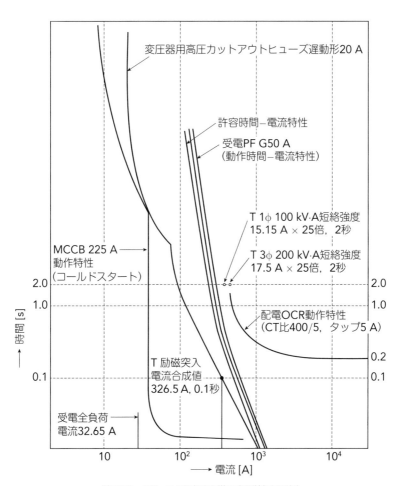

第3図　PF・S形受電設備の保護協調図例

3-3
高圧需要家の保護協調③
CB 形過電流保護協調

　引き続き，今回は CB 形の過電流保護協調について少し詳しく説明する．詳細な部分については，JEAC 8011「高圧受電設備規程」により検討が必要である．ここではあくまでも検討手順などについての参考としてほしい．

　以下のケースの受電設備を検討の条件として，実例計算を交えて説明する．

　第1図に示す高圧受電設備（CB 形）で最終的に保護協調曲線を作成し，受電点での主遮断装置の保護装置（受電 OCR）を整定のうえ過電流保護装置を検討する．ただし，受電点短絡電流は 12.5 kA，契約電力は 1 000 kW，配電用変電所（配変）OCR の整定はタップ 4 A，レバー1 とした場合を考える．

(1) 過電流保護協調曲線の作成

　保護協調曲線図は両対数の方眼紙（横軸：電流，縦軸：時間）に各保護装置（過電流継電器，ヒューズなど）の動作特性曲線を作図し，上位保護装置との動作協調（時限および感度協調）や被保護機器の過電流耐量，励磁突入電流などの過渡電流特性，三相短絡電流などを記入することによって被保護機器との協調をも確認するためのものである．

　時間軸は 0.01 ～ 1 000 s，電流軸は最大事故電流が示される大きさとし，数種の電圧の系統を含む場合は基準となる電圧ベースに換算して作図します．全体の協調のチェックは動作時限差と電力会社側との協調などを主体に実施する．

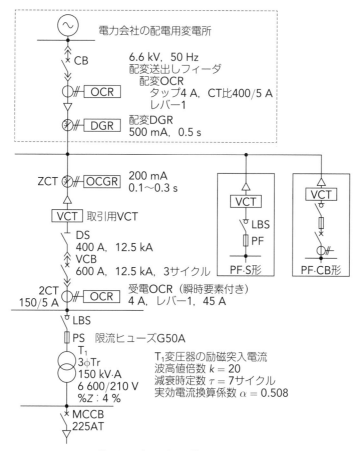

第1図　高圧受電設備（CB形）例

(2) 受電OCRの整定値検討

　受電 OCR は瞬時要素付き過電流継電器が使われ，第1表から限時要素の整定値は

$$I = \frac{1\,000\ \mathrm{kW}}{\sqrt{3} \times 6.6 \times 0.9} \times 1.5 \times \frac{5\ \mathrm{A}}{150\ \mathrm{A}} \fallingdotseq 4.86\ \mathrm{A}$$

　これから整定タップ値を5Aとする．

　瞬時要素のタップ値は

第1表　受電点の過電流継電器の整定

	瞬時要素	限時要素	
	整定値	整定値	レバー値
誘導形過電流継電器 （瞬時要素付き）	契約電力の 500〜1 500 %	契約電力の 110〜150 %	特に制約ない
誘導形過電流継電器 （瞬時要素なし）	—	契約電力の 110〜150 %	レバー1以下

第2表　瞬時要素 a の適用最大値表（例）

最大契約電力 [kW]	CT比 [A]	一般配電線	大容量配電線
100	30/5	$a=5〜15$	$a=5〜15$
200	30/5	$a=5〜15$	$a=5〜15$
300	30/5	$a=5〜12$	$a=5〜15$
400	75/5	$a=5〜8$	$a=5〜14$
500	75/5	$a=6$ 以下	$a=5〜12$
600	100/5	$a=3$ 以下	$a=5〜10$
700	100/5	$a=3$ 以下	$a=8$ 以下
800	150/5	$a=3$ 以下	$a=7$ 以下
900	150/5	$a=3$ 以下	$a=7$ 以下
1 000	150/5	$a=3$ 以下	$a=5$ 以下
1 100	200/5	—	$a=4$ 以下
1 500	200/5	—	$a=4$ 以下
1 600	300/5	—	$a=3$ 以下

$$I = \frac{1\,000\,\mathrm{kW}}{\sqrt{3}\times 6.6\times 0.9}\times 5\!\sim\!15\times\frac{5\,\mathrm{A}}{150\,\mathrm{A}} \fallingdotseq 14.6\!\sim\!43.7\,\mathrm{A}$$

　これから整定タップ値を45 Aとし，限度要素のレバー値は配変OCRとの協調上レバー1とする．

　上記計算は，従来の考え方であり，瞬時要素 $a=5\sim 15$ の範囲内で整定していた．しかし，実際に協調図を描いてみると，適切な瞬時要素 a のバンド幅があることから，第2表の瞬時要素 a の早見表の値を用いて計算した方が実用的である．

(3)　配変OCRとの協調検討

　過電流継電器には慣性特性があるので，上位OCRの動作時間を T_1，下位OCRの動作時間を T_2，下位遮断器の遮断時間を T_{CB}，上位OCR

の慣性係数を K とすると，上位 OCR と下位 OCR との動作協調は

$$K \cdot T_1 > T_2 + T_{CB}$$

を満足すればよいこととなる．

これから受電 OCR の瞬時要素の動作時間は $10 \sim 50$ ms，また受電遮断器には 3 サイクル VCB を使用しており，配電 OCR は整定値の 10 倍を超える領域で 200 ms，慣性係数を 0.9 とすると

$$K \cdot T_1 = 0.9 \times 200 = 180 \ \text{ms}$$

$$T_2 + T_{CB} = (10 \sim 50) + \left(\frac{3}{50} \times 1\,000 \right) = 70 \sim 110 \ \text{ms}$$

となり，協調を図ることができる．

⑷ **変圧器一次ヒューズ選定の検討**

変圧器の励磁突入電流でヒューズエレメントが劣化しないように選定するには突入電流波形と減衰を考え，実効値電流に換算し，限流ヒューズの許容電流時間 T_{PFi} 以内に入るように限流ヒューズの定格を選定する必要がある．

励磁突入電流を実効値換算するには，励磁突入電流波高値倍数を k，実効値換算係数を α とすると

$$\text{実効値換算電流} \ I_{prms} = k \cdot \alpha \cdot I_n$$

で近似的に求めることができる．ただし，I_n は変圧器の定格電流，α は減衰時定数 τ（サイクル）によって決まる実効値電流換算係数．また実効値電流の継続時間 T [s] は

$$T = (2\tau - 1) \times \frac{1}{2f} \ [\text{s}]$$

ただし，f：系統の定格周波数 [Hz] で求める．

150 kV·A の油入変圧器の実効値換算電流は $\tau = 7$ サイクル，$k = 20$ 倍，$\alpha = 0.508$ なので，実効値換算電流 I_{prms} と継続時間 T は，

$$I_{prms} = 20 \times 0.508 \times \frac{150}{\sqrt{3} \times 6.6} \fallingdotseq 133.3 \ \text{A}$$

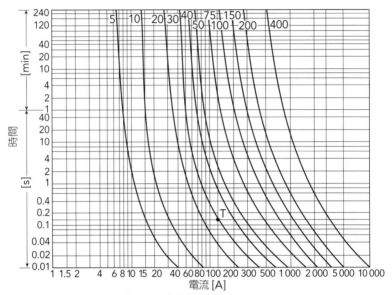

(注) T：150 kV·A 変圧器の励磁突入電流

第2図　許容電流－時間特性

$$T = (2 \times 7 - 1) \times \frac{1}{2 \times 50} = 0.13 \, \text{s}$$

　以上から，励磁突入電流特性値を第2図に示す限流ヒューズの許容電流－時間特性曲線上にプロットしてヒューズを選定する．これから 40 A 以上のヒューズを選ぶ必要がある．

(5) 変圧器一次限流ヒューズと受電OCRとの協調検討

　限流ヒューズの上位過電流継電器との協調は限流ヒューズの全遮断時間 T_{PF} と上位過電流継電器動作時間 T_{OC} との関係が

$$T_{PF} < K \cdot T_{OC}$$

ただし，K：過電流継電器の慣性特性（0.85）を満足すればよい．

　変圧器一次限流ヒューズの 40, 50 A について遮断特性曲線を作図し，受電 OCR の動作特性曲線（慣性特性を考慮した動作特性）以下となっているかを確認する．

(6) 変圧器一次限流ヒューズと二次配線用遮断器との協調検討

限流ヒューズと下位保護機器との協調は変圧器二次側最大短絡電流の範囲内で限流ヒューズの許容電流時間 T_{PFi} と下位保護機器の動作時間 T_{MCCB} との関係が

$$T_{PFi} > T_{MCCB}$$

を満足すればよいこととなる.

保護協調曲線を作図する場合は変圧器二次回路の配線用遮断器の遮断電流－時間特性を変圧器一次側定格電圧 6.6 kV に換算して動作特性曲線をプロットし確認する.

配線用遮断器に 225 A を使用すればこの遮断器の瞬時引外し電流を調整することで上位限流ヒューズとの協調を図ることができる.ただし,限流ヒューズに 40 A を選定すると,40 A の許容電流－時間特性が配線用遮断器の動作特性と交差するため 50 A を選定する必要がある.

(7) 変圧器二次短絡電流の算出

保護協調曲線への作図のためには 6.6 kV 換算ベースの三相短絡電流値を求める.

$$受電点\%Z_S = \frac{10 \times 100}{\sqrt{3} \times 12.5 \times 6.6} = 7.0\ \%\ (10\ MV{\cdot}A\ ベース)$$

$$変圧器\%Z_t = \frac{10}{0.15} \times 4 = 266.7\ \%\ (10\ MV{\cdot}A\ ベース)$$

これから 6.6 kV ベースでの変圧器二次短絡電流は次式となる.

$$\frac{10 \times 100}{\sqrt{3} \times 6.6 \times (7.0 + 266.7)} \fallingdotseq 0.32\ kA$$

保護協調曲線上に変圧器二次短絡電流値をプロットして配線用遮断器と限流ヒューズの協調を確認する.

(8) 保護協調曲線の作図と協調の確認

保護協調曲線を作図する場合は実際に使用される保護機器のメーカが発表している特性曲線によって作成し,特性値は製作上のバラツキがあ

り，これら動作特性誤差を考慮して保護協調上は常に安全側となるよう考慮する必要がある（第3図）．限流ヒューズ，配線用遮断器などは調整ができないので，直列に多段で使用する場合は特に注意が必要である．

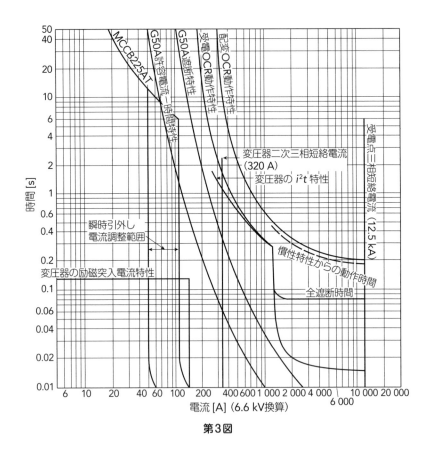

第3図

　この保護協調図を基に電力会社と技術協議を行い，各整定値を最終決定する．

3-4
高圧需要家の保護協調④
地絡保護協調

　今回からは地絡保護協調について少し詳しく説明していく．詳細な部分については，JEAC 8011「高圧受電設備規程」により検討が必要であり，本稿はあくまでも検討手順などについての参考としてほしい．今回は，地絡保護に使用する地絡継電器（GR）と地絡方向継電器（DGR）の概要について説明する．

　第1図にGRの動作原理を示す．零相変流器（ZCT）の二次巻線の出力電流は i_0 フィルタを通して増幅され，レベル検出，トリップ信号を出力する構造となっている．

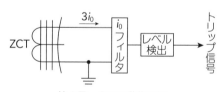

第1図　GRの動作原理

　GRは無方向性であるので，需要家構内地絡事故時には電源側のケーブルの対地静電容量による充電電流が動作電流となる．一方，電源側地絡事故時には構内の充電電流が大きい場合，この充電電流が動作電流となるため，ケーブルこう長によりGRは不必要動作する可能性がある．

　また，この継電器は動作の信頼性を確保するために，動作時間に慣性特性を設けている．

　GRの慣性特性は，需要家構内に設置されている遮断器や高圧負荷開閉器の不揃い投入等が著しい場合，V_0 や I_0 の発生等が瞬間的（0.05 s 以内）に現れたり消えたりする地絡事象に対しては継電器が動作しない

特性（以下に示す①と②）と地絡事故が生じたときに，動作時間以内に事故が消滅しても，継電器がその状態を継続しようとする性質により動作する特性（以下に示す③）をいう．

JIS C 4601「高圧受電用地絡継電装置」では，慣性特性 = 0.05 s（400 %）となっており，これは4倍の入力を0.05 s間印加しても継電器が動作しないという意味である．

① 慣性不動作時間：地絡電流検知〜0.05秒の間
② 慣性限界：地絡検知後0.05秒を超え，0.1秒までの間で，製造者が慣性不動作の限界をその継電器に設定した時間
③ 慣性動作範囲：慣性限界から動作最大値0.2秒までの間 = 約0.15秒間（最大）
④ 動作時間：地絡事故が生じ，零相電流 I_0，零相電圧 V_0 が発生した時点から，GR内部の補助継電器が動作するまでの時間
動作時間特性は，次のように規定している．
・整定感度電流値の130 %：0.1〜0.3秒
・整定感度電流値の400 %：0.1〜0.2秒

次に地絡方向継電器（DGR：JESC 4609「高圧受電用地絡方向継電装置」）の概要を説明する．

地絡の発生箇所がZCTの設置箇所より負荷側か電源側かを判別するためには，地絡電流のほかに零相基準入力を必要とする．この場合に通常採用される継電器が地絡方向継電器（DGR）である．

第2図にDGRの動作原理を示す．

なお，需要家構内には零相電圧を検出するための接地形計器用変圧器（EVT）の設置は，配電線の地絡点検知のためのメガリングなどの実施に支障をもたらすので使用されない．このため，コンデンサ接地により零相電圧を検出する零相電圧検出装置（ZPD）を使用することとなる．

DGRは，1線地絡事故の方向を判定する継電器で，通常，零相電圧と零相電流とで方向を判定する．DGRの特性は，電圧・電流とも同極

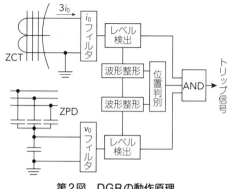

第2図　DGRの動作原理

性側が動作方向となっており，第3図に示すように最大電流感度を中心にほぼ180°の範囲が動作領域になる．つまり，第2象限〜第4象限に特性が広がっていることがわかると思う．

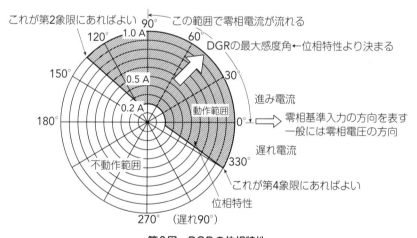

第3図　DGRの位相特性

　第4図に零相電圧と零相電流の位相関係を示す．

　最大電流感度の方向は，零相電流が進み電流となることを考慮して電圧に対して位相的に進みの領域にある．

　なお，主回路に現れる零相電圧と零相電流とは，地絡回線が逆極性，健全回線が同極性となるが，継電器単体の特性はこれとは逆であるので，

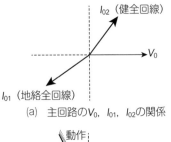

(a)　主回路のV_0，I_{01}，I_{02}の関係

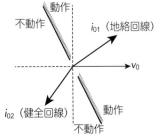

(b)　地絡方向継電器の位相特性と入力の関係
（v_0またはi_0のどちらかを逆極性にして接続する．）

第4図　零相電圧・零相電流の位相関係図

地絡回線のみ選択動作させるためには電圧か電流のどちらか一方の継電器入力極性を逆にする必要がある．

　通常，電圧入力を入れ換える場合が多くあり，配電盤の試験端子から継電器特性試験を行う場合には，この点を十分考慮しながら位相特性上の動作領域を確認する必要がある．

3-5
高圧需要家の保護協調⑤
GR・DGRの整定値

　引き続き，地絡継電器（GR）と地絡方向継電器（DGR）の整定値について少し詳しく説明していく．詳細な部分については，JEAC 8011「高圧受電設備規程」により検討が必要であり，ここではあくまでも検討手順などについての参考としてほしい．

　最初に，地絡継電器（GR）と地絡方向継電器（DGR）の電流感度整定値については，次の事項について考慮する必要がある．

① 　短絡継電器と同様に配電用変電所の地絡継電器と協調を図り，高圧受電設備の地絡事故で配電用変電所のDGR（東京電力では通常電流整定値200 mA，電力会社に必ず確認する）を動作させないこと（波及事故防止のため）．

② 　配電線側の地絡事故で高圧受電設備の地絡継電器が動作しないこと（不必要動作の防止のため）．

　東京電力管内では，配電用変電所のDGRの電流感度整定値は一律200 mAであり，高圧受電設備側は，200 mAにすることが望ましい．

　ただし，需要家構内の高圧ケーブルが長い場合，非方向性のGRは不必要動作（次項以降で詳しく説明する）する可能性があるため，需要家構内の高圧ケーブルこう長の検討や方向性付DGRの設置等を検討する必要がある．

　高圧受電設備側の電流感度整定値を200 mAにすることが望ましい大きな理由は，次の三つである．

　一つ目は，DGRはGRと同様，高調波に対しては，その動作状況に若干の不必要動作および不動作の報告がある．そしてその報告の大半が

アーク地絡の事象を呈するものであったことから，高圧受電設備の電流感度整定を配電用変電所の 200 mA を超えて大きく整定すると，配電用変電所の DGR の不必要動作を招きやすく，保護協調を損なうおそれがあるからである．つまり，波及事故を招くということである．

　二つ目は，架空配電線地区においては，配電線の対地静電容量が小さいため地絡時の充電電流が小さく，高抵抗地絡事故などでは，地絡電流が I_0 の整定値付近の大きさしか流れない．よって，このときは電流感度要素では 200 mA 付近で正確に動作しても，400 mA と整定した場合，事故点が切り離されなくなる．したがって，配電用変電所が I_0 = 200 mA である場合は，高圧受電設備は I_0 = 200 mA 以下としておくことが必要となる．これも波及事故防止の観点からである．

　三つ目は，系統の対地静電容量の総量は，配電線切換えなどにより変化するため，例えば配電線のき線の切換えによって小エリアを供給する配電線となる場合などは，二つ目のように対地静電容量が小さくなることがあるので，I_0 = 200 mA 以下と制定しておくことが望ましいということになる．

　次に，地絡継電器（GR）と地絡方向継電器（DGR）の動作時限の整定値について述べる．

　動作時限については JIS C 4601（高圧受電用地絡継電装置）によれば，「整定感度電流値の 130 % で 0.1 〜 0.3 秒，400 % で 0.1 〜 0.2 秒」で動作と規定していることは，3-4 で説明したとおりである．また，遮断器（CB）の動作時間との兼ね合いを考慮すると，遮断器の遮断時間は 3 〜 5 サイクルとし，最長 5 サイクル遮断のものでは 0.1 秒となっている．

　地絡継電器の動作時間を仮に 0.3 秒とすれば，地絡発生から受電用遮断器動作（回路遮断）に要する時間は 0.1 + 0.3 = 0.4 秒となります．

　一方，配電用変電所の動作時限は一律 0.9 秒である（東京電力の例）ため，5 サイクル遮断の遮断器を使用すれば時限協調は図れることとなる．また，3 サイクル遮断の遮断器を採用すれば時限協調は十分図れる

こととなる.

なお,8サイクル遮断器(一般にはOCR)を用いた場合の時限協調については,過電流保護協調上から問題があることが指摘されており,高圧自家用需要家の主遮断器として使用することは非常にリスクが高くなるので,結論としては,使用禁止である.

DGRについては時限調整ダイヤル付のものが多く,この場合は0.2秒に整定することが適正である.また,サブ変電所などがある需要家において,DGRを直列多段設置する場合は,次に示すように上位と下位の時限整定間隔は0.3秒とする必要がある(第1図参照).

① 下位遮断器の遮断時間(5サイクル = 0.1秒)+ 上位の慣性動作範囲(0.15秒以内)= 0.25秒

② 下位遮断器の遮断時間(3サイクル = 0.06秒)+ 上位の慣性動作範囲(0.15秒以内)= 0.21秒

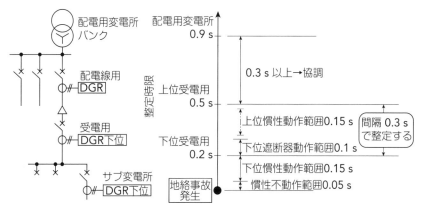

第1図 上位(受電用)〜下位設備間の動作時間整定の間隔

サブ変電所が下位に続き,3変電所以上の場合は,0.3秒では協調が図れなくなるため,このような場合は「動作協調システム」を採用することとなる.このシステムを採用することにより,感度電流200 mA,時限については0.2秒として整定値を変更せずに協調を図ることができる.

　次に，DGR の電圧感度整定値について述べる．

　高圧受電設備の地絡継電器の感度電圧整定は，$V_0 = 5\%\sim 30\%$ の範囲で段階調整できるようになっており，配電用変電所の DGR の電圧感度整定値は三次オープンデルタ電圧が 30 V（15 % に相当）となっていることから，これより小さい値を選定して 20 V（10 % に相当）以下を適用するのが妥当と考えられてきた．

　しかし，近年において配電用変電所の保護システムの見直しの結果，20 V（10 % に相当）に切り換えており，その結果，高圧受電設備では 5 %（10 V に相当）とすることが望ましいと考えるので，電力会社と技術協議の場でよく協議して決定することが大切である．

3-6

高圧需要家の保護協調⑥
動作協調システム

　引き続き，動作協調システムなどの話をする．

　動作協調システムとは，電線路に地絡継電器を複数台直列に設置した場合，故障点に近い電源側の地絡方向継電器（DGR）を確実に動作させるため，第1図に示すようにお互いの DGR 間に信号回線を配線して配線を通じて協調信号をやりとりし，配電用変電所および高圧受電設備ともに，

①　感度整定値を一律 0.2 A

②　時限整定値を一律 0.2 秒

と同一整定した場合であっても，確実に事故点の電源側継電器が動作するシステムとしたものである．このシステムとすることにより，次のよ

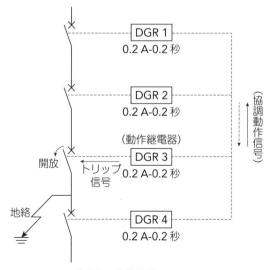

第1図　動作協調システム

うに動作協調が図れる.

① 無理な時限整定とする必要がない（時限協調を必要としない）.

② 高圧受電設備内で多段動作協調が確保される.

③ 配電用変電所と確実な動作協調が確保される.

　次に，地絡継電装置付高圧気中負荷開閉器（GR付PAS）の取付け
とキュービクル内地絡継電器（GR）とが混在する場合の留意事項につ
いて説明しておく．近年，波及事故防止の観点から，GR付PASを施
設する高圧需要家が増えてきている.

　そこでまず，新設の需要家が引込み柱にGR付PASを設置する場合，
下位側のGRを設置することは避けるほうがベストである.

　その理由は，第2図のように計器用変圧器（VT）内蔵のGR付PAS

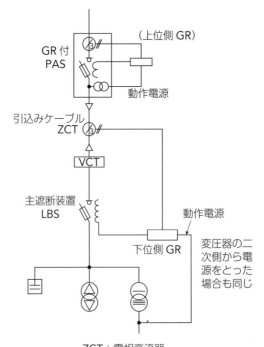

ZCT：零相変流器
VCT：計器用変成器
LBS：高圧負荷開閉器

第2図　新設需要家

（VT 内蔵により GR 付 PAS の操作電源を確保することができる）の場合はよいが，第3図のように GR 付 PAS，GR ともに制御電源を変圧器の二次側から供給し，GR 付 PAS と GR の協調を図った場合を考えると，例えば引込みケーブルで地絡事故が発生したときに GR がケーブル地絡事故を拾い，主遮断装置を開放してしまうこととなる．

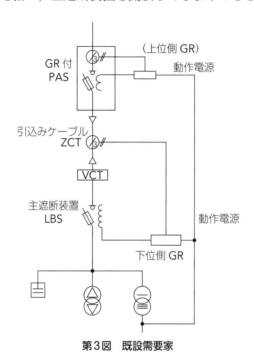

第3図　既設需要家

　そうすると，GR 付 PAS の制御電源も切れてしまうので，GR 付 PAS は不動作となり，配電線の波及事故となってしまうからである．

　また，キュービクル式高圧受電設備（JIS C 4620）および高圧受電設備規程（JEAC 8011）の受電設備の標準施設に記載されている，GR 付 PAS が設置してある場合の標準施設には主遮断装置の電源側には GR を設置する必要がない．

　このことから，受電設備の設計時あるいは事故発生時に GR の設置されていない方法としたほうがコスト的にも安くなり，結果として，波

及事故を防ぐことができるからである．

　次に，既設の需要家が引込み柱に GR 付 PAS を設置する場合，受電設備構内の主遮断装置の電源側の既設 GR の措置として次の2とおりが考えられる．

　一つ目は，既設 GR を取り外す，あるいは制御電源を切り，すべての地絡は GR 付 PAS で検出させる（理由は上記と同じである）．

　二つ目は，感度を下げて既設 GR が先に動作しないようにし，かつ，第4図のようにケーブル遮へい層の接地線を ZCT に貫通して接地する方法である．この方法により，既設の GR は ZCT より負荷側の地絡電流のみを検出するようになるので，電源側地絡事故による不必要動作を防止できることとなる．当然 GR 付 PAS は，引込みケーブルを含め受電設備の地絡事故を検出することができる．

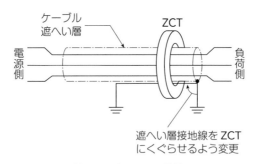

第4図　遮へい層の接地

3-7
高圧需要家の保護協調⑦
GR の不必要動作

　引き続き，地絡継電器（GR）の不必要動作などの話をする．

　最初に高圧需要家の地絡継電器の不必要動作について説明する．

　一般に使用される地絡継電器は，零相変流器（ZCT）によって零相電流のみを検出して，動作する非方向性のものである．

　したがって，需要家構内の高圧ケーブルが長くなって，対地間の静電容量が大きくなると，配電線側の構外の地絡事故でも，第1図に示すように地絡電流が零相変流器を通って流れ，この値が地絡継電器の電流整定値以上であれば，構外事故でも動作してしまう．

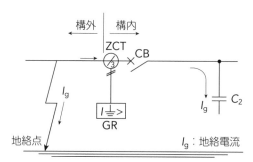

第1図　構外事故の場合の地絡電流の流れ

　このように需要家構内に事故がなく，地絡継電器は正しく働いているのに，構外地絡事故で動作してしまうことを，不必要動作といっている．

　それでは，不必要動作しない範囲の静電容量を求め，逆算して構内のケーブル長を求めてみよう．

　不必要動作を考える場合は，構内ケーブルの対地静電容量を流れる電流を計算すればよいこととなる．いま，地絡継電器の電流整定タップが，

200 mA に整定してあると仮定すると，以下のような計算を行えばよいこととなる．

$$0.2 = \frac{E_g}{\frac{1}{\omega C_2}}$$

より，

$$C_2 = \frac{0.2}{\omega E_g}$$

が求められる．

ここに，C_2：構内ケーブルの対地静電容量，E_g：地絡発生前の対地電圧

この C_2 の値が求められれば，ケーブルの単位長当たりの静電容量で割ってケーブルの長さを求めることができる．

実際には，構内の架空線や変圧器，高圧電動機などの静電容量があり，また，地絡電流には高調波が含まれるので，上記計算による値に 30 〜 50 % の余裕をみることが必要となる．

実務的には，CV ケーブル 38 mm^2 を使用した場合には，構内ケーブルが 100 m 以上あれば，電流整定タップ 200 mA では不必要動作するおそれがある．

不必要動作を防ぐためには，電流整定タップを 400 mA，600 mA にすることも考えられる．400 mA にすることについては特に問題ないと思われるが，600 mA 以上とすることは，電力会社の配電用変電所との保護協調がとれなくなる場合があるので，必ず電力会社と技術協議することが必要である．

このように不必要動作を防ぐため，電流整定タップを 600 mA 以上とする必要のある場合は，地絡方向継電器（DGR）の設置を検討することが望ましいといえる．

次に，地絡継電器の誤動作について話す．

　地絡継電器の誤動作は，不必要動作と異なり構内，構外を問わず全く地絡事故がないのに，地絡継電器が動作してしまうことで，これまでの経験から次のような原因がある．

① 零相変流器二次配線からの誘導によるもの

　零相変流器二次配線が，他の電力線に接近していると，静電容量，電磁誘導などによって影響を受けて誤動作することがある．

　このような場合の零相変流器の二次配線は，他の電力線から 30 cm 以上離し，独立した 2 心一括のシールド線を使用し，シールドを接地するとよい．また，零相変流器の試験端子は必ず開放しておくこと．万一短絡されていると，鉄心材料の不均一により，電流が流れて誤動作することがあるからである．

② 遮断器の三相不揃い投入によるもの

　遮断器や負荷開閉器の投入が不揃いのときは，電流のベクトル和が零とならずに誤動作することがあるので，要注意である．

③ 突入電流による誤動作

　変圧器の励磁突入電流や高圧電動機の始動電流などが過大である場合，零相変流器の磁気的不平衡により，二次側に地絡時と同様の電流が流れて誤動作することがある．この現象は雷電流の侵入の場合にも起こるので，これも注意が必要である．保護協調曲線を描くことが大切である．

④ 電波雑音による誤動作

　移動無線の大出力の電波を近距離で受けると，零相変流器の二次配線がアンテナの役目をして，電波が継電器に入り誤動作することがある．この対策は電源側にフィルタを設けたり，二次配線にシールド線を用いることが有効である．

⑤ 地絡継電器の劣化によるもの

　地絡継電器は多くの半導体を使用しているので，サージに弱く雷電圧，開閉サージなどの異常電圧により半導体が劣化したり，また，継電器の

慣性特性をもたせるための遅延回路のコンデンサが劣化して，誤動作することがある．この場合は，新品の継電器と交換する以外に有効な手段はない．

⑥　ケーブル貫通型零相変流器の接地工事の不適当によるもの

　貫通型零相変流器を使用する場合のケーブルシールド接地は，引込用ケーブルの場合は第2図(a)のように，引出用ケーブルの場合は第2図(b)のように施工する．

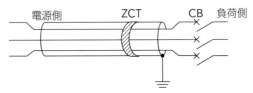

(a)　引込用ケーブルのシールド接地

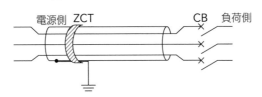

(b)　引出用ケーブルの接地

第2図　ケーブルのシールド接地工事

　ケーブルの接地は片端接地（1点接地）を原則とし，両端接地（2点接地）は行わないことが望ましい．

　その理由は，両端に接地をとると地絡電流が両端の接地線に分流するため，継電器の感度低下をもたらすほか，大地に迷走電流や低圧側の漏れ電流があると，それを拾って誤動作するためである．

3-8

自家用設備の日常点検

　第3種電気主任技術者（電験3種）の免状を取得したところ，自社の小規模工場（すべて100 kW以下）の自家用電気工作物の保安監督をするよう命じられました．定期点検は専門の会社に依頼しているのですが，日ごろの具体的な保守点検のポイントについて教えてくださいとの質問があり，次のように回答した．

　高圧の受電設備は温度や湿度の変化，雷や開閉操作による異常電圧，さらには塩害などにより絶縁低下し，時には大きな電気災害の原因ともなるので，これを防止するため安全に運転管理する必要がある．

　受電設備を安全に維持するため，目視や外観点検により電気工作物の異常の有無を調べるための点検ポイントについて説明する．

(1) 受電設備保守点検の必要性

　長期にわたって稼動している受電設備は設置当初の設置思想に沿った考えで増設・変更されているのが実情であり，古い設備と新しい設備が混在した形態になっていることが多いことから，その保守・点検にはきめ細やかな配慮が必要である．

　また，自家用設備は劣化などの異常現象が潜在し始めた段階での予測が難しく，異常の兆候が現れてから検出されるまでの間に，地絡や短絡などの事態にまで進展してしまう可能性が非常に大きくなる．

　したがって，異常現象を兆候の段階で発見し，いかに手を打っていくかが，保守・点検の重要なポイントであり，そのための施策を明確にする必要がある．

　保守・点検は月次点検，年次点検および臨時点検等に分類される．ど

れも事故を未然に防止するために重要な役割をもっているが，日ごろ五感を働かせた目視や外観点検は電気主任技術者の特に重要な点検であるといえる．

⑵　保守点検のポイント

　保守点検には毎日の点検，月次点検，年次点検，および臨時点検等があるが，質問の意図から，毎日の点検と月次点検に絞って述べる．

　毎日の点検と月次点検は，運転状態における異常の有無を確認することを目的として行うもので，外部から異音，異臭，異色等の有無を点検する．なお，点検の際には感電のおそれがあるので，充電部には十分注意し接近しすぎないこと．

　特にキュービクルの扉に触れる際にも，検電を必ず行うことが，安全上重要である．

　第1表に，受電設備の各機器の目視や外観点検における点検ポイントを示す．ただし，この表に記載されている項目を実施するにあたり，現場状況により危険となる場合は，絶対に実施しないこと．

　現場状況により，停電しなければ実施困難な項目もあるので，この表はあくまでも参考であり，実施項目の決定は主任技術者の判断で決めることが大切である．

　受電設備に使用されている機器は，長期間にわたり安定した機能を維持することが要求されるが，使用中に数々のストレスや経年的な劣化によって電気的性能や機械的性能が低下してくる．

　第2表に，受電設備の各機器の更新推奨時期を示したので参考にしてほしい．この更新推奨時期は参考であり，年次点検や臨時点検のデータを基に総合的に判断して，更新時期を決定することがベストである．

　自家用電気設備の日ごろの点検は，突発的な事故を防ぐ予防保全の一環であるという認識のもと，単なる「点検」ではなく，軽微な異常でも早期に発見し，大きな事故を防止することが大切である．

　軽微な異常の発見には，各点検項目のデータを時系列的にグラフ化す

第1表　各機器の点検ポイント（危険のある項目は実施しないこと）

	機器	点検ポイント
1	高圧交流負荷開閉器 (1)　責任分界用 （PAS，PGS等）	①　外箱，ハンドル，指針等にさびの発生，破損等はないか ②　ブッシングに汚損，破損等はないか ③　引綱は切れかかっていないか，引っかかっていないか ④　接地線，地絡継電器制御線に断線等はないか ⑤　ガス漏れ表示のあるものは，表示を確認する
	(2)　主遮断装置用 （LBS等）	①　絶縁物，支持がいしに亀裂，損傷がないか ②　リーク音等がしていないか ③　可動部，接触部に変色等はないか ④　ラッチのかかり具合に変化がないか ⑤　消弧室にひび割れ，変形，変色等はないか ⑥　ストライカが出ていないか
2	高圧ケーブル	①　三叉管にひび割れはないか ②　零相変流器と接地線の異常はないか，また，接地線電流値に大きな変化はないか（クランプテスタ） ③　引込み部ケーブルヘッドの水切れはよいか ④　ストレスコーン部および接地線取出し部に異常はないか ⑤　パイプ引出し部のコーキングにひびはないか ⑥　保護管に損傷はないか ⑦　メッセンジャワイヤにさびの発生はないか，また，ハンガの外れはないか ⑧　ハンドホールに浸水していないか（雨天後）
3	断路器	①　ブレードと接触子の中心が一致しているか ②　変色，さび等はないか ③　ラッチのかかりはよいか，変形していないか ④　がいしのひび割れはないか ⑤　端子等ねじ類に緩みがないか ⑥　リーク音等がしていないか
4	高圧避雷器	①　磁器がい管など著しい汚れや亀裂，破損等はないか ②　取付け金具，端子部等にさびがないか ③　高圧リード線がしっかり接続されているか，また断線のおそれはないか ④　線路側・接地側の端子部分のねじの緩みはないか ⑤　接地線に異常はないか
5	高圧交流遮断器 （VCB，OCB）	①　異常な音や臭いが発生していないか ②　端子等のねじ類に緩みはないか ③　真空遮断器の真空バルブの亀裂等はないか ④　絶縁部に汚れや亀裂等はないか（VCB） ⑤　通電部に変色やさびが発生していないか ⑥　油入遮断器の絶縁油の漏れ，変色，不足はないか(OCB)
6	計器用変成器 （VT，CT）	①　計器の指示値は正常か ②　異常な音や臭いが発生していないか ③　モールド部に汚れや亀裂等はないか ④　通電部の変色やさびが発生していないか ⑤　端子等のねじ類に緩みはないか ⑥　計器用変圧器のヒューズは溶断していないか

	機器	点検ポイント
7	保護継電器	① ケース内部に虫等の異物がないか ② 前面カバーのくもりや，破損はないか ③ 接続端子のボルト類に緩みはないか ④ 復帰レバー，動作表示が出たままになっていないか ⑤ 保護継電器から異常な音や臭いが発生していないか
8	高圧限流ヒューズ	① ヒューズの取付けは正常か ② 溶断表示は動作していないか（ストライカ） ③ 通電部に変色・さびの発生等はないか ④ がいし等の絶縁部に傷等の異常はないか ⑤ 端子等のねじ類に緩みはないか
9	高圧進相コンデンサ	① 油漏れはないか ② ケースにさびの発生・腐食はないか ③ ケースの異常な膨らみはないか ④ がいしの汚れや亀裂等はないか ⑤ 端子部のボルト類の緩みによる過熱変色等の異常はないか ⑥ 電流値が許容値に対して異常に大きい（120％以上）か，または小さく（90％以下）ないか ⑦ 本体の温度上昇の異常はないか（ケース表面の最高温度は，最高周囲温度にて70℃：サーモラベルなど）
10	油入変圧器	① 温度計・油面計の指示に，異常はないか ② 異常な音（鉄心音，共振音等）や臭気等が発生していないか ③ 絶縁油の油漏れはないか ④ 端子部分の締付ボルト類の緩みによる過熱変色がないか ⑤ がいしの汚れや亀裂等はないか ⑥ タンクや放熱器にさびの発生・腐食はないか ⑦ ガスケットの劣化による油漏れはないか

るなどして管理していくことが大切である．それにより，前月とデータがかけ離れているなどした場合は，その項目に的を絞って詳細に点検することで，トラブルが起こる前に異常を発見したことが，経験上，何度もあるのでお勧めする．

第2表　受電設備の各機器の更新推奨時期

種類	更新推奨時期	
高圧 CV ケーブル	15 年～ 25 年	
高圧交流負荷開閉器 *	屋内用	15 年または負荷電流開閉数 200 回
	屋外用	10 年または負荷電流開閉数 200 回
断路器 *	手動操作	20 年または操作回数 1 000 回
	動力操作	20 年または操作回数 10 000 回
避雷器	15 年	
交流遮断器 *	20 年または規定開閉回数	
計器用変成器	15 年	
保護継電器	15 年	
高圧限流ヒューズ	屋内用	15 年
	屋外用	10 年
高圧進相コンデンサ	15 年～ 25 年	
高圧配電用変圧器	20 年～ 30 年	

＊印の機器については，交換可能な最短寿命を表すものでない．

3-9

絶縁抵抗計の適用回路

　転勤で新職場に着任したところ，25 V から 1 000 V の絶縁抵抗計が
ありました．アナログ式の古いタイプもあり，どの絶縁抵抗計をどの回
路に適用するのが適切であるのか，また，G 端子の正しい使い方など
を教えてくださいとの質問があり，次のように回答した．

(1)　アナログ式絶縁抵抗計の目盛は対数目盛

　絶縁抵抗計はメガーとも呼ばれ，電気設備や電気製品の絶縁抵抗の測
定に用いられている．

　一般に，絶縁物の絶縁抵抗の値は温度や湿度によって変化し，その値
は広い範囲に分布している．さらに，測定時に絶縁物に加える直流電圧
（定格測定電圧）の値によって，同じ絶縁物であっても絶縁抵抗の値が
異なる場合がある．

　したがって，絶縁抵抗計は広い範囲にわたる絶縁抵抗の値を，1 台の
絶縁抵抗計により測定できるようになっている．このため，アナログ方
式の指針形の絶縁抵抗計は，抵抗目盛が等分目盛ではなく，第 1 図に示
すような対数目盛となっている．

　目盛を対数目盛にすることにより，広い範囲に分布している絶縁抵抗

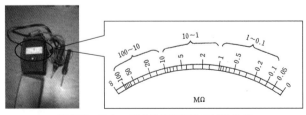

第1図　アナログ式絶縁抵抗計の対数目盛

の値を 1 台の絶縁抵抗計を用いて，1 000 倍もの広い範囲の絶縁抵抗の値を測定することができる．

　また，第 1 図に示したように 0.1 ～ 1，1 ～ 10，10 ～ 100 MΩ の間の目盛で，指針が目盛のどの位置にきても同じ細かさで測定値を読み取ることができる．なお，ディジタル式の絶縁抵抗計ではレンジがオートレンジとなっているため，自動的に測定に最適なレンジを選び絶縁抵抗の測定を行うことができるようになっている．

(2) 絶縁抵抗計の使用単位

　絶縁材料として用いられている絶縁物には多くの種類のものがあり，それぞれの用途により使い分けられている．

　これらの絶縁物は，絶縁物の両端に電圧を加えても絶縁物には電流が全く流れないのではなく，導体に比べて μA または nA オーダの非常に小さな値の電流が流れる．

　この絶縁物に流れる電流を漏れ電流と呼び，漏れ電流 I の値を絶縁物に加えた電圧 V で除した抵抗 R の値は，$R = V/I\,[\Omega]$ となる．

　この抵抗を絶縁抵抗と呼んでおり，一般に絶縁抵抗の値は導体に比べて大きな値であることから，絶縁抵抗の値の単位として 1 Ω の 10^6 倍である MΩ（メガオーム）が使用されている．

(3) 測定における使用電圧

　絶縁抵抗計は，絶縁物の絶縁抵抗を測定するにあたり絶縁物に加える電圧，定格測定電圧の値（25 V から 1 000 V）により第 1 表に示すように分類されている．

　また，JIS C 1302：2018 により絶縁抵抗の測定にあたっては，第 2 表に示すように被測定物に対して定められた定格測定電圧の絶縁抵抗計を使用することとしている．

　また，低圧電路の絶縁抵抗の測定に際しては 200 V の電路においては定格測定電圧の値が 250 V の絶縁抵抗計を用い，100 V の電路においては定格測定電圧の値が 125 V の絶縁抵抗計を用いることとしてい

第1表　絶縁抵抗計の主な使用例

定格測定電圧 [V]	一般電気機器	電気設備・電路
25	安全電圧で絶縁測定	——
50	電話回線用機器の絶縁測定	——
100 125	制御機器の絶縁抵抗測定 制御機器の絶縁抵抗測定	100 V 級以下の低圧電路および機器などの維持管理のための絶縁測定
250	制御機器の絶縁抵抗測定	200 V 級以下の低圧電路および機器などの維持管理のための絶縁測定
500	300 V 以下の回路，機器の絶縁抵抗測定（一般）	400 V 級以下の低圧電路および機器などの維持管理のための絶縁測定 100 V, 200 V および 400 V 級のしゅん工時の絶縁測定
1 000	300 V を超える回路，機器の絶縁抵抗測定（一般）	常時使用電圧の高いもの（例えば高圧ケーブル，高電圧電気機器，高電圧を使用する通信機器など）の絶縁測定

第2表　アナログ方式の指針形の絶縁抵抗計の種類

定格測定電圧 (直流) [V]	25		50		100		125		250		500			1 000	
有効最大表示値 [MΩ]	5	10	5	10	10	20	10	20	20	50	50	100	1 000	200	2 000

る．

　一般に用いられている 300 V 以下（既設の 100 V，200 V の電路には使用しない）の回路に使用されている電気機器の絶縁抵抗測定には，定格測定電圧の値が 500 V の絶縁抵抗計が使用される．

　このように絶縁抵抗計の種類には第1表に示したように，定格測定電圧の値が 25 V から 1 000 V までのものがある．

　したがって，絶縁抵抗の測定にあたっては手近にある絶縁抵抗計を用いるのではなく，定められた定格測定電圧の絶縁抵抗計を用いて絶縁抵抗の測定を行うことが大切である．

　さらに大切なことは，絶縁抵抗計により測定した絶縁抵抗の値を記録することである．絶縁抵抗計の定格測定電圧の値および有効最大目盛値と温度・湿度とを記録しておくと，絶縁不良等の問題が生じた場合に，

その原因究明を行うに際して大いに参考となるからである.

⑷ 絶縁抵抗計の端子の使い方

絶縁抵抗計の端子には線路端子 L および接地端子 E が設けられており，絶縁抵抗計内部の電源および測定回路に接続されている.

線路端子 L は，表示回路を通して直流電源の－極側に，また，接地端子 E は直流電源の＋極側に接続するように JIS で定められている.

この理由は，絶縁電線や電力用のケーブル等の大地に対する絶縁を直流を用いて測定する場合，被測定物の非接地側を線路端子 L に，接地側を接地端子 E に接続して測定した場合と，この逆の接続で測定を行った場合に比べて，絶縁抵抗の値が小さく出るのが普通である.

したがって，絶縁電線や電力用のケーブル等の大地に対する絶縁抵抗の値を測定する場合には，必ず，絶縁電線や電力用のケーブルの導体である電線は絶縁抵抗計の線路端子 L に，大地に接続されている接地側の導体は接地端子 E に接続して絶縁抵抗の値を測定するほうが絶縁不良を検知するのに適切である.

使用上の安全を考えて前述の接続を行うように JIS で規定されている.

このほか，絶縁抵抗計の端子に保護端子 G が設けられたものがある.保護端子 G は有効最大目盛値が 1 000 MΩ以上の絶縁抵抗計に設けられている.

この保護端子 G は，絶縁抵抗計の直流電源の一極側に接続されている.また，線路端子 L に絶縁抵抗計の表面を伝わって漏れ電流が線路端子に流れ込まないように，必要に応じて保護環を線路端子 L に設けた絶縁抵抗計もある.

保護端子 G および保護環の役割は，絶縁物の表面を流れる表面漏れ電流や，絶縁抵抗計の表面を流れ線路端子 L に直接流れ込む漏れ電流を指示計器の回路を通さず，直接，直流電源に流し込み被測定物である絶縁物の表面漏れ電流による影響を取り除くために使用されている.

　1 000 V メガーを使用し，導体と遮へい層間で絶縁抵抗を第2図，第3図に示すような回路で測定する．

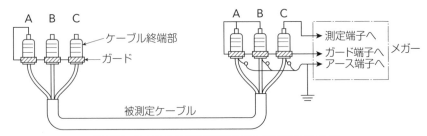

第2図　代表的な絶縁抵抗測定回路（E端子接地方式）

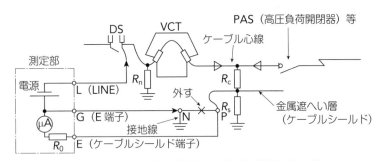

第3図　代表的な絶縁抵抗測定回路（G端子接地方式）

　第2図に示したE端子接地方式での測定は，一般に高圧ケーブル単体の場合に用いられる．この方法は，主に新設設備や停電時間が比較的長くとれ，ケーブル単体で試験が実施できるときに用いられる方法である．

　第3図に示したG端子接地方式での測定は，一般に高圧ケーブルにほかの高圧機器を含む電路を一括して測定する場合に用いられる．実際の年次点検などでは，ケーブルを個々に単体にする作業は時間的に余裕がなく難しい場合が多く，この方法が現場では多く用いられる．

　結論として，絶縁抵抗の測定にあたっては，JISで定められた定格測定電圧の絶縁抵抗計を用いて絶縁抵抗の測定を行うことが大切である．

3-10

自家用設備の電気機器の温度管理

　自家用設備の保守に携わることとなりました．そこで，電気機器の温度管理が重要であることはわかっているのですが，基本的な管理ポイントなどを教えてくださいとの質問があり，次のように回答した．

　電気機器の温度管理は，日常の巡視点検のなかでも重要であり，事故や故障を速やかに予見して対策を講じることに大きく貢献すると考える．

　電気機器の微小な不具合，異常な兆候を捉える保守管理は，電気機器の技術的な進歩と，点検の手段，兆候分析などに保守技術の向上を促すことであり，電気技術者として重要な責務である．

　電気機器の異常兆候が進展して，拡大する事故を防止するために，点検対象物を視覚・聴覚・嗅覚・触覚等の人間のもつ五感を集中して，状態監視で劣化を発見するなど，軽微な兆候を早期に点検者自身の五感で察知することが大切なことである．

(1)　電気機器の点検

　電気機器の点検は，大別すると外部点検と分解点検に分かれる．

(a)　外部点検

　外部点検とは，設備を外部から点検する日常的な方法で，設備を運転状態のまま行う．この方法は，人間の五感によって異常な兆候の発見が期待される．

(b)　分解点検

　分解点検とは，設備の運転を停止して，機器を分解のうえ細部にわたり点検を行うと同時に，磨耗部品は交換する．点検の方法として，

① 　巡視：設備の設置場所に出向き，五感による異音・変色・異臭・振

動異常の発見に努め，簡易な測定から設備の状態を評価する．

② 　常時監視：各種のセンサ，ON-OFF スイッチ等を利用して，遠隔計測メータ類から常に設備の機能を監視する．

③ 　定期点検：1か月・3か月・6か月・1か年ごとに設備の機能を確認する点検である．普通点検と精密点検の2とおりがあり，需要家ごと・設備ごとなどで期間を決めておく．

④ 　異常時点検：設備に異常な兆候が発見されたとき，そのほか必要が生じたときに予備回線に切り換えて部分的に運転を停止のうえ，機能障害を点検する．

⑵ 　**電気機器の温度管理の必要性**

電気機器の異常過熱は，絶縁破壊・膨張破壊・電気火災・停電など重大事故の要因に進展しやすいことから，常に注意することが重要である．

電気使用設備の負荷形態によっては，電気機器の熱的疲労が蓄積され，予防保全管理では電気機器の温度上昇を，早期に察知することが重要な点検項目である．

⑶ 　**温度上昇が機器に与える影響**

特に静止形原理のものは多数の半導体部品を使用しており，集積回路（IC）やトランジスタの対温度特性は，温度変化の影響を受けやすい．コンデンサの容量変化，コイル皮膜の軟化が絶縁耐力の低下を招き，レイヤショート（層間短絡）したりする．

変圧器絶縁物の主な劣化原因は，変圧器に発生する熱で絶縁物が酸化および熱分解して起こるもので，機械的強度が低下し，絶縁耐力も下がる．例えば，銅線は断面積の減少，固定絶縁物・絶縁油・磁器は絶縁耐力の低下，通電部金具は接触抵抗の増加，収納部ケース・カバーは機械的強度の低下などである．これらの原因が単独で作用していることは少なく，重複して絶縁物を劣化させているのが現状である．

電動機において，長年運転を続けた状態のコイルの絶縁は，熱的・電気的・機械的および環境的ストレスにより，経年とともに劣化が進展し，

初期に備えた絶縁特性が次第に低下していく．低圧電気系統の幹線系では過負荷や接続部の過熱および不平衡電流に注意する必要がある．

⑷　室内環境と使用機器温度との微妙かつ密接な関係

故障や事故は筆者の経験上であるが，6〜7月の梅雨時に多い．これは気温と密接な関係があるようで，ちょうどこの時期には冷房のための電力使用量の増加と周囲温度の高い状況が重なり，開閉器や変圧器の端子部分のオーバヒートがよく発生する．

温度上昇限度値は，一般的には周囲温度＋電気機器に許容される最高温度で表されている．電気室を室温 40 ℃ 以下にするため，空調機の温度設定の調整が必要となる場合がある．

乾式変圧器には強制送風機で冷却するものがあり，温度により送風機を自動運転して変圧器の温度上昇を最高許容温度以下にしている．

⑸　現場で機器の温度を許容範囲内に収める方法

電気機器は通常配電盤内などに収められており，ほとんどの電気機器においては，その主要部分のコイル，接点，端子等に対して，温度上昇の限度値が規定されている．一方，基準となる周囲温度も決まっている．

周囲温度 40 ℃，温度上昇 75 ℃ ということは，その部分の最高温度は，40 ℃ ＋ 75 ℃ ＝ 115 ℃ になるということである．

この最高温度は，電気機器に採用されている絶縁物が劣化せずに使用に耐える温度になる．

実際はスペースや機械的強度，寿命など種々の要素が関係する．温度上昇によるコイル抵抗の増加によっては電磁石の吸引力が弱くなるなど種々の問題が起こる．以下，保守点検の注意すべき点を述べる．

① 機器の異常は多くの場合，その温度上昇によって判断できる．正常時の試験値を整理しておき比較検討することが重要である．

② 絶縁抵抗の著しい低下は警戒警報であり注意が必要である．

③ 保護装置の整定はみだりに変更してはならない．使用状態が常時と異なるとき，または臨時に整定を変更したときは，そのつど表示札を

付け，通常と異なることを表示して周知しておくことが重要である．

④　制御開閉器，切換開閉器は操作の際，その指針の指示に十分気をつけ，接触状態の良否を確認する．また，万一事故が発生したときは，状況をできる限り詳細に事故記録にまとめ，原因調査の資料にし，再発防止策をとることが重要なポイントである．

(6)　使用機器の温度上昇が起きてしまった場合の対策

電気機器が過熱で上昇した場合の原因はいくつか考えられるが，負荷電流の増加（過負荷），周囲温度の上昇，通電部端子金具の接触抵抗増加，経年劣化等により発生する熱が上昇するなど，ほかの原因も重なり合っている場合が多いので，これらを踏まえたうえで詳細に調査することが大切である．

温度上昇の対策は，局部過熱か本体過熱によるが，一般的には，扉の開放をして安全ロープとナイロン網で危険防止の防護を施設してから作業に着手する．さらに，過熱が続く間は業務用扇風機で冷却し，受変電室の温度を計測して，周囲温度をできるだけ低く管理する．機器の温度計の記録により過熱防止策をとり，測温できないところは示温材（示温テープ等）の利用により温度管理をする．

変色や示温テープなどで過熱したことが検知された場合は，非接触形赤外線温度計等により機器の過熱部分の温度を測定し，周囲温度と温度上昇値を確認する．

通電状態での外観点検は，危険防止に十分注意して必要以上に設備に接近しない．また，閉鎖型配電盤，キュービクル収納盤では扉を開けて点検する．点検は必ず2人作業とし，検定ずみの防護具，器具を使用することが大切である．

不具合が発見された場合の対応は，電気主任技術者または管理者と打ち合わせて，その指示に従って対応する．

(7)　温度管理の注意点とチェックポイント

電気機器の機能は，日進月歩の状況で向上しており，諸機器が満足な

性能を発揮するためには厳密な合理的温度管理が必要である．注意点としては，

① 操作，保全の要領について基礎訓練，情報の提供を十分に行う．

② 機器の使用現場の周りの環境を可能な限り整備する．

③ 温度等周辺環境に対して注意深く抑制手段を講じ，機器への影響を少なくする．

④ 故障原因の除去，環境に対する防護手段を考慮する．

⑤ 故障が予知できるような部分に対してはその手法を事前に講じる．

⑥ 温度故障が発生したら，その場所，状態を速やかに検出し，またほかの部品に危害を及ぼさないような手段を講じる．

⑦ 故障が発生したら，その部分を速やかに交換または修理できるような手段を考慮する．

電気機器の構造・機能を健全な状態に維持管理するためには，定期的な温度上昇等の試験調査を行う必要があり，そのデータを統計分析により設備の劣化傾向を診断することが重要である．

日常的点検作業にあたっては，点検項目事項の記載をする以外に，設備・機器の運転状態について視覚・聴覚・嗅覚・触覚および経験知識による五感の働きなどによる異常な兆候の早期の発見が，保守技術の向上に役立つので，点検日誌に記載するほか，実施要領等を使い，あわせて保守作業の充実を図る．

(8) 電気機器の温度上昇測定方法

電気機器の温度測定には，故障の結果としての異常温度の測定や故障の原因となる熱的ストレスを知るための，次のような測定がある．

(a) 示温材

示温テープ等の示温材を測定する箇所に貼って，テープに定められた温度以上になると変色して温度の異常を知らせる．温度が低下した際，変色が元に戻るものと，変色したままのものがある．高電圧機器では停電時に貼り付けて，過熱チェックを行う．

(b)　表面温度計

　サーモカップル・サーミスタ等を温度検出素子として，目的箇所に接触させ測温する．

(c)　非接触放射温度計

　物体が放射する熱線を測定して，物体の温度を知ることができる．被測定から数メートル離れ，目的箇所に検出レンズを向け測温するもので，充電箇所の測温に適する．現在では最も多く現場で使われている．

(d)　赤外線映像装置

　物体が放射する赤外線放射量を測定して，対象物の温度分布を可視像として再構成する装置である．TVモニタ表示は，一般に対象物の表面温度に対応させてカラー表示とし，高温部を赤色系に，低温部を青色系の表示としている．

　結論としては，電気機器においては，その主要部分のコイル，接点，端子等に対して，温度上昇の限度値が規定されている．一方，基準となる周囲温度も決まっており，周囲温度＋温度上昇で最高温度を管理することが基本である．

3-11

老朽設備の保守管理

　自家用設備の保守に携わることとなり，新職場の受電設備は30年近く使用している屋外の開放型受電設備であり，老朽化が進んでいます．このような受電設備の保守管理の基本的なポイントを教えてくださいとの質問があり，次のように回答した．

　電気機器や設備は必ず劣化し，それが進展すると寿命となる．したがって，老朽化した設備では，保全業務の位置付けは非常に重要である．

　保全業務は「事後保全」と「予防保全」に大別される．特に「予防保全」では巡視点検，普通点検および精密点検を計画的に実施し，さらに劣化診断手法を取り入れた保全が大切である．

⑴　劣化と寿命の位置付け

　機器の劣化とは，「熱・電気・機械的ストレスのほか，環境の影響を受け，化学的あるいは物理的性質に変化をきたし，機器の特性や性能が低下すること」である．その劣化要因は複合劣化が比較的多く，単独要因による劣化形態は少ない．

　また寿命は，「アイテムが使用開始後，廃却に至るまでの期間」と定義している．いいかえれば，廃却理由そのものが寿命を決める要素である．

⑵　寿命期間

　機器の廃却理由としては，機器や設備の故障率の増加，停電による損失の増加，交換部品の入手が困難，修理が技術的に不可能などの社会的要因によって「使用者自らが定める理由に基づく寿命時期」とされているのが現実である．

　特に老朽化した設備の更新時期の決定に際しては，設備の重要度，冗長性と経済性などを総合的に判断し，対応することになる．

(3)　保守点検の周期

　電気機器は，正常な稼動を確保する目的で定期点検が実施されている．

　定期点検は，そのレベルにより巡視点検，普通点検，精密点検に区分され，その電気機器に固有の周期が設定されている．

　また，寿命予測のための設備診断は，定期点検と深く関連するものであり，その実施時期は，通常の定期点検が実施されていることを前提に，機器の更新時期との関連で設定するのが妥当であると考える．

　設備診断の実施時期は，おのおのの機器の平均更新時期の約10年前の定期点検時に実施し，その約5年後くらいを目途として更新計画をするのが望ましいと考える．それらの関係を第1図に示す．

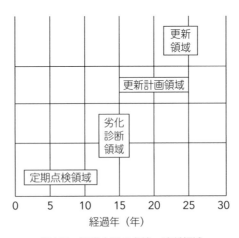

第1図　設備全般の点検・診断領域

(4)　保守のポイント

　各機器の点検周期は前述のように機器によって違ってくるが，その点検内容も同様である．しかし，設備の老朽化に伴い，部品対応か，機器対応か，または設備全般を延命化または更新するかを判断するためには，設備を共通的な見方で評価することが重要となる．

(a) 設備全般の保守点検

従来から各機器についての保守点検項目は種々あるが，見逃しやすいのは設置状況や機器間の取合いである．主な点検事項を第1表に示した．特に，巡視点検では目視点検が主体であり，これらの点検が事故未然防止には非常に重要となる．

第1表 設備全般の点検事項

番号	点検箇所	点検項目
1	防護さく	① 破損箇所の有無 ② 施錠の確認
2	変電所敷地内全般	① 小動物の侵入，鳥獣類の巣の有無 ② 飛来物の架線等への引っかかりの有無 ③ 基礎部の不等沈下，破損の有無
3	支柱，電柱，架台，標識	① 腐食，破損の有無 ② 標識の脱落の有無
4	ピット，排水溝	① 滞留水，汚泥の堆積の有無 ② ふたのさび，腐食の有無
5	支持がいし，引留がいし	① 発光，放電音の有無 ② 破損，腐食，汚損の有無
6	架空導体，接続金具，引留金具，締付けボルト	① 過熱・変色の有無 ② 破損，腐食，汚損の有無 ③ 締付部の緩みの有無
7	ケーブルと端末部	① 発光，放電音の有無 ② 過熱・変色の有無 ③ 破損，腐食，汚損の有無
8	接地線と接続部	① 破損，腐食の有無 ② 断線の有無 ③ 締付部の緩みの有無

(b) 共通的な見方での保守点検

設備全般と同じ考えであるが，機器ごとに取扱説明書や技術資料などできめ細かな点検をすることも重要であるが，共通的な見方で点検をすることは，事故や障害の未然防止の観点から，それ以上に重要な手法となる．共通的な見方での点検項目を第2表に示した．

(c) 標準的な診断法

設備の診断方法は外部診断と分解診断に区分される．機器・設備を安心して稼動させるためには，日常の状態の変化を捉えることが重要であ

第2表　共通的な見方での点検項目

番号	大項目	中項目	点検項目
1	安全対策	無停電点検	① 充電電路の安全距離確保 ② 危険範囲内の立入禁止措置
		停電点検	① 充電部の検電，放電，接地確認 ② 作業に適した服装と保護具の着用 ③ 高所作業時の安全帯の着用 ④ 操作ロック，点検中の表示 ⑤ 関係者以外の立入禁止措置 ⑥ 単線結線図等での電源回り込み確認
2	巡視点検	無停電点検	① 運転状況確認（計器の表示，電圧，電流など） ② 温度の確認（油，ガス，周囲温度） ③ 音の確認（異常音，リーク音，うなり） ④ 振動，臭気，漏れ（空気，油，ガス） ⑤ さび，腐食，変色，汚損 ⑥ 損傷，亀裂
3	普通点検	停電点検	① システム点検 　　継電器の特性，シーケンス，インタロック ② 接続部の緩み，過熱変色 ③ 絶縁部の放電痕，変色，変形 ④ 機構部のさび，損傷，注油状況 ⑤ 部品の破損，損傷 ⑥ 制御配線の損傷，変色 ⑦ 絶縁油試験 ⑧ 絶縁抵抗測定 ⑨ 接地抵抗測定

り，巡視点検などでの人間の五感による兆候の把握は重要なポイントとなる．

　また，各種のセンサ技術を適用して定量的に評価することも余寿命評価という観点から効果的な手法である．それらを設備の状態を評価する目的別に分類すると異常診断と寿命診断とに分けられる．

　異常現象が生じてその設備の運転を継続するか，停止するかという判断を目的とする異常診断と，継続的に変化を追及して余寿命評価する寿命診断である．第3表に示す診断方法は標準的な方法を紹介したが，診断の目的を明確にして適用することが重要である．

第3表　標準的な診断法

	診断項目　機器	断路器	遮断器	油入変成器	モールド変成器	油入変圧器	乾式変圧器	避雷器	コンデンサ配電盤	機器　測定器
1	主回路抵抗測定	○	○							接触抵抗測定器
2	局部過熱測定	○	○	○	○	○	○	○	○	赤外線カメラ
3	油中ガス分析			○		○				油中ガス分析器
4	フルフラール分析					○				フルフラール測定器
5	絶縁抵抗測定	○	○	○	○	○	○	○	○	絶縁抵抗計
6	巻線抵抗測定					○				ダブルブリッジ
7	励磁電流測定			○	○	○	○			電流計
8	振動測定					○				振動計
9	誘電正接測定					○				シェーリングブリッジ
10	絶縁油特性試験			○		○				耐電圧試験器水分測定器
11	部分放電測定			○	○	○	○	○	○	部分放電測定器
				○	○	○	○	○		超音波マイク
12	真空度測定					○				真空チェッカ
13	開閉特性測定		○							開閉特性測定器
14	漏れ電流測定							○		漏れ電流測定器
15	静電容量測定								○	静電容量測定器
16	継電器特性試験								○	リレー試験器

(5)　点検実施時の安全心得

(a)　一般的な心得

① 関係者は，事前に作業内容，作業予定，時間などについて綿密な打合せをしておく．

② 電気設備，機器の構造等をよく理解し，現場の実状を把握する．

③ 常に安全に対して自覚し，自己の経験を過信しない．

④ 時間には十分な余裕をとり，常に周到な準備をして行動する．

⑤ 思いつき作業は絶対に行わない．

⑥ 万一事故が発生した場合にも，あわてずに行動できるように努める．

⑦　安全用具等は安全用具の使用基準に従って使用する．

⑧　服装は作業に適したものを着用する．

⑨　送電または停電は緊密な打合せをしてから実施する．

⑩　電路に触れるときには，必ず検電器で検電して無電圧であることを確認する．作業を中断して再度実施するときには，そのつど検電する．金属箱内の点検時には，検電器で金属箱面に電位のないことを確認する．

⑪　2名以上の人員で作業を行う場合は，作業責任者を定め，作業責任者および作業者は所定の腕章を着用する．

⑫　高圧活線近接作業距離内で作業を行う場合は，保護具，防具を使用する．

⑬　物体の落下および飛来，機械の回転・移動等，作業まわりの安全に注意する．

⑭　作業を進めるうえで，不安全動作となるような施設がある場合には，安全対策を講じた後に実施するかまたは保留する処置をとる．

⑮　高所での点検となる場合，使用するはしご，脚立などの点検も十分に行うこと．
　　また，使用する安全帯などは，事前点検するとともに親綱なども確実に点検し，不具合がある場合は，すべて新品と交換すること．

⑯　据え付けられているはしごや足場ボルトなども，さびや損傷の有無と耐力を確実に確認してから作業に着手することが大切である．

(b)　日常点検・巡視時の心得

①　通常の運転状態での点検であるから，点検時には，感電や機器の巻込み等危険なことが多く伴っているので，充電部や危険な所には近づかないように注意する．

②　日常点検などは，ともするとマンネリ化し，異常を見落とすこともあるので，点検順路，ポイント，重点事項等を決めて効率的に行う．

③　点検記録をつくる．点検記録により次回の点検すべき重点事項をあ

らかじめ確認しておく．日常データの積み重ねにより，グラフ化など
したデータから劣化現象を発見することが多くあるので，記録の整合
をすることが重要である．

以上の項目に留意して安全に作業を実施することが最も重要である．

結論としては，受変電設備の最悪事故様態は極端な兆候が現れない状
況で一気に絶縁破壊や爆発・火災に至ってしまう危険性が高い．したが
って，日常の定期点検やトレンド管理を確実に実施することが大切であ
る．

3-12

変圧器の運用管理

　電験3種を取得して数年前から保安管理業務をしている者です．変圧器の運用管理，点検項目，留意事項などについて教えてくださいとの質問があり，次のように回答した．

(1)　変圧器の運用

(a)　変圧器の寿命

　一般に変圧器は，使用年数10年～15年が一番安定したときである．20年以上経過すると事故が徐々に増加するといわれており，電気学会，工場電気設備寿命予知技術調査専門委員会が特別高圧受電の大手工場の事業所に対して，アンケート調査をした結果においても，変圧器の寿命は30年程度であるとの結果が出ている．

(b)　変圧器の過負荷運転

　変圧器を過負荷運転すれば，寿命が短くなることが考えられるが，運用上やむをえず過負荷運転を行う場合は，温度管理が重要となるが，実際に油入変圧器を過負荷運転する際は，次の事項に注意すること．

①　ケーブル，遮断器，断路器などの許容電流容量は十分であるか．

②　負荷時タップ切換器の通電容量，切換能力に余裕があるか．

③　保護継電器の整定値はよいか．

④　コンサベータの容量は十分か．

⑤　使用年数20年以上のものは，極力，過負荷運転をしないこと．

(c)　励磁突入電流

　無負荷変圧器を回路に投入するとき，励磁突入電流が流れることがあり，励磁突入電流は5～10サイクルまたはそれ以上に継続することが

ある．大きな励磁突入電流によって，変圧器の比率差動継電器の誤動作，遮断器のミストリップを生じることがあるので，注意が必要である．

　励磁突入電流による保護継電器の誤動作対策には，次の方法がある．

① 　保護継電器に 0.2 ～ 1.0 秒のタイマを付けて，変圧器投入後，一定時間，保護継電器をロックする．

② 　励磁突入電流には，第 2 調波分が多く含まれているので，直流分抑制および高調波分抑制要素付きの保護継電器を採用する．

(2) 変圧器の管理

(a) 変圧器の点検

　第 1 表に油入変圧器の具体的な点検チェックリストの例を示す．また，第 2 表に変圧器の異常現象とその対策について示す．

① 　運転状況の管理

　変圧器の一次および二次側の電圧，電流，電力，力率，周波数などを

第1表　変圧器の点検チェックリスト

項　　目	点検チェックポイント	点検周期 日	週	月	年	点検月日・異常の有無 /	/	/
外　　　　観	異常音，異臭，漏油	●						
	損傷，油量	●						
コンサベータ	漏油，吸湿剤の色		●					
タップ切換器	油面，漏油，異常音	●						
ブッシング	塩分，ちり，ごみ		●					
油　面　計	油量の適否	●						
温　度　計	異常温度	●						
吸湿呼吸器	変色，劣化			●				
油漏れ，ガス漏れ	油漏れ，ガス漏れ	●						
放圧装置	ふた部分の腐食				●			
冷却装置	送油ポンプの動作			●				
警報装置	温度，油面，ガス圧などの動作			●				
運転状況	電圧，電流，電力，周波数	●						
絶縁油	汚損状況				●			
	絶縁油酸化試験				●			
	絶縁油耐圧試験				●			
タンク，ラジエータ	塗装のはがれ，発錆(せい)			●				
接地線	腐食，緩み			●				
端子の過熱	示温塗料で見る	●						

〔注〕　○：異常なし，△：注意，×：異熱，／：点検せず，●：点検周期

第2表　変圧器の異常現象と対策

異常現象	異常の判定	原因の推定	対　　策
温　　　度	①　温度計の指示値が許容限度を超えている ②　温度計の指示値は許容限度内であるが，異常に高いとき	温度計の不良 過負荷 冷却ファン，送油ポンプの故障 油漏れによる油不足 周囲温度が高い 内部異常	不良品の取替え 負荷の低減 不良機の修理または交換 油量を適正にする 冷却ファンの補充により，冷却能力をアップする 油中ガス分析，tan δ試験などを行う
臭　　気 変　　色	①　温度上昇の過大 ②　導電部の過熱による臭気，変色 ③　外部各部の局部加熱による変色 ④　吸湿剤の変色	過負荷 締付け部分の緩み 過電流，漏れ磁束 吸湿	負荷の低減 増締めする 内部の精密点検を行う 新品と交換する
音　　響 振　　動	正熱時の異なる異熱音や異常振動があるとき	締付け部の緩み 過電圧，周波数の変動 鉄心の締付け不良 高調波 タップ切換器の異常 外箱，放熱器の共振，共鳴	増締めする 適正な電圧に合わせる 内部を点検し，増締めする メーカに相談する メーカに相談する 増締めする
油漏れ	油面計の指示値が異常に低下しているとき	油漏れ 内部故障による噴油 油面計の不良	弁類，パッキン，溶接部分をよく調べる メーカに相談する 修理または良品と交換する
ガス漏れ	ガス圧の低下	パッキンの劣化，締付け部の緩み，溶接不良	漏れ検査を行う
放圧装置の不良	放圧板の亀裂，破損	内部故障によるもの 放圧板の不良，劣化など	メーカに相談 良品と交換

点検し，正常に運転しているかどうかをチェックすること．

②　運転中の温度管理

　運転中の変圧器巻線および絶縁油の温度を点検し，定められた限度を超えないようにすること．

③　運転音

　正常運転中の変圧器の音は耳慣れているので，わずかな音の変化からも変圧器の異常を早期発見することができるので，日ごろから注意しておくことが大切である．

④ 臭気，変色

臭気や変色をいち早く検知することによって，異常状態を発見することができるので，日ごろから注意しておくことが大切である.

⑤ 油漏れ，ガス漏れ

油漏れ，ガス漏れは絶縁劣化の一因になるので，入念な点検が必要である.

(b) 油入変圧器の油中ガス分析

油入変圧器の異常現象は，絶縁油中のガス分析をすることによって判別することができるので，特に20年以上の経年変圧器では有効である. 第3表および第4表に判定基準を示す.

第3表　可燃性ガス総量（TCG）および各ガス量による判定基準

判定	機器容量	各ガス量 [ppm]						
		TCG	H_2	CH_4	C_2H_6	C_2H_4	CO	C_2H_2
要注意	10 MV·A 以下	1 000	400	200	150	300	300	trace
	10 MV·A 超過	700	400	150	150	200	300	
異常	10 MV·A 以下	2 000	800	400	300	600	600	trace
	10 MV·A 超過	1 400	800	300	300	400	600	

〔注〕 H_2（水素），CH_4（メタン），C_2H_6（エタン），C_2H_4（エチレン），CO（一般化水素），C_2H_2（アセチレン）

第4表　可燃性ガス総量（TCG）の増加傾向による判定基準

判定	機器容量	TCG 増加率 [ppm/年]	TCG 増加率 [ppm/月]
要注意	10 MV·A 以下	350	—
	10 MV·A 超過	250	—
異常	10 MV·A 以下	—	100
	10 MV·A 超過	—	70

特に，経験上 H_2 が多い場合は，変圧器の運転温度が高い（過負荷運転）ことが疑われ，C_2H_2 がトレースされた場合は，巻線の層間短絡などによる部分放電（アークの発生）が疑われることから，要注意・要診断することが望ましい.

(c)　変圧器巻線の絶縁抵抗測定

　作業停電，定期点検などが終了後，停止していた変圧器を運転するに
は，運転に先立って1 000 V以上の絶縁抵抗計（メガー）で，変圧器巻
線の絶縁抵抗測定を行い，運転の良否を判定する．

　測定日の天候（とくに湿度）にもよるが，アナログ形の1 000 V絶縁
抵抗計（メガー）で，測定開始から10秒以内に2 000 MΩ以上となれ
ば問題ないと判断できる．なお，判定基準を第5表および第1図に示す．

第5表　H種乾式およびモールド変圧器の劣化判定基準（25˚C）

公称電圧 [kV]	33	22	11	6.6	3.6	1.1 以下
絶縁抵抗 [MΩ]	100	50	30	20	20	5

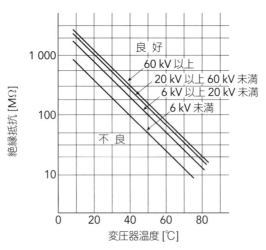

第1図　油入変圧器の絶縁抵抗許容値

　まとめとして，日々の運転管理は，変圧器の過負荷運転を避け，運転
中の温度管理と五感を生かし，運転音，臭気，変色に注意し，油漏れ，
ガス漏れなどに注意することが大切である．

3-13

変圧器の過負荷保護

　保護協調については 3-1 から 3-7 の 7 回にわたって話をしてきたが，保護という観点から今回は変圧器の過負荷保護について事故事例をもとに対策などについて説明する．

　土曜日の日直についていた私は，そろそろ昼飯にしようかと思っていたときであった．

　ある中小企業の工場の顧客から，11 時 50 分に，工場が急に停電してしまったので何とかしてほしいとの一報が入った．

　その日は，早朝から定期点検に出向いていた仲間が，仕事を早く終わらせており職場に何人も人がいたことが幸いし，気の合う同僚と私がその工場に出向くこととなった．

　この事業場では第 1 図に示すように，単相変圧器 3 台を△-△結線にして，動力用として使用していたが，半年ほど前，この回路に負荷設備を増設したため，過負荷運転の状況が半年もの間続いていた．

　事故当日，3 台のうちの 1 台が熱劣化による絶縁破壊を起こし，短絡・地絡事故が発生したものである．

　事故の瞬間，受電用の限流ヒューズ（PF）付高圧交流負荷開閉器（LBS）の限流ヒューズ（R 相と S 相）が溶解し，短絡保護は成し得たものの T 相の限流ヒューズが溶解せずに残っていたため，地絡事故が継続する結果となった．

　事故箇所は LBS 負荷側で，地絡保護範囲内ではあったが，地絡継電器（GR）への操作用電源（100 V）が，図に示すように電灯用変圧器から供給されていたため，R 相，S 相の限流ヒューズの溶断により GR

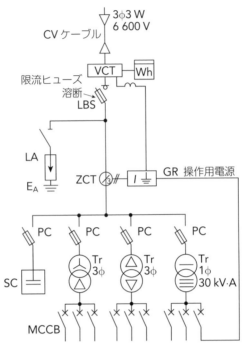

第1図 単線結線図（変圧器の過負荷焼損）

操作用電源が喪失し，GR は動作せず波及事故となったものである．

(1) 事故原因の推測

　直接の原因は，変圧器の定格容量の見直しをせず，負荷設備を増設したため，変圧器の運転が過負荷状態となったことによる．

　また，これがさらに波及事故などの大きな事故に至ったことは，LBS がストライカをもたない旧式のものであったこと，GR への操作用電源（100 V）が，電灯用変圧器から供給されていたことなどがあげられる．

(2) 対策

① 機器を増設した場合など，負荷状態がどのように変化したのかを適切に把握しておくことが必要である．

② 夏場の電力の消費が激しい時期は特に，外気温度の状態などをもとに変圧器の状態を把握することが重要である．

③ 変圧器に示温テープなどを貼り付け温度管理を行うことも有効であり，現場でいち早く温度を知るためにも必要である．

※ 参考に，油入変圧器の温度上昇限度（JEC-2200）を第1表として記載しておく．

第1表 油入変圧器の温度上昇限度（JEC-2200）

変圧器の部分		温度測定方法	温度上昇限度 [K]
巻線	油自然循環の場合（ON，OFF）	抵抗法	55
	油強制循環の場合（OD）	抵抗法	60
油	本体タンク内の油が直接外気と接触する場合	温度計法(1)	50
	本体タンク内の油が直接外気と接触しない場合(2)	温度計法	55
鉄心その他の金属部分の絶縁物に近接した表面		温度計法	近接絶縁物を損傷しない温度

周囲温度：最高 40 ℃，日間平均 35 ℃，年間平均 20 ℃
注(1) 油表面近くの油中で温度を測定する．
　(2) 開放形コンサベータ付の場合を含む．

④ 事故が起きた際の保護システムとして，最低でも LBS をストライカ付のものとすることがよい．

⑤ ④に加えて VT・LA 内蔵 GR 付 PAS を取り付ければ保護範囲は広がり，二次的な事故を防止することが可能となる．

⑥ 日常点検において，変圧器からいつもと違う周波数の異常音，音が大きくなっているなど注意して五感を働かせることも重要である．リークフォンなどを用いるのも有効である．

⑦ 上記③に関連して，温度や電流値など，定期的に数値を把握し，グラフ化（変化を知ることが大切）すると，状況把握に役立ち有効である．

⑧ 変圧器絶縁油の熱劣化を把握するには，絶縁油の油中ガス分析を実施することが有効である．熱劣化が進行していると，水素（H_2）が多く発生していることで把握できる．ただし，コストが高くつくので，通常は，上記①～⑦を実施することが重要である．

　さらに，一般の高圧受電設備では，共通の過電流継電器に複数台の変圧器が接続されている．このため，各変圧器の定格電流の2〜3倍の電流が流れないと，過電流継電器は動作しないので，変圧器の過負荷保護は不可能である．したがって，この場合の対策として次の方策を図っておくことも有効である．

① 　変圧器に油温検出装置を取り付ける（上記③と同じ）．

② 　変圧器個々に過電流継電器，または高圧カットアウトヒューズを取り付ける．

③ 　変圧器二次側に熱動継電器（サーマルリレー）と警報器を取り付ける．

④ 　変圧器二次側に適正容量の配線用遮断器を取り付ける．

3-14

高圧進相コンデンサの保護

　今回は，前回に引き続き保護という観点から，高圧進相コンデンサの保護について事故事例からの対策などについて説明する．

　高圧進相コンデンサが劣化し，内部素子が短絡事故を発生した場合は，容器の変形，亀裂，破損により二次災害に発展することもある．

　高圧進相コンデンサの保護として過電流継電器では，初期事故電流の検出が困難であり，遮断時間の関係もあることから，高圧進相コンデンサの容器破損を未然に防止することができない．

　そこで，高圧進相コンデンサ保護としては，限流ヒューズによる初期事故を検出する方法が採用されている．高圧進相コンデンサ保護用の限流ヒューズの選定は，直列リアクトルの有無，並列高圧進相コンデンサの有無等により，定格電流値が異なるので，製造者のカタログの選定表を参考にすることが大切である．事故事例から保護対策などを考察してみよう．

　ある顧客から，大きな爆発音がして工場が停電したので，至急何とかしてくださいとの連絡が入った．

　この顧客の受電設備の単線結線図の概要は第1図に示すとおりで，キュービクル式，50 kvar のコンデンサには，限流ヒューズは取り付けられておらず，高圧カットアウト（PC）を素通しにして結線され，保護装置としては受電端に過電流継電器（OCR）と遮断器（CB）が施設されている状態であった．

　事故発生の前日の巡視点検では，外観，温度上昇，音響などに異常はなく，正常に運転されていた状態であった．

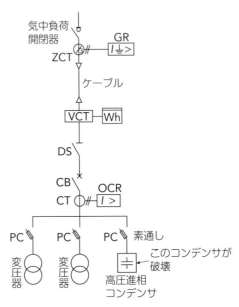

第1図　単線結線図

　事故は，工場稼動直後の午前9時ごろ，大きな爆発音が2回あり，キュービクルの扉が爆風で破壊して解放し，噴煙が発生して全停電となったものであった．

　我々は，引込柱の気中負荷開閉器を開放して，キュービクル内を調べたところ，コンデンサが大破し，コンデンサケースの天板が溶接部から吹き飛んでおり，残っていたケースはスクラップ状態となっていた．

　コンデンサの爆発により，遮断器，計器用変圧器（VT），計器用変流器（CT）も損傷を受けたが，過電流変流器は動作して遮断器は開放されていた．

　当該事故は，コンデンサの破壊によりコンデンサケース内の内圧が異常に上昇して爆発し，ほかの高圧機器を損傷させたものであった．

　破壊したコンデンサをメーカに搬入して原因を調査した結果，コンデンサの内部素子の端部が何らかの原因で絶縁破壊し，そのときのアークにより素子が順次破壊されて短絡状態となり，その熱でガスが発生し内

部圧力が急上昇して，コンデンサケースの耐圧力を超えて爆発したものと推定された．コンデンサの絶縁破壊として次の原因が挙げられる．

① 製作上の欠陥によるもの

コンデンサは，アルミ箔の電極を絶縁紙，プラスチックフィルム等で絶縁して，重ね巻きした構造であり，電極端では電界が集中することから，この部分が絶縁の弱点である．設計，製作上の欠陥があれば，ここで化学変化あるいは電離作用が促進されて，熱破壊に至る．

② コンデンサの過電圧によるもの

コンデンサ容量は，電圧の2乗に比例して増大することから，過電圧では温度が上昇しコンデンサの寿命を短縮させ，絶縁破壊の原因となる．最高許容電圧は，JIS規格によれば24時間のうち12時間以内は110％，24時間のうち30分以内は115％となっている．

③ 高調波電流の影響によるもの

コンデンサ回路に高調波電流が流入すると，異常音が発生し，特に，第5調波の共振を生じると，コンデンサの基本波電流の2倍以上の合成電流が流入して，コンデンサを破壊することがある．JIS規格では，最大許容電流は，定格電流の130％となっている．

④ コンデンサの投入，開放の繰返しによる損傷

コンデンサ回路は進み電流のため，開放時には開閉器極間電圧が高く再点弧を生じると，異常電圧が発生する．また，投入時には突入電流が流れるので，頻繁な投入，開放を繰り返すことによって，コンデンサの絶縁劣化を促進させる．

以上のような原因から，日常点検，保護装置については次のような対策が必要である．

① コンデンサの温度管理

コンデンサの内部に異常があれば温度が上昇することから，温度管理を実施し，異常があれば直ちに使用を中止して点検する．コンデンサの温度上昇は，JIS C 4902では，周囲温度35℃のとき，コンデンサケー

スの温度上昇を 30 ℃ まで許容している．サーモラベルや放射温度計などで時系列管理することが大切である．

② コンデンサ外箱の膨張や油漏れの点検

コンデンサの内部圧力が上昇すると，ケースが膨張するので，このケースの膨張が一定値を超える場合は，内部故障と推定されることから，目視観察も重要である．

③ コンデンサ運転中の異常音

異常音は，高調波流入によるもの，開閉器の不完全投入によるものなどがあることから，原因を徹底的に調査して高調波による場合は，高調波の次数に応じた直列リアクトルの容量検討と設置替えなどを検討すること．開閉器の不完全投入などは，タイミング調整など改修を行うことが必要である．

④ コンデンサの保護装置

コンデンサが短絡して爆発事故となるような場合，過電流継電器による方式では，時限の点からケースが破壊する前に回路を遮断することは事実上困難である．

コンデンサの保護には，限流ヒューズによって短絡電流を抑制して，ケースの破壊を未然に防止する方法が一般的である．

また，コンデンサケースの破壊保護として，ケースの膨らみを検出したり，外箱内圧を検出して回路から開放する方式もあるので，現場の状況にあわせた採用検討を行う必要がある．

3-15 地絡保護継電器付 高圧気中負荷開閉器の保守管理

　自家用発電設備の保守に携わることとなりました．そこで，電力会社の引込み箇所に G 付開閉器が施設されているのですが，トラブルも多く発生していると聞き及んでおります．基本的な保全ポイントなどを教えてくださいとの質問があり，次のように回答した．

　G 付開閉器（地絡保護継電器付高圧気中開閉器：GR 付 PAS）は，配電線への波及事故を防止する目的で保安上の責任分界点に設置されるが，質問のように，機器の誤った取扱いや雷サージ等で被る種々のストレス，経年的な劣化等，本来，波及事故を防止する目的の機器が原因で起こるトラブルも発生している．

　そこで，早期に劣化や不良箇所を発見し，適切な処置を行って G 付開閉器としての性能，機能を保つためにも，定期的な点検を実施することが重要である．

(1)　保守点検の一般的な方法

(a)　日常点検

　点検周期：1 ～ 2 回 / 月で実施する．

　巡視の機会に外観，音，臭い等に異常がないかを点検する．

(b)　定期点検

　点検周期：1 回以上 / 年で実施する．

　停電にあわせて，詳細点検を実施する．

(c)　臨時点検

　点検周期：必要に応じて実施する．

　日常，定期点検にて異常が認められた場合や電気事故が発生した場合，

異常気象条件（雷で電力会社の配電線などが停電したときなど）に遭遇した場合，機器の許容スペックを超えた場合に継続使用できるかどうかを点検する．

⑵　点検項目

⒜　外観点検

（ⅰ）　外箱のさび

鋼板製の開閉器は経年劣化，外部衝撃等による傷によってさびが発生する．特に局部的に発生しているさびや茶褐色のさびが認められた場合には，臨時点検を行い，その程度を確認する．

さびは第1図に示す部位に発生が多い．10年以上使用されている開閉器については，この部位を重点的に確認する．

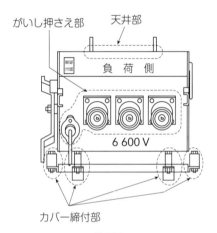

がいし押さえ部　　天井部

負　荷　側

6 600 V

カバー締付部

第1図

（ⅱ）　外箱の変形

外箱に変形がある場合は外部から強烈な打撃を受けたか，雷撃，劣化等による内部短絡の可能性がある．第2図に示すように気中開閉器の場合はケースとカバーの接合部が，ガス開閉器の場合は放圧装置が黒く変色していれば内部短絡を発生しており，早急な交換が必要である．

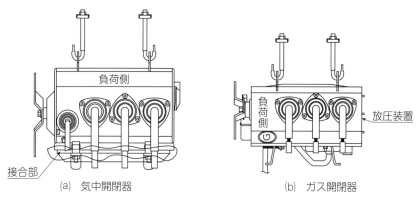

(a) 気中開閉器　　　　　　　　(b) ガス開閉器

第2図

(iii)　がいしの損傷

損傷は絶縁劣化を招き，地絡や短絡を発生させる要因となる．また，ガス開閉器についてはガス漏れの危険性もあるので早急に交換が必要である．

(iv)　口出し線の損傷

擦り傷や圧縮傷であれば問題はない．ただし，被覆の焼けがあれば，臨時点検を行い，その程度を確認する．心線が見えるほどの焼けの場合は相当に激しいトラッキング現象が考えられるため，トラッキングの進行により地絡や短絡の要因となるので早急に交換が必要である．

(v)　がいし，口出し線の汚損

屋外設置の開閉器の場合は，雨水によって洗浄作用が起こり，問題視する必要はないが，海岸直近や屋内設置については，定期的な洗浄を推奨する．これは，絶縁劣化を発生する要因ともなるからである．

(vi)　制御線の損傷や締付け

制御線の損傷や締付けに問題があれば早急に補修を行う．

(vii)　接地線の損傷や締付け

接地線の損傷や締付けに問題があれば早急に補修を行う．近年施設されるG付開閉器は方向性地絡継電装置が多く，この場合は接地が取れ

ていないと V_0（零相電圧）の検出ができず，動作できなくなる．

⒝　電気的な点検

（ⅰ）　絶縁抵抗

　1 000 V 直読式の絶縁抵抗計などを用いて定期点検の際に測定する．

（ⅱ）　耐電圧

　定期点検の際，変圧器などと同様に実施すること．

⒞　動作点検

（ⅰ）　開閉器のハンドル操作は良好か

　2〜3回の開閉を行い，異常がないか確認する．このとき，開閉表示指針の指示位置も確認する．

（ⅱ）　制御装置の動作特性

　測定値が管理値内にあるか，動作表示は良好か，開閉器のトリップは良好かを確認する．制御装置については，この特性試験で良好であれば，まず心配はない．

　以上，G 付開閉器の保守点検について簡単に述べたが，波及事故防止機器である G 付開閉器が波及事故の発生元にならないよう，万全な保守を日常から実施しておくことが大切である．

　G 付開閉器は，開閉器としての性能，機能を保ち，配電線波及事故を防止するため，定期的な点検を実施し，早期に不良箇所を発見し，適切な処置を行うことが重要である．

3-16

高圧避雷器の施設方法

　先日，管理する工場において，GR 付 PAS が雷によるダメージを受け，そのことが原因で後日，自然劣化による配電線への波及事故が発生してしまいました．避雷器を設置することにより雷害を防止することが良いということはある程度知っているのですが，効果をさらにアップする策などあれば教えてくださいとの質問があり，次のように回答した．

(1)　避雷器の種類

　現在，広く用いられている高圧用の避雷器は，酸化亜鉛素子（ZnO）を特性要素として用いた酸化亜鉛形避雷器であり，主な高圧避雷器はJEC や JIS により規格化されており，高圧配電用では通常，公称放電電流 2.5 kA の避雷器が用いられるが，山頂負荷設備等の激雷箇所では5 kA，10 kA を用いる場合もある．

(2)　避雷器の施設方法

　電力会社の配電線路と高圧需要家では施設の規模や配置状況などの違いがあり，避雷器の設置の考え方も全く同じとみることはできないが，参考とすることは良いことと考える．

　通常，配電線では，誘導雷サージを対象として架空地線の架設状況や雷害事故実態をもとに機器の設置状況をも考慮し，その有効距離内に入るように避雷器の平均的な設置距離を 200 m 以下としている．

　特に柱上変圧器，開閉器等の重要な機器，架空線とケーブルの接地点，配電線末端，屈曲点，分岐点などの大きな雷サージの発生が考えられる所に対しては有効保護距離を 50 m 以内になるように考慮して避雷器を施設している．

　高圧需要家においても，高圧受電の場合は引込口の近くに避雷器を設置して，変圧器との距離は50 m以下とし，ケーブル使用の場合でも引込口に避雷器を設置するのが望ましい．

　構内に高圧配電線をもっている場合に，引込口から100 m以上であるときは，雷の多い地域と少ない地域とで異なるが，100 m～500 mの間隔で配電線には避雷器を取り付けることが望ましい（第1図参照）．

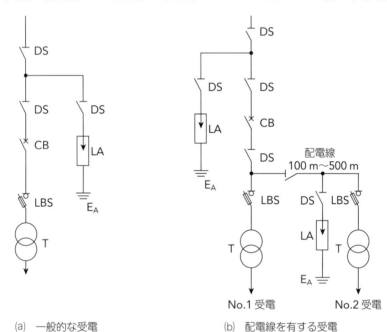

(a)　一般的な受電　　　　　　　　(b)　配電線を有する受電

第1図　自家用受電設備の避雷器（LA）の施設例

　特に，キュービクル受電では，キュービクル内の受電側にも取り付けることが望ましい．キュービクル内に取り付ける避雷器としては屋内用避雷器や小形で断路側が省略でき，三つの避雷器を連動で操作できるキュービクル用避雷器等を採用するとよい．

(3)　避雷器の接地が大切

　大地の電位は，接地抵抗の存在により，電流の流入時には接地極の近傍の大地電位は接地抵抗×流入電流に上昇するものである．したがって，

接地抵抗が低いほど避雷器のサージ抑制効果は大きくなる.

つまり,第2図に示すように,避雷器の制限電圧が30 kVであったとしても,仮に,現場の接地抵抗値が電気設備技術基準で規定されている10 Ω以上の30 Ωとなっていたような場合,進行波の大きさは60 kVとなってしまい,受電側の機器に大きなダメージを与えることとなる.

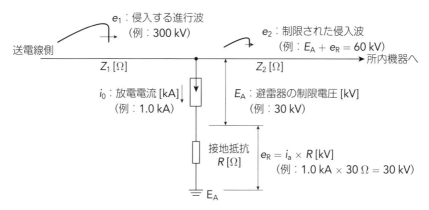

第2図　避雷器の効果（進行波の制限）

また,雷撃点近傍や避雷針接地付近では雷電流による大地電位の上昇から,その付近に設置されている機器の接地極の電位も同時に上昇することによって,機器の接地を介し機器を破壊して,電源線に侵入しようとする.このため,通常,避雷針接地と機器等の接地はできるだけ離したほうがよいのである.

避雷器接地の一般事項としては,高圧用避雷器の接地は電気設備技術基準によりA種接地（10 Ω以下）が必要であり,前述したように極力,接地抵抗値を低くすることが効果を上げることができる.

さらに,避雷器の接地線については5.5 mm^2以上となっているが,断線や経年などによる細りの発生を考慮すると,$8 \text{ mm}^2 \sim 14 \text{ mm}^2$程度,環境によっては$22 \text{ mm}^2$を使用することが望ましい.

3-17

低圧および電子回路の
雷サージ保護

　低圧避雷器については JEC や JIS での規格化がなされておらず，使用される特性要素や電気特性などもさまざまなようです．そこで，低圧および電子回路の雷サージ保護について教えてくださいとの質問があり，次のように回答した．

　低圧避雷器は，電源用では主に酸化亜鉛形アレスタが一般的に使用されており，制御・通信等の分野ではガスチューブアレスタ，半導体アレスタやそれらを組み合わせたものが使用されている．

　低電圧系の雷害対策については，通信，放送等の公共性の高い一部のものを除いては，ほとんど考慮されていないのが現状である．

　しかし，近年の低電圧回路および信号（制御）回路が使用される装置は，小形化され，電子部品を用いたものが多い．また，FA，OA といわれるように，ビルや生産工場ではコンピュータ，産業用ロボットなどが普及し，半導体素子があらゆる電気機器に使用されている．

　ところが，これらの製品は過電圧に弱いという欠点があり，雷サージによる故障時には生産ラインや情報システムに大きな影響を及ぼすことになる．そのため，低電圧回路の雷害対策が停電や瞬時電圧降下対策と同様に非常に重大となってきている．

(1)　低圧雷サージ電圧の大きさ

　低圧雷サージの実態はまだ十分把握されていないが，ほぼ次のようである．

　低圧配電線の大地間サージ電圧は 6 kV 以下がほとんどであるが，12 kV を超えることもあり，雷サージ電流も 1 000 A に達する場合があ

る．また，接地系から雷撃電流の一部が侵入してくるような場合には，これらよりも，はるかに大きなサージ電圧を発生することがある．

　これに対して，低圧機器（主として 100 V 以下）の雷サージ耐電圧は 8 〜 10 kV 程度（一般には規定がなく極端に低い場合もある），半導体そのものでは数十 V 程度であり，低圧機器，特に電子機器にとって雷サージは非常に脅威となる．

⑵　低電圧回路への雷サージ侵入経路

　低電圧回路へ雷サージが侵入する経路としては次の三方向が考えられる（第1図）．

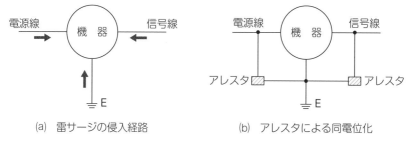

<table>
<tr><td>⒜　雷サージの侵入経路</td><td>⒝　アレスタによる同電位化</td></tr>
</table>

第1図　アレスタの施設

①　電源線からの侵入

　近傍の落雷による低圧配電線への誘導，高圧アレスタの放電による大地上昇電位が，B 種接地工事の施設箇所から低圧配電線に侵入する．雷撃によって変圧器の高圧−低圧間の絶縁破壊による混触などの場合がある．

②　信号線や負荷線からの侵入

　外部から架空で引き込んでいる信号線の近くで雷放電があると，これに雷サージが誘導される．また，屋外設置のセンサや機器の近くで雷撃，あるいは直撃を受けると，非常に大きい雷サージが信号線を伝わって低電圧回路に侵入する．

③　接地線からの侵入

　建物に落雷したり，避雷針に大きな雷電流が流れて大地の電位が異常

に上昇すると，近くの機器の接地線を伝わって雷サージが低電圧回路に侵入する．

(3) 低圧サージからの保護の基本的な考え方

第1図(a)の三方向からのサージの侵入のうち，一方向のみの電位が上昇しても機器に損傷を与えることになる．したがって，一方向だけの対策では不完全であり，第1図(b)のように電源線，信号線のなるべく近くにアレスタ等の保護装置を設ける必要がある．続いて，アレスタ接地と機器の接地を最短距離で接続し，その点から大地に1点接地する．

つまり，どの侵入経路から見ても，サージ電圧に対して同電位になるように対策することが基本である．

(4) 耐雷対策を多重化しての保護

半導体を使った機器は特にサージに弱く，機器の損傷ばかりでなく，わずかなノイズ程度のものでも，信号回路に混入するとシステムの動作に支障をきたすことがある．そのため，第2図に示すような耐雷対策の多重化が必要である．

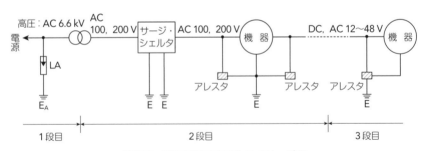

第2図　耐雷対策の多重化のイメージ図

最初のアレスタによりサージの大部分のエネルギーは大地に流されるが，まだ残留するサージ電圧も高く，さらにきめ細かくサージを各段階での所定の値にまで低減することが必要である．

このためには，各段階に対応したアレスタを使用する．また，重要な負荷設備に対してはサージ・シェルタ（高性能耐雷トランス）の設置が効果的である．

(5) 低電圧雷保護装置

雷サージに対して低圧機器を保護するには，保護装置の適切な選定と設置が必要であり，雷サージの大きさ，侵入経路等を踏まえて，それぞれ最善の対策を実施することが必要である．

この保護装置としてはアレスタ，サージ・シェルタ等があり，使用機器の特性に合ったものを設置することが重要である．各メーカで数々の製品が出ているので，その仕様等を調べて適切なものを選定することが大切である．

① 電源用アレスタ

電源線と大地間，および線間に設置するもので，GL アレスタは，劣化時の自動切離し機能付きでアレスタ本体が着脱可能な構造になっている特徴がある．

協約寸法 GLT アレスタは線と大地間，および線間のアレスタを回路別にまとめ，コンパクトにした特徴をもつものである．

② 制御電源用，信号回路用等アレスタ

これらは，多段防護における二次的防護器としての役目をするものであり，制御電源用，信号回路用，電話回線用，電話回線端末設備用といった，使用機器および使用電圧に応じた製品がある．

また，テーブルタップに耐雷素子やノイズフィルタを組み込んだサージレスタップもパソコンや OA 機器等に使用されるので，目的に応じた製品を選定する必要がある．

③ サージ・シェルタ

サージ・シェルタは，一般に耐雷変圧器と呼ばれるものであるが，従来のものより格段に機能を向上させたものが各社で開発された．

その代表的な構造は，三重のシールド板を施し，入力，出力側にアレスタを組み合わせたものがあり，侵入する雷サージ電圧を 1/10 000 程度に減衰させるとともに，ノイズに対しても確実に減衰効果を発揮するので，半導体を使用した重要機器の保護に適している．

　また，一次，二次間のインパルス耐電圧は30 kV あり，一次，二次を分離した個別の局部的な同電位化が容易に達成できる特徴を有している.

　低圧サージからの保護の基本的な考え方は，前述したとおり同電位とすることであるが，これは以下の理由によるものである.

　第3図のように，電源線，信号線にアレスタを取り付け，機器の接地を単独に取った場合，仮に，電源線から1 000 A の雷サージが侵入したとすると，アレスタが動作して電源線から大地に雷サージが流れ，アレスタに1 000 A 流れ

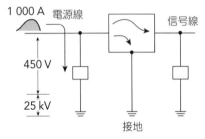

第3図　サージの侵入

たときに発生する制限電圧（流れた電流に応じて発生する電圧）450 V と，仮に接地抵抗を25 Ωとした場合に流れたときの電圧25 kV（25 Ω × 1 000 A）の合計25.45 kV が，信号回路およびケース間に加わる.

　その結果，絶縁破壊を起こし，基板上を雷サージが放電し，ケース，接地線，または信号回路から信号線へと雷サージが流れていくため，機器は破損する.

　この接地を第1図(b)のように，各接地線を連接し，1点接地した場合，同じく電源側から1 000 A の雷サージが侵入したとすると，同様にアレスタが動作し，大地に雷サージが流れ，機器は接地から見て25 kV の高電位になる.しかし，電源線と信号線，ケース間にはアレスタの制限電圧450 V のみが加わるようになり，この電圧では絶縁破壊を起こすことなく，保護できるようになる.

　このように，アレスタを取り付ける場合は，保護する機器の接地を含む各接地線を1点接地して，同電位となるように取り付けるのが基本である.同電位にすることにより，接地抵抗は多少高くても（100 Ω以下が望ましい）効果がある.

3-18

開閉器類の運用管理

　電験3種を取得して数年前から保安管理業務をしている者です．遮断器（VCB），電力ヒューズ，負荷開閉器，断路器の運用管理，点検項目，留意事項などについて教えてくださいとの質問があり，次のように回答した．

(1)　遮断器の運用と管理

(a)　遮断器の運用

　遮断器の誤動作，投入不能，遮断不能にならないように，制御回路のシーケンス動作チェック，補助電磁継電器などの動作点検を1回/年は実施することが望ましい．

　また，保護継電器動作による遮断器引外し試験を1年ごとに1回行い，協調が十分に保たれているか確認しておくことが重要である．

(b)　遮断器の管理

　第1図に遮断器の一般的な保守方法を示す．

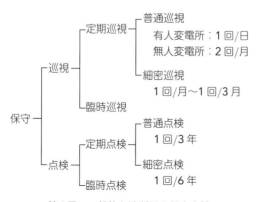

第1図　一般的な遮断器の保守点検

第1表に油遮断器と真空遮断器の点検チェックリストを示すが，人間の五感による巡視点検によって異常の兆候をつかみ，補修は普通点検，細密点検によって実施して性能低下を防ぐことが重要である．

第1表　油遮断器と真空遮断器の点検チェックリスト

項　　　　　目	点検チェックポイント	点検周期 日	週	月	年	点検月日・異常の有無 /	/	/
外　　　　　観	汚損，亀裂，変色，異音，異臭			●				
操 作 制 御 機 構	端子，ねじの緩み			●				
	ピン類の折損・脱落			●				
	表示灯の断心							
導　　　　　体	変色，損傷，汚損				●			
接　　地　　線	取付けの緩み，腐食				●			
空 気 タ ン ク	空気漏れ			●				
圧　　力　　計	圧力の適否			●				
支 持 が い し	汚損，亀裂			●				
遮　　断　　器	油面計のレベル，油の漏れ，端子の緩み破損			●	●			
開 閉 操 作	開閉動作の確認，開閉表示器の動作			●	●			
測 定 試 験	主導電部と大地間および低圧回路と大地間の絶縁抵抗試験				●			
外　　　　　観	通電部の変色の有無，支持がいしの破損			●				
真 空 バ ル ブ	亀裂，破損，真空度			●				
操 作 装 置	ボルト・ナットの緩み，ピン類の脱落・折損，じんあい			●				
圧　　力　　計	圧力の適否				●			
開閉表示動作回数	遮断器の動作回数計の動作			●	●			
接　　地　　線	緩み				●			
遮　　断　　器	バルブの表面の清掃，端子部の緩み				●			
開 閉 操 作	開閉動作の確認，開閉表示器の動作				●			
測 定 試 験	主導電部と大地間，低圧回路と大地間の絶縁抵抗測定				●			

〔注〕　○：異常なし，△：注意，×：異熱，／：点検せず，●：点検周期

遮断器の定期点検周期は，次のように行うのが一般的である．

　　普通点検：3年ごとに1回

　　細密点検：6年ごとに1回

　ただし，使用条件，開閉頻度，使用実績などを考慮して，実際の定期

点検周期を増減することが必要となる.

　真空遮断器の一般的な点検周期は第2表のとおりである．化学工場のように環境条件が悪いなかでの使用，開閉頻度が高い電気炉用の場合には，回数により点検周期を決める必要がある．第3表に真空遮断器の定期点検要項を示す．

　なお，現場における遮断器の診断項目と診断目的を第4表に示すが，これは遮断器を停止して行う項目であるので，細密点検や臨時点検で実

第2表　真空遮断器の点検周期

点検分類	点検周期		回数による周期
	一般環境	環境の悪いところ	
巡視点検	日常の巡回点検時		1 000 回
定期点検	初回1〜2年 2回目以降6年	1〜2年	5 000 回
臨時点検	必要に応じて		

第3表　真空遮断器の定期点検

点検箇所		点検・手入れ要項
高圧充電部	外観	・通電部の点検，締付けの確認 ・絶縁物，支持がいしの破損の有無
	絶縁抵抗測定	主回路-大地間 同相端子間　}各500 MΩ以上 異相端子間
	接触抵抗測定	遮断器主回路端子間の接触抵抗を測定する
操作機構部	外観	・各締付け部のゆるみの増締め ・清掃，注油
	開閉操作試験	・各部品の発錆，変形，損傷の手入れ ・手動開閉操作試験：手動で投入，解放動作の確認を行う ・引外し自由試験：引外し動作の確認 ・電気的開閉操作試験：遮断器が電気的に開閉できることを確認すること
	開閉表示動作回数	開閉表示および動作回数計の動作確認
	最低動作電圧	最低投入電圧および動作電圧の測定
制御部	絶縁抵抗測定 制御回路部品	制御回路一括と対地間2 MΩ以上 ・制御部品取付状況の確認 ・補助スイッチの動作確認 ・補助スイッチ接点の導通チェック ・継電器の接点の表面状態点検

第4表　現場における開閉機器の主な診断項目と診断方法

No.	診断項目	診断方法	診断目的	No.	診断項目	診断方法	診断目的
1	漏れ電流測定	直流電圧を印加して1分後と10分後の電流値の比を測定	絶縁物の吸湿劣化	6	絶縁，消弧媒体の特性調査	・SF$_6$ガス中の水分含有量を水分計で測定 ・SF$_6$ガス中分解ガスの有無をガス検知管でチェック ・絶縁油の破壊電圧測定 ・耐電圧試験による真空バルブの真空度チェック	絶縁および遮断性能の劣化
2	絶縁抵抗測定	絶縁抵抗計または直流電圧を印加して抵抗値を測定	汚損,トラッキング（痕跡）による劣化				
3	開閉動作特性試験	時間測定器またはオシログラフにより投入，開極時間を測定	制御系，機構系の不具合				
4	接触抵抗測定	主回路に通電し，端子部の電圧降下を測定	接続部の接触不良	7	制御回路試験	制御回路を生かして入・切操作，各部動作の確認	動作シーケンスの不具合
5	接触部の温度監視	サーモテープ，赤外線温度計などにより通電部の温度を測定	接続部の局部過熱				

施することとなる.

(2)　電力ヒューズの運用と管理

(a)　電力ヒューズの運用

　電力ヒューズには，限流ヒューズが多く用いられており，特にその取扱い注意事項を以下に示す.

① 　電力ヒューズは一度溶断すると遮断器のように，再投入することができない. したがって，極力，過負荷を遮断する箇所には使用しないこと.

② 　電力ヒューズの動作時間－電流特性は，個々のヒューズごとに固定的に決まっており，遮断器引外し用の保護継電器のように自由な調整がきかないので，回路の特性に見合ったものを使用すること.

③ 　変圧器の突入電流や電動機の始動電流などの過渡的電流が，電力ヒューズの溶断 I^2t 特性（I：電流 [A]，t：時間 [s]）より大きい場合は，電力ヒューズが溶断してしまうことから，例え溶断 I^2t 特性を超

えなくても，過渡的電流が繰り返し何回も流れると，電力ヒューズが劣化し溶断することになる．

　したがって，負荷や回路の過渡的電流の大きさと持続時間を十分に調査し，これらがメーカの保証するヒューズの繰返し過渡電流値内に収まるよう，適正なヒューズを選定することが大切である．

④　一度，電力ヒューズが短絡電流を遮断した後は1相のみ溶断し，残り2相のヒューズが切れないで残る場合もあるが，切れていないヒューズも劣化していることがあることから，全相のヒューズを新品と交換することを推奨する．

⑤　限流ヒューズは第5表に示すように，短絡電流遮断時に動作過電圧を発生するので，回路の絶縁強度が限流ヒューズの動作過電圧より高いことを確認して使用することが重要である．

第5表　限流ヒューズの動作過電圧限度

定格電圧 [kV]	動作過電圧限度 [kV]
3.6	12
7.2	23
12	38
24	75
36	112
72	226
84	263

(b)　電力ヒューズの管理

　第6表に電力ヒューズの点検チェックリストを示す．

第6表　電力ヒューズの点検チェックリスト

項　　　　目	点検チェックポイント	点検周期				点検月日・異常の有無		
		日	週	月	年	/	/	/
外　　　　観	変色，損傷			●				
支 持 が い し	ひび割れ，異物の付着			●				
接　触　部	変色，アークによる痕跡			●				
締 付 部 分	ゆるみ			●				
ヒ　ュ　ー　ズ	動作状態，断線など			●				

〔注〕　○：異常なし，△：注意，×：異熱，／：点検せず，●：点検周期

⑶　負荷開閉器・断路器の運用と管理

⒜　負荷開閉器の運用

　負荷開閉器は遮断器のように，大電流を遮断する能力はないが，負荷電流は遮断できるとともに断路器の機能も有している．開閉操作を1年以上行っていない場合は，1回/年程度の開閉操作テストを実施し，開閉特性を確認しておくことが望ましい．

⒝　断路器の運用

　断路器は遮断器の両側または電源側に設置して，電路を確実に無電圧にする役目をもっている．

①　断路器は変圧器の励磁電流または無負荷線路の充電電流の値が，数A程度であれば遮断可能であるが，三相不ぞろいによる投入，遮断の場合には，異常電圧を発生することがあるので，注意が必要である．

②　線路の投入，遮断に際しては，断路器の動作状況を表示ランプや目視などにより，確実に確認することが重要である．

③　停電作業など線路を点検する場合は，断路器が完全に遮断されロックされていることを確認したうえで作業に従事しなければならない．

⒞　負荷開閉器，断路器の管理

　第7表に断路器および負荷開閉器の点検チェック項目・ポイントなどを示す．

　まとめとして，日々の運転管理は，五感を生かし，運転音，臭気，変色に注意し，油漏れ，ガス漏れなどに注意することが肝要であり，とくに遮断器においては，保護継電器動作による遮断器引外し試験を1年ごとに1回行い，協調が十分に保たれているか確認しておくことが重要である．

第7表　断路器および負荷開閉器のチェックリスト

項　　　　　目	点検チェックポイント	点検周期				点検月日・異常の有無		
		日	週	月	年	/	/	/
外　　　　　観	亀裂，接続部分の変色，汚損，コロナ音，コロナ放電		●					
通 電 接 触 部	変色，汚損，損傷			●				
ブレード端子部	変色，劣化			●				
操 　作 　機 　構	インタロックが完全なこと，ピン類の脱落				●			
ブ ッ シ ン グ	汚損，コロナ音		●					
安 全 ク ラ ッ チ	クラッチの状況		●					
開 閉 表 示 装 置	表示ランプの断心，表示板，指針の脱落			●				
消　　弧　　室（負荷開閉器のみ）	破損，傷，汚損，ガス量			●	●			
支 持 が い し	汚損，亀裂			●				
接 　地 　線	取付けの緩み，腐食			●				
そ 　の 　他	塗装のはく離，緩み，脱落			●				

〔注〕　○：異常なし，△：注意，×：異熱，／：点検せず，●：点検周期

3-19
計器用変成器，保護継電器の運用管理

　電験3種を取得して数年前から保安管理業務をしている者です．計器用変成器，保護継電器（保護リレー）の運用管理，点検項目，留意事項などについて教えてくださいとの質問があり，次のように回答した．

(1)　計器用変成器の運用管理

(a)　変流器の運用

　変流器の負担は定格負担を超えないようにすること．変流器の二次側は絶対に開路してはならない．変流器の二次側を開路した状態で使用すると，二次側に高電圧が誘起されて危険であり，かつ鉄心が過熱・焼損に至ることにもなる．

　貫通型ZCTとケーブルシースの接地線は，第1図に示すように接地線はZCTを貫通するように配線・接続する．ZCTを貫通することなく配線・接続すると，ケーブルシースに流れる地絡で相殺されて，零相電流の検出ができなくなる．

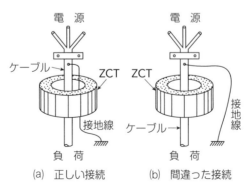

(a)　正しい接続　　　　　(b)　間違った接続

第1図　貫通形ZCTのケーブルシールド接地

(b) 計器用変圧器の運用

計器用変圧器（VT）の一次側には，短絡保護および地絡保護のため，定格電流１Ａの限流ヒューズを取り付けるとよい．このヒューズは劣化を考慮して，適切な期間ごとに更新する必要がある．

(c) 計器用変成器の管理

第１表に計器用変成器の点検チェックリストを示す．

第２表および第３表に点検項目と判断基準を示す．定期点検ごとに

第1表　計器用変成器の点検チェックリスト

項目	点検チェックポイント	点検周期				点検月日・異常の有無		
		日	週	月	年	／	／	／
外観	うなり，汚損，温度上昇 漏油 異物混入，亀裂			● ● ●				
ブッシング	汚損，破損			●				
端子	過熱，変色			●				
絶縁抵抗	絶縁低下				●			
接地線	変色				●			
負担	過負荷ではないか				●			
運転状況	電圧，電流	●						
接地線	腐食，断線，緩み			●				
結合コンデンサ	汚損，漏油，がい管破損			●				
ターミナル	緩み			●				
ヒューズ	断線，劣化				●			

〔注〕　○：異常なし，△：注意，×：異常，／：点検せず，●：点検周期

第2表　乾式計器用変成器の点検基準

点検項目	方法	判断基準	備考
端子	サーモテープ	65 ～ 75 ℃ 以下	
絶縁抵抗	絶縁抵抗計	特別高圧：100 MΩ以上 高圧：30 MΩ以上 低圧：10 MΩ以上	特別高圧・高圧：1 000 V 絶縁抵抗計 低圧：500 V 絶縁抵抗計 端子大地間および各端子間
接地抵抗	接地抵抗計	高圧以上：10 Ω以下 低圧：100 Ω以下	

第3表　油入計器用変成器の点検基準

点検項目	方法	判断基準	備考
絶縁抵抗	絶縁抵抗計	特別高圧：100 MΩ 以上 高圧：30 MΩ 以上 低圧：10 MΩ 以上	一次－大地間 一次－二次間 一次－三次間
接地抵抗	接地抵抗計	高圧以上：10 Ω 以下 低圧：100 Ω 以下	
絶縁油試験	油耐圧試験器	直径 φ12.5 mm，ギャップ 2.5 mm の球状電極で試験 　　30 kV 以上：良好 　　25 ～ 30 kV：要注意 　　25 kV 未満：不良	
	油酸化測定	0.2 未満：良好 　　0.2 ～ 0.3：要注意 　　0.3 以上：不良	

測定し記録として保存しておくことが予防保全にもつながる．

(2) 保護継電器の運用管理

(a) 保護継電器の運用

　保護継電器のこれまで蓄積したトラブルを考慮すると，電磁形保護継電器では定期点検，静止形保護継電器では自動点検および常時監視が有効であるといわれている．

　第4表のように，保護継電器の定期点検を 1 ～ 2 年ごとに 1 回行うことが望ましい．

第4表　保護継電器の定期点検

点検項目	点検・内容
単体特性試験	保護リレーに試験電気量を印加し，保護リレー単体の諸特性を試験する．
総合動作試験	保護リレー盤試験用端子に試験電気量を定常状態から実故障と同様な状態に急変印加し，保護リレー装置の総合的な機能を検証する．

　保護継電器の寿命は 10 ～ 30 年とばらつきがあるが，寿命の推定値は第5表のとおりであり，日本電機工業会では更新推奨時期を 15 年としている．

　油入変圧器の保護に用いられている衝撃油圧継電器，ブッフホルツ継電器など機械式リレーは，地震動による油の揺れからくる変動圧力上昇

第5表　配電盤構成器具の推定寿命

対象機種		寿命			
		目標耐用年数	動作開閉回数		
			接点閉路	接点開路	機構部
機構部	電気機械形	15年	1 000 回	10 000 回	10 000 回
	静止形		1 000 回	10 000 回	10 000 回
	タイムリレー		1 000 回	10 000 回	10 000 回
	補助リレー		10 000 回	100 000 回	100 000 回
絶縁部	電線，コイル，VT，CT	18年以上			
電気部品	抵抗器，コンデンサ，半導体	20年以上	電解コンデンサなど10年程度のものあり		

により不要動作を起こすことがある．

このため，これら機械式リレーは"耐震形"に更新するか，警報のみを出すようにすることも一案である．

電磁式リレーでは誘導円板形が地震の振動と共振して，誤動作を起こすことがあるので，タイマを施設するなどの対策を講じることも一案である．

(b)　保護継電器の管理

保守不備による事故原因には，緩み，変形，締め不足，整定不良などがある．

対策としては，点検時に端子，接点，スプリング，整定タップ板の締付け（規定トルク）を確実に行うことが有効な手段である．

まとめとして，日々および定期的な点検と整備がトラブルを事前に防止する有効な手段である．

(3)　**CT巻線方式による点検時の取扱い上の注意点**

一次電流が流れているときに「CTの二次側を開放」すると，鉄心が極度に飽和して二次側に高電圧が発生するとともに，鉄損が過大となって鉄心温度が過度に上昇し，絶縁破壊や焼損を起こす危険性がある．このため，CTの二次端子間は常に低インピーダンスを接続し，電流を流しやすい状態にしておく必要がある．

　CT は平常の運転状態では，計器や継電器などの低インピーダンスで
その二次側が短絡されているので，二次の誘起電圧は数 V 程度である．
これは二次アンペアターンで一次アンペアターンのほとんどを打ち消し
ており，打ち消さない残りの 1 ％程度のアンペアターンが励磁アンペ
アターンとなっているからである．

　いま，一次側に電流が流れている状態で二次側を開放すると二次側の
逆起電力は零となり，一次アンペアターンを打ち消すものがなくなる．
結果，一次アンペアターンはすべて励磁アンペアターンになるので，二
次誘起電圧は高電圧となり，鉄心は極度に飽和し，矩形波となる．この
場合，二次誘起電圧 E_2 は磁束 ϕ の時間的変化および二次巻数 N_2 に比
例し，

$$E_2 = -N_2 \frac{\mathrm{d}\phi}{\mathrm{d}t}$$

となり，最大値が極めて大きい尖頭波異常電圧となるので，鉄損は増大
し，鉄心は温度上昇するとともに，二次巻線および二次側に接続された
計器や継電器の絶縁破壊を引き起こすので注意が必要である．

3-20 自家用設備の塩害対策

　電力会社勤務時代にお客さまから「塩害によるトラブルが発生してしまいました．普段から技術者として気をつけていなければならない対策と，塩害の対策全般について電力会社での対策なども含めて教えてください．」との質問があり，次のように回答した．

(1) 配電部所属時代の事例の紹介

　海岸から少し離れたキュービクル内に長年にわたって潮風が通気孔を通って吹き込み，かなりの塩分が付着していた電気設備のトラブルである．

　平常の乾燥時には問題はなかったが，台風（特に風が強くじめじめしていた）によって雨滴の混じった潮風が大量に吹き込んだことから，第1図に示すようにフェノール樹脂（ベークライト）製支持物の表面が湿

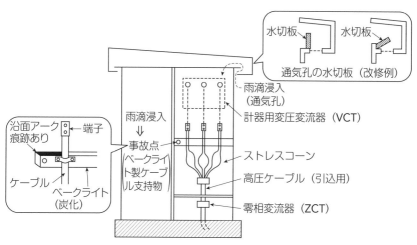

第1図　キュービクル構造図

潤状態となって絶縁が低下し，沿面リークが発生して地絡状態になったものである．

　また，事故点が地絡継電器の保護範囲外であったため，配電線への波及事故になったものである．

⑵　塩害とその対策

⒜　常日頃から気をつけていなければならない対策

　海岸近くに（海岸から少し離れていても）設置したキュービクルは，風雨の吹き込みで内部の機器に塩分が付着しやすいことから，定期的に機器や配線の絶縁部分を清掃することが一番大切である．さらに，台風直後の清掃がベストである．

　ただし，感電事故を防ぐことからも「停電作業」が原則である．

⒝　塩害とは

　塩害は，大気中に浮遊する固体または液体の塩分粒子が電気工作物に付着するところから発生することは，一般に知られている事項である．

　狭義では，塩分などの導電性物質が，がいし表面などに付着することによるフラッシオーバ（せん絡）の発生や，絶縁電線の表面が塩分等で汚損された状態に湿潤が伴うことで，電線表面に漏れ電流が流れることによりトラッキング（炭化）が発生することをいう．トラッキングの詳細については，5-4を参照のこと．

　また，広義では，海に近い地域で大気中に含まれる塩素イオンによる金属の腐食現象も塩害という．

⒞　塩害を考慮する必要がある設置場所

　海岸に近い地域では，風と波の作用により発生する海塩粒子が風によって運ばれ，がいしや電線被覆，金属の表面に付着する．当然のことながら，大気中に含まれる海塩粒子の量は海岸に近いほど多く，塩害の影響は海岸から数km程度が最も多くなる．

　また，台風の後などは，河川の河口付近を中心に海岸から20km程度にまで及ぶことがあるといわれている．そのほか，近年は冬季積雪の

ある地方で道路凍結防止用の融雪材として用いられる岩塩や塩化カルシウムの影響による塩害も問題視されているため，注意が必要である．

こうした海塩粒子による汚損レベルを，電気協同研究会では，等価塩分付着密度（ESDD）により第1表に示すような5段階に分けている．

第1表　汚損地区区分の一例[1]

地　区	ESDD
軽汚損地区	$0.03 \mathrm{mg/cm^2}$ 以下
中汚損地区	$0.03 \sim 0.06 \mathrm{mg/cm^2}$
重汚損地区	$0.06 \sim 0.12 \mathrm{mg/cm^2}$
超重汚損地区	$0.12 \sim 0.35 \mathrm{mg/cm^2}$
特殊地区	$0.35 \mathrm{mg/cm^2}$ 以上

各電力会社では，過去の事故実績や，限界 ESDD とその発生頻度により塩害対策地域を設定しており，第2図に示すように海岸線からの距離はおおむね1〜4 km 以内となっている．

ただし，内陸部でも地形や，過去の台風による被害実績により，大きな河川沿いや，高速道路の融雪材散布箇所を塩害地域に設定している場合もある．

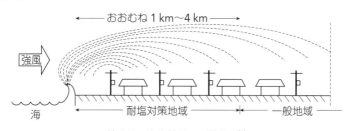

第2図　海塩粒子の飛散状況[1]

(d)　汚損設計の考え方

高圧設備のうち汚損による問題が生じるものとして，がいし類，電線，ケーブル端末，変圧器，開閉器，カットアウト，避雷器などの機器類がある．

耐塩用機材はフラッシオーバ電圧が高く，漏れ電流が小さいことが必要であり，さらに高圧の配電設備と需要設備は面的に広がっており数量が多いため，機材のコストを低く抑えることも大切な事項である．また，支持物強度や装柱面から，小形・軽量で取扱いの容易なことが要求される．

　このような理由から，耐塩用機材は下記のような点が考慮されている．

(i)　過絶縁

　過絶縁は，絶縁物の表面漏れ距離を大きくして汚損による絶縁性能の低下を防止するものである．高圧配電用および受変電設備の機材はいたずらに大きくできないため，ほかの方法と組み合わせて用いられることが多い．

(ii)　遮へい

　絶縁物の表面に塩分や水分が付着しにくいように絶縁物自体やほかのもので遮へいする．遮へいされた部分の雨洗効果が悪くなるという問題はあるが，絶縁物自体による遮へいでは，表面漏れ距離も長くなるため二重の効果があり，多く用いられている．

(iii)　密閉

　充電部が露出している箇所や作動部分は耐塩性能の弱点箇所となるため，密閉化することで塩分の浸入を完全に遮断する．機器ブッシングと電線接続箇所の密閉化や開閉器の密閉構造などに用いられている．

(iv)　表面処理

　絶縁物の表面に汚損物が付着しないように処理を行うものである．シリコーンコンパウンドなどのはっ水性物質を塗布する方法があるが，はっ水性物質の経年劣化があるため，保守面との兼ね合いが重要である．おおむね1年に1回程度の塗替えが必要である．

　そのほか，金属製の外箱に発錆対策として溶融亜鉛めっきを施す方法がある．

(v)　材質の改善

　耐塩性能向上のため，材質自体を改善する方法で，機器外箱にステンレスを使用するなど，さまざまな方法が考えられる．

　電力会社で使用している耐塩用機材の，耐塩性能向上の考え方はおおむね第2表のように分類される．また，耐塩用機材の一例として，耐塩用と一般形の変圧器ブッシング形状の違いを第3図に示す．

第2表　耐塩性能向上の考え方[1]

		過絶縁	遮へい	密閉	表面処理	材質の改善
がいし	引通がいし	○ 絶縁レベルの高いがいし（10号中実がいし等）	○ 深溝がいし 耐塩皿			
	引留がいし	○ 絶縁レベルの高いがいし 多枚ひだ	○ 深溝がいし			
変圧器・開閉器	ブッシング		○ 深溝形	○ リード付	○ シリコン塗布	
	ケース				○ 溶融亜鉛めっき	○ ステンレス化
カットアウト		○ 多枚ひだ・中間がいし		○ リード付		
避雷器		○ 多枚ひだ・中間がいし	○ 深溝形	○ リード付		
ケーブル		○ 多枚ひだ				○ 磁器の使用

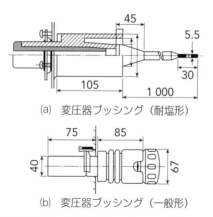

(a)　変圧器ブッシング（耐塩形）

(b)　変圧器ブッシング（一般形）

第3図　耐塩形と一般形変圧器のブッシング形状の違い[1]

〈出典〉　(1)　「配電設備の耐塩性向上対策」電気協同研究会，電気協同研究第51巻第3号

3-21

UPS の保守・点検の基本

　電力会社勤務時代に顧客から「22 kV 自家用発電設備の保守に携わっています．万一の停電に備えて重要設備のバックアップとして UPS が新設されました．保守・点検の基本的なポイントを教えてください．」との質問があり，次のように回答した．

　重要負荷に常に安定した高品質の電源を供給する UPS には，高信頼度が要求される．

　この装置は信頼度の高い回路部品から構成され，装置全体としての信頼度も高くなっているが，信頼性を継続的に維持するためには装置の保守・保全を欠かすことができない．

　長期間最良の状態で使用するために，使用に際しては保守点検計画に基づいた適切な点検が必要となる．このなかでも特に，保守点検で部品の経年劣化等を発見し，交換・修理・整備による事故を未然に防止することが大切である．

　したがって，保守点検の実施は，装置の信頼性をさらに高めることにもなり，点検方法には「日常点検」と「定期点検」の2とおりがある．

(1)　日常点検

　日常点検は，UPS を停止することなく，保守員の巡回時に実施する点検で，視・臭・聴・触による点検（五感が大切）と，UPS の設置周囲環境および動作状況を盤外面から確認することが主体となる．

　実際の点検実施にあたっては，メーカからの提案を参考に，ユーザ個々の UPS に合った内容，判定基準となるように工夫する必要がある．また点検結果を記録として残すことが重要であり，この記録は万一故障が

発生した場合の原因究明に役立つ.

　点検周期としては毎日が望ましいが，負荷の重要性，保守要員の状況などを考慮して決めることがベストである.

　点検項目の例を第1表に示す.

第1表　日常点検項目

点検対象	点検要領			処置方法ほか
	点検項目	周期	方法	
室内環境	室温	毎日	室内温度計	盤の周囲が40℃以上の場合は何らかの方法で40℃以下に下げる
	水その他液体の滴下	毎日	目視	滴下源の処置
振動，音	トランス，リアクトル，継電器，接触器	毎日	外箱面の触手，聴覚	異常があればメーカに内容を連絡
異常発熱	トランス，リアクトル，電磁コイル，抵抗器	毎日	外箱面に触手，臭覚	異常があればメーカに内容を連絡
液晶（LCD）表示による計測・データチェック	入力電圧，出力電流出力電圧，出力周波数	毎日	目視，記録	基準範囲になるように処置をする著しく範囲を超えている場合は，必要によりメーカに連絡
LED表示	故障LED	毎日	目視	点灯状態に注意警告LEDが点灯している場合には，盤面LCDにより警告内容を確認し必要に応じてメーカに連絡
防じんフィルタ（オプション）	目づまり	適宜	目視	適宜清掃

(2)　定期点検

　定期点検は，機器を停止のうえ，安全確保を施し，専門的判断にて，各種のデータ収集を行う.　これらの測定に際しては，特殊な計測器の使用などが必要となる場合があり，点検にあたってはメーカのサービス部門などと保守契約を締結しておくことがベストである.

・定期点検作業と安全上の注意事項

① 　各遮断器・スイッチには「操作禁止」の表示札等を掲げて，ほかの人にも注意を喚起すること.

② 　点検時は必ず上位の遮断器は「OFF」にしておくこと.

③　保守バイパス通電による点検時は，電圧印加されている箇所には養生を行い，触れないよう表示も行うこと．

④　蓄電池直結型装置の点検や補修を行う場合は直流電圧が印加されている箇所は養生カバーを掛け，表示も行うこと．

⑤　装置に表示されている本体警告表示ラベルの記載内容を十分理解のうえ，作業を行うこと．

　以上のことを遵守し作業に着手するが，作業員全員で装置内が無電圧状態であることを確認してから作業にあたることが最も重要である．

　定期点検の実施項目の例を第2表に示す．

(3)　部品交換

　UPS は種々の電子・電気部品で構成され，これら部品が正常に動作して，UPS 本来の機能を発揮することができる．

　これら構成部品は周囲環境（温度・湿度），時間，などにより経年劣化し，信頼性が低下していく．特にバッテリーは周囲温度・湿度の影響を受けやすいので，注意が必要である．

　装置の信頼性を長期間維持するためには，これらの部品をよく点検し，寿命を見極めて交換する必要がある．

(4)　蓄電池

　UPS 装置に付属する蓄電池（バッテリー）は，停電時の電力供給源になる心臓部であるが，蓄電池の容量は，設備によって異なり，また環境条件により，経年劣化の差が生じてくる．

　劣化して寿命期を迎えた蓄電池をそのまま継続して使用すると，停電補償ができないばかりでなく，電解液の漏れ等が発生し，発煙・発火に至る場合もあるので，停電時に所定の電力を供給するためには，蓄電池もその能力を維持しておくことが重要である．

　能力を維持するためには，装置と同じく定期的な点検と交換が必要となり，その作業には危険が伴うため，専門的な知識と作業手順などが重要となる．

第2表　定期点検項目

点検対象	点検要領			判定基準（例）
	点検項目	周期	点検方法	
1. 盤	盤内清掃	1年	掃除機，刷毛，ウエス，化学ぞうきん等を使用	損傷，汚れ等がないこと
2. 外観点検				
2-1 抵抗器	変色，変形	1年	目視	変色，変形等がないこと
2-2 主回路電解コンデンサ	① 変色・液漏れ ② 防爆弁の損傷 ③ 容量およびtanδの測定	1年 1年 1年→5年	目視 目視 測定器	① 変色・液漏れ等がないこと ② 損傷がないこと ③ 容量は初期値の85％以上 tanδは0.25以下のこと
上記以外のコンデンサ	変色・液漏れ	1年	目視	変色・液漏れ等がないこと
2-3 変圧器およびリアクトル	① 外観・温度 ② 振動音	1年	目視・必要によって温度計 聴覚	① 破損，加熱等がないこと ② 異常振動がないこと
2-4 主回路半導体素子	① 変色・損傷 ② ゲート波形確認	1年 1年	目視 シンクロスコープ	基準値内であること
2-5 継電器，コイル 電磁接触器，スイッチ類	① 接点の荒れ ② コイルの発熱 うねり	1年 1年	目視 目視・臭覚・聴覚	① 継電器，電磁接触器で荒れのはなはだしいものは取り替える ② 加熱による変色，焦げた臭いうなりなどないこと
2-6 プリント基板	① 部品および基板の変色 ② コンデンサの液漏れ ③ 付着物の有無 ④ はんだ仕上げ	1年 1年 1年 1年	目視 目視 目視 目視	① 変色がないこと ② 液漏れがないこと ③ ほこり等の付着物がないこと ④ はんだ付けがとれていないこと
2-7 冷却ファン	振動音	1年	聴覚	回転させて異常音がないこと
2-8 配線	① 熱による変色および腐食 ② ボルト・ナット・ねじ類の締付	1年 1年	目視 トルクレンチ類	① 変色，腐食がないこと ② 規定値内であること
3. 特性試験	絶縁抵抗測定	1年	絶縁抵抗器で交流入力回路，主回路，出力回路と対大地間の測定	基準値内であること
	ゲート回路 ① 電源電圧測定 ② 各部動作表示 ③ 主回路素子のゲート波形（電圧）の確認	1年 1年 1年	ゲート回路を単独運転させ，シンクロスコープ，電圧計で測定する	基準値内であること
	保護連動試験	1年	電圧，電流，周波数の各発生器およびシンクロスコープその他	展開図のシーケンスどおりおよび基準値内で動作すること
4. 無負荷運転試験	① 主回路各部波形 ② 運転主回路機器の確認 ③ 電圧，周波数等の確認 ④ 冷却ファンの回転方向および異音の確認	1年 1年 1年 1年	シンクロスコープ 目視，臭覚，聴覚 電圧計，周波数計 目視，聴覚	異常のないこと 異常のないこと 基準値内であること 異常のないこと
5. 総合運転試験	① 停電試験 ② 電源切換試験 　1 手動切換 　2 自動切換	1年 1年	模擬的に"停電""復電"を実施し，結果をメモリレコーダで採取する 電源切換を行い結果をメモリレコーダで採取する	展開図および基準値どおりであること 展開図および基準値どおりであること

　点検内容は，清掃，外観検査，電圧測定，内部抵抗測定等があげられるが，経過観測により劣化の度合いと交換時期を決め，適切な時期での交換を実施することにより，常に能力を維持させておくことが肝要である．

　UPS の点検について概説したが，高度情報化処理社会を支える最重要電源設備である UPS は，その信頼性維持のためには予防保全（事前に機能維持に努める，一例として部品交換）が不可欠であるので，メーカとうまく付き合うことと疑問点を残すことのないよう協議による定期的保守点検を継続的に実施することが肝要である．

　UPS は，万一の停電に備え，「日常点検」と「定期点検」を適切に実施し，早期に不良箇所を発見し，適切な処置を行うことが重要である．

3-22

非常用発電設備の保守管理

　東日本大震災後に，ある企業の電気担当部署に勤務する友人から，非常用ディーゼル発電機が新たに導入され，その設備の保守責任者として任命され，うれしいのと同時に責任を感じていると聞かされた.

　そこで友人は，メーカの指導やいろいろな文献なども調べて勉強中であるが，非常用ディーゼル発電機を必要なときに十分に機能させるため，設備の日常の保守管理の方法と実際の非常時に何をしなければならないか，基本的な事項を教えてくれとのことであった.

　企業に勤務しているときの大切な顧客であり，電験の弟子でもあったことから，以下のような事項をアドバイスしたので，読者の方々にも参考としていただければ幸いである.

　東日本大震災以前から，社会の高度化や電力使用量の向上に伴い，災害などにおける停電時の人命の安全確保，ライフラインやサービスを維持・確保することが重要視されていたことはご承知のとおりである.

　大小を問わず，災害時には非常用の電源を確保することが重要な課題である.

　ここでは友人の管理する非常用ディーゼル発電機の保守管理の方法などを中心に述べることとする. 非常用の設備が必要なときに十分に機能させるためには，その準備が十分できているかを確認しておくことが重要である.

(1) 防災用発電設備の法令による位置づけ

　非常用発電設備には，消防法施行令による非常電源，建築基準法施行令による予備電源として設置される防災用，および通信設備などのバッ

クアップ電源として設置される保安用，がある．

　防災用発電設備のうち，ディーゼル機関駆動のものは90％以上を占めている．

⑵　保守管理上の要点概要

　記憶にある方が多いと思うが，阪神大震災直後に日本内燃力発電設備協会で阪神地区に設置された695台の自家発電設備を調査した結果では，91％の設備が稼動したが，残りの9％（63台）は正常に稼動せず，その原因の40％が保守不良，操作誤りなど人為的なものと報告されている．

　つまり，日ごろの準備や訓練を万全にして，いざというときに非常用発電設備は必ず稼動するようにしておかなければならない．

(a)　点検前の準備の心得

　防災用発電設備は，電気事業法に基づき保安規程が作成され，消防法では定期的な点検・報告が義務づけられている．

　これらの作業は個別に，また，いきなり始めるのではなく，「準備8割・実施2割」といわれるように関係者（防火対象物の関係者，電気主任技術者，点検実施者など）により十分に事前協議・準備作業を行い，いつでも稼動できるよう点検，整備作業を行うことを日常化しておくことが重要である．

　点検前に必要な確認作業を第1表に示す．

(b)　日常点検の心得

　設置場所の保安規程，点検要領などに基づき設備の使用者，保安担当者などが日常行う点検で，これが一番重要である．

(c)　半年点検の心得

　設備を担当する技術者により，発電設備の運転待機状態および始動時間を確認し，さらに運転操作，始動に際しての異常の有無などの外観・機能の点検を行う．専門の業者に委託して行うことも多いようであるが，設備の責任者・担当者は，点検日に必ず立ち会って内容を確実に把握し

第1表　非常用発電設備点検前の確認作業表

	項　目	内　容	注意事項
保全計画	中長期保全計画	保全業務管理サイクル計画保全記録収集方法とデータ分析・改善設備に見合った点検基準・要領の整備保全要員の育成	
点検作業	1.　点検実施計画・細目	設備の保全上の問題点,点検日時,実施責任者・実施者,防火対象物の関係者,電気主任技術者,安全管理者と下記を含む点検実施細目の打ち合わせ	覚え書を作成する
	2.　点検範囲・内容	関係する他設備とのインタロックや機能確認範囲整備・修理が必要となった場合の処置	設備が一時的に使用不能となる場合,代替機の準備等消防機関と協議
	3.　関係者への周知・徹底	点検実施者および周囲への危険防止,設備使用の関係者への早めの連絡,標識・掲示	
	4.　関係図書,器具,工具,補修部品の準備	設置届出書,試験結果報告書,設備の完成図書,過去の点検票および点検結果報告書,修理・整備の経過表等点検基準,チェックリスト,試験・測定器具,工具,負荷設備,補修部品等	
	5.　点検作業	役割分担,連絡方法,安全確認方法,点検実施項目・内容	
	6.　点検後の作業	点検後の復元・確認および結果の報告機材等の撤収,後片づけ点検票・点検結果報告書の作成,提出	
危機管理	停電時の役割分担・連絡体制	非常電源の始動確認—確認者,方法常用電源復旧時—操作,確認各部門の対応電力会社,保守管理会社等緊急連絡先	

ておくことが大切である.

⒟　1年点検の心得

　設備全体の機能,性能を維持していくための確認であり,設備を担当する技術者により,詳細・入念に部品,機材等の点検,手入れ,調整,交換等を実施し,翌年まで機能・性能を維持できることを確認する.

　原動機は,各種の弁・フィルタ等を分解し,良好な状態にあることを

確認する.

負荷試験は,疑似負荷装置または実負荷で行い,設備の機能が正常に維持されていることを確認する.専門の業者に委託することが多いと思うが,1年点検も点検に必ず立ち会って内容および設備の状態などを確実に把握しておくことが大切である.

劣化している部品などがあったら,必ず修理・交換しておくことが大切である.

(e) 6年点検の心得

半年点検,1年点検で発見できない部分,主に機器,部品の劣化等の発見,摩耗部品を修復もしくは交換するため,分解,整備,組立,試験を実施する.

原則として,2回目の6年点検で,15年目の更新を考慮するか,3回目の6年点検まで小修理で使用するかを判断することが大切である.

この点検は,劣化の進行度合いを判断する点検といってよいだろう.専門の業者に委託して実施することがほとんどと思われるが,設備を担当する技術者は,立会・検査を厳重に行うことが重要である.

(f) 保守上の留意事項

① 始動用蓄電池設備の点検

最近,保守の容易さから電解液の補液が必要でない制御弁式蓄電池設備が増えている.これらと補液が必要なベント形(触媒栓付きを含む)とは点検内容が異なるので混同しないようにしてほしい.

② 負荷運転

ディーゼル機関は,無負荷・低負荷運転を繰り返すと,未燃焼の燃料および潤滑油が燃料系にカーボンとして堆積する.したがって,これを避けるためにも1年点検での負荷運転が重要となる.

③ 燃料系統のエアー抜き作業の習得

管理担当者が習得しておくべき管理要領に,燃料系統のエアー抜き作業がある.

　非常用発電設備は，停電時に自動始動し，給電をはじめ，有人無人にかかわらず，運転を継続する．阪神大震災時にも燃料切れで停止した後，燃料が補給されても「エアーかみ」のため発電設備が使用できなかった例がかなりあったと報告があるので，このことも肝に銘じておくことが大切である．

(3) 危機管理体制の確認・訓練が重要

　非常電源の使われ方，運転方式にもよるが，災害や常用電源の停電時（日中，夜間，休日等）に，従事する者がどのように対応するか以下の事項についてマニュアル化して危機管理体制を確認しておくことが最も重要である．

① 停電時における非常電源の始動確認および電源復旧時における操作，確認方法，連絡体制

② 停電時における各部門の対応方法（長時間運転の場合の燃料補給，負荷の制限等）

③ 電力会社，保守管理会社等緊急連絡先一覧表の作成

　最終的には，マニュアルに沿った訓練はもちろんのこと，上司と連携してマニュアルどおりではなく，訓練にトラップを仕掛けておくなど，イレギュラーなトラブルにも対応できるような訓練も，日ごろから行っておくことが重要になると考える．

3-23

自家用発電設備連系継電器①

　今度，自社工場で自家用発電設備を設置することとなりました．電力系統と連系して運転することを検討しており，方針としては逆潮流なしでの運転となりますが，一般的な継電器のほかに，逆電力継電器，不足電力継電器が必要になると施工会社から説明がありました．継電器の役割，整定，試験方法などについて教えてくださいとの質問があり，次のように回答した．

(1) 逆電力継電器

(a) 逆電力継電器の役割

　自家用発電所を有する需要家が電力系統と連系する場合，「逆潮流なし」と「逆潮流あり」の場合があるが，一般には逆潮流なしで連系することが多い．

　今回の質問内容も逆潮流なしであり，この場合の逆電力継電器の役割は，系統側の事故などで発電機から系統に電力が流出した場合に，これを検出して連系を遮断させる役目を担っている．

(b) 逆電力継電器の整定

　一般に，逆電力継電器の整定は，発電機単機容量の 10 % の逆電力を検出する．また，各継電器メーカの動作逆電力は，通常，整定値の 95 % で動作するので，これにより計算する．

　第1図に示すモデル系統において，発電機容量の 10 % の逆電力を検出する計算例を以下に示す．

① 検出するべき逆電力の算出：P_{RPR} [kW]

　　$P_{\mathrm{RPR}} = 550 \times 0.1 = 55\ \mathrm{kW}$

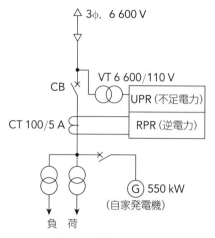

第1図　単線結線図例

② タップの整定：TAP [%]

以下の関係式から求める．

$$P_{\mathrm{RPR}} = \sqrt{3}\,VI \times \mathrm{TAP}\ [\%]$$

ただし，V：6.6 kV，I：CT 一次側定格電流 100 A

$$\therefore\ \mathrm{TAP} = \frac{P_{\mathrm{RPR}}}{\sqrt{3}\,VI} = \frac{55}{\sqrt{3} \times 6.6 \times 100} = 0.048\,1 \fallingdotseq 4.8\ \%$$

したがって，4 % タップに整定する．

③ 継電器の動作逆電力：P_{P} [kW]

$$P_{\mathrm{P}} = \sqrt{3}\,VI \times 0.95 \times \mathrm{TAP}\ [\mathrm{kW}]$$

$$= \sqrt{3} \times 6.6 \times 100 \times 0.95 \times 0.04 \fallingdotseq 43.44\ \mathrm{kW}$$

④ 低圧側（継電器入力）の動作値

$$P_{\mathrm{P0}} = \sqrt{3}\,VI \times 0.95 \times \mathrm{TAP}\ [\mathrm{W}]$$

$$= \sqrt{3} \times 110 \times 5 \times 0.95 \times 0.04 \fallingdotseq 36.2\ \mathrm{W}$$

ここで，入力電圧を 110 V 一定とし，電流を変化させた場合，次の電流で動作する．

$$I_2 = I \times 0.95 \times \mathrm{TAP}\ [\mathrm{A}]$$

$$= 5 \times 0.95 \times 0.04 = 0.19\ \mathrm{A} = 190\ \mathrm{mA}$$

⑤　動作時間整定

次の項目を考慮して整定することが望ましい.

(ⅰ)　系統側停電後, 逆潮流があり充電による危険性を考えた場合には, 1秒以下が望ましい.

(ⅱ)　発電機を並列投入したときに発生する電力動揺 (パワースィング) により, RPRが不必要動作しない時間. 並列される系統, 発電機容量・回転制御系の応答時間等によって変わるが, 0.5秒から数秒間が必要である.

(ⅲ)　変圧器の励磁突入電流も考慮.

変圧器の励磁突入電流により, 電流位相が極端に遅れ, 逆電力として検出する場合があるので, 励磁突入電流の影響が想定される場合は, 0.5秒以上の整定で誤動作を回避することが望ましい.

(c)　逆電力継電器の試験

第2図に試験回路の概略図 (使用する試験器のメーカごとに詳細回路図を確認すること. 以下同じ) を示す. なお, 試験器は電圧あるいは電流の大きさ, 位相を調節する機能を有するものとする.

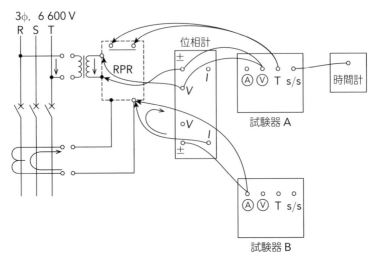

第2図　逆電力継電器 (RPR) の試験回路例

① 最小動作試験

試験器 A により定格電圧を印加する．次に試験器 B により電流位相角を継電器の最大感度角（継電器メーカの指定値）に合わせ，電流を徐々に増加させて継電器が動作するときの電流を測定する（試験器 A，B が一体となっているタイプも多くある）．

② 動作時間特性試験

試験器 A により定格電圧を印加する．試験器 B により電流位相角を継電器の最大感度角に合わせる．電流を整定タップ値の 200 ％（あるいは継電器メーカの指定値）に合わせ，その電流を急に印加して継電器が動作するまでの時間を測定する．

③ 位相特性試験

試験器 A により定格電圧を測定する．試験器 B により電圧と反対位相で整定タップ値の 200 ％（あるいは継電器メーカの指定値）の電流を流す．次に，電圧と電流の位相差を徐々に小さくして継電器が動作するときの位相差を測定する．

同様に，位相差を徐々に大きくして，継電器が動作するときの位相を測定する．

試験で求めた 2 ポイントを線で結び第 3 図に示すような位相特性図を描く．

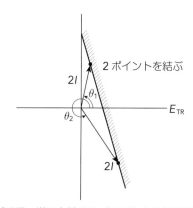

第3図　逆電力継電器（RPR）の位相特性例

④　電圧－電流特性試験（必要に応じて実施する試験）

　試験器 A により定格電圧の 80 ％ の電圧を印加する．試験器 B により電流位相角を継電器の最大感度角に合わせ，電流を徐々に増加させて継電器が動作するときの最小動作電流を測定する．

　同様に定格電圧の 60 ％，40 ％，20 ％ にしたときの最小動作電流を測定する．

⑤　良否の判定

　継電器メーカの保証値以内であることを確認する．

(2)　不足電力継電器

(a)　不足電力継電器の役割

　不足電力継電器は，自家用発電所を有する需要家が商用電力系統と逆潮流なしで連系している場合，保護継電器の機能二重化の手段として使用されることがある．

　この継電器は，負荷が少なくなって商用電力が一定値以下に低下した場合，系統連系を遮断する役目を担っている．つまり，電力系統側で短絡事故や地絡事故時により，供給電力が不足したり電力系統が停電した場合，受電端で供給電力を監視することにより，系統側事故を検出することができ，発電設備を系統から遮断し，解列させる役割を担うものである．

(b)　不足電力継電器の整定

　継電器メーカの動作逆電力（逆電力での動作となる）は，通常，整定値の 105 ％ で動作するので，これにより計算する．

　第 1 図に示すモデル系統における計算例を以下に示す．

①　検出するべき不足逆電力の算出：P_{UPR} [kW]

$$P_{\mathrm{UPR}} = 550 \times 0.1 = 55 \ \mathrm{kW}$$

②　タップの整定：TAP [%]

　以下の関係式から求める．

$$P_{\mathrm{UPR}} = \sqrt{3}\,VI \times \mathrm{TAP} \ [\%]$$

ただし，$V：6.6\,\mathrm{kV}$，$I：\mathrm{CT}$ 一次側定格電流 $100\,\mathrm{A}$

$$\therefore\ \mathrm{TAP} = \frac{P_{\mathrm{UPR}}}{\sqrt{3}\,VI} = \frac{55}{\sqrt{3}\times 6.6\times 100} = 0.048\,1 \fallingdotseq 4.8\,\%$$

したがって，$4\,\%$ タップに整定する．

③ 継電器の動作不足電力：$P_{\mathrm{U}}\,[\mathrm{kW}]$

$$P_{\mathrm{U}} = \sqrt{3}\,VI \times 1.05 \times \mathrm{TAP}\ [\mathrm{kW}]$$
$$= \sqrt{3}\times 6.6\times 100 \times 1.05 \times 0.04 \fallingdotseq 48.0\,\mathrm{kW}$$

④ 低圧側（継電器入力）の動作値

$$P_{\mathrm{P0}} = \sqrt{3}\,VI \times 1.05 \times \mathrm{TAP}\ [\mathrm{W}]$$
$$= \sqrt{3}\times 110\times 5 \times 1.05 \times 0.04 \fallingdotseq 40.0\,\mathrm{W}$$

ここで，入力電圧を $110\,\mathrm{V}$ 一定とし，電流を変化させた場合，次の電流で動作する．

$$I_2 = I \times 0.95 \times \mathrm{TAP}\ [\mathrm{A}]$$
$$= 5 \times 1.05 \times 0.04 = 0.21\,\mathrm{A} = 210\,\mathrm{mA}$$

⑤ 動作時間整定

次の項目を考慮して整定することが望ましい．

(ⅰ) 瞬時電力変動で動作しない時間で整定する

(ⅱ) 配電用変電所の過電流継電器（OCR）との協調を図る

実系統では，系統の他回線事故により動作しないように，変電所のOCRと同程度の動作時間とすることがよい（一般に 0.5 秒）．

(ⅲ) 継電器の整定値より受電電力を下まわらないようにする．

(c) 不足電力継電器の試験

第4図に試験回路の概略図を示す．

① 最大動作試験

試験器Aにより定格電圧を印加する．試験器Bにより電流位相角を継電器の最大感度角に合わせ，整定タップ値以上の電流を流しておく．電流を徐々に減少させて継電器が動作するときの電流を測定する．

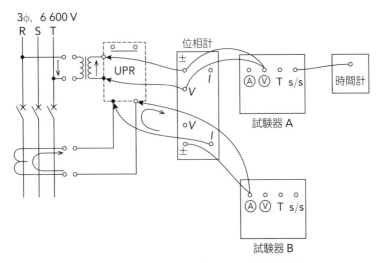

第4図　不足電力継電器（UPR）の試験回路例

② 動作時間特性試験

　試験器Aにより定格電圧を印加する．試験器Bにより電流位相角を継電器の最大感度角に合わせ，整定タップ値以上の電流を流しておく．電流を整定タップ値の70％に急減して継電器が動作するまでの時間を測定する．

③ 位相特性試験

　試験器Aにより定格電圧を測定する．試験器Bにより電圧と同位相で整定タップ値の200％（あるいは継電器メーカの指定値）の電流を流す．次に，電圧と電流の位相差を＋側に徐々に大きくして継電器が動作するときの位相差を測定する．

　同様に，位相差を−側に徐々に大きくして，継電器が動作するときの位相を測定する．

　試験で求めた2ポイントを線で結び，第5図に示すような位相特性図を描く．

④ 良否の判定

　継電器メーカの保証値以内であることを確認する．

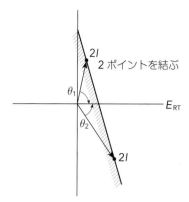

第5図　不足電力継電器（UPR）の位相特性例

　現場適用においては，継電器の整定は施工会社とよく協議を行うとともに電力会社ともよく協議を行うことが大切である.

3-24

自家用発電設備連系継電器②

　今度，自社工場で自家用発電設備を設置することとなりました．電力系統と連系して運転することを検討しており，方針としては逆潮流なしでの運転となりますが，一般的な継電器のほかに，自家用発電設備を電力系統と連系して運転する場合の方向短絡継電器，周波数継電器，三相不足電圧継電器，地絡過電圧継電器の役目と試験方法について教えてくださいとの質問があり，次のように回答した．

(1) 方向短絡継電器

(a)　方向短絡継電器の役割

　方向短絡継電器は，自家用発電所を有する需要家が電力系統と連系している場合，電力系統側の短絡を検出する手段として使用する．

　自家用発電機は一般に短絡容量が小さいため，電力系統で短絡事故が発生しても自家用発電機から電力系統側に供給される短絡電流は少なく，受電点の過電流継電器では検出できないことから，この継電器が用いられる．

(b)　方向短絡継電器の試験

　第1図に試験回路例を示す．

　方向短絡継電器は3相が推奨されているが，2相でも保護は可能である．第1図は，R相電流に対してS-T相の電圧を組み合わせており，90°接続の例を示したものである．

① 　最小動作試験

　方向短絡継電器は，系統の短絡を検出するもので，電圧低下（不足電圧）を事故要素の一つとして検出し，流出する電流との位相差が一定の

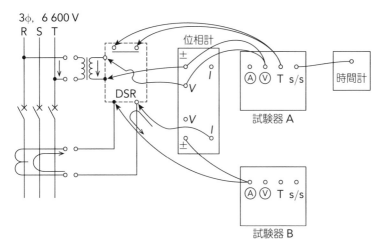

第1図　方向短絡継電器の試験回路（例）

範囲にあれば動作する仕組みとなっている.

　したがって，試験器Aにより電圧要素に加える電圧を所定の電圧（不足電圧要素の整定値以下の電圧で継電器メーカの指定する値）に調節し，試験器Bにより電圧と同相の電流を徐々に増加させて継電器が動作するときの最小動作電流を測定する.

② 　動作時間特性試験

　試験器Aにより前項と同様，所定の電圧に調整し，試験器Bにより電流を整定タップの200％（あるいは継電器メーカの指定値）に合わせ，その電流を継電器に急に印加して，継電器が動作するまでの時間を測定する.

③ 　位相特性試験

　試験器Aにより所定の電圧を印加する．試験器Bにより電圧と反対位相で整定タップ値の200％（あるいは継電器メーカの指定値）の電流を流す．次に，電圧と電流の位相差を徐々に小さくして継電器が動作するときの位相を測定する．同様に，位相差を徐々に大きくして継電器が動作するときの位相を測定する.

　必要に応じて位相を±15°，±30°，±45°，±60°と増加して，その位

相での最小動作電流を①と同様の方法で測定する.

測定結果を基に, 第2図に示すような位相特性図を描く.

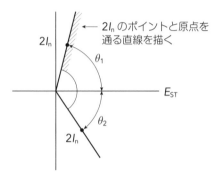

第2図　方向短絡継電器の位相特性例

④　良否の判定

継電器メーカの保証値以内であることを確認する.

(2) 周波数継電器

(a) 周波数継電器の役割

周波数継電器は, 自家用発電機を系統に連系する場合, 上位送電系統事故時の対策として設置する. 周波数低下継電器と周波数上昇継電器があるが, 前者は高圧, 特別高圧系統との連系に, 後者は特別高圧との連系の場合に設置する.

(b) 周波数継電器の試験

第3図に試験回路例を示す.

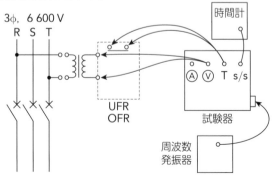

第3図　周波数継電器の試験 (例)

① 動作周波数試験

継電器に加える試験電圧を定格電圧，定格周波数に合わせ，周波数発振器により周波数を徐々に変化させて継電器が動作する場合の周波数を測定する．

② 動作時間試験

定格周波数の電圧から，整定値より 1 Hz 異なる周波数（あるいは継電器メーカの指定する値）の電圧に急変し，継電器が動作するまでの時間を測定する．

なお，周波数を漸変により試験を行う場合は，周波数掃引器により定格周波数から継電器メーカの指定する$\Delta f / \Delta t$で周波数を変化して，継電器が動作するまでの時間を測定する．

③ 良否の判定

継電器メーカの保証値以内であることを確認する．

(3) 三相不足電圧継電器

(a) 三相不足電圧継電器の役割

三相不足電圧継電器は，発電設備の電圧制御系統の異常による電圧低下，配電系統での短絡事故による電圧低下を検出するために用いられる．配電系統の短絡時には方向短絡継電器が先に動作するが，方向短絡継電器の故障などにより遮断されなかった場合の後備保護的な役割を担うものである．

(b) 三相不足電圧継電器の試験

第 4 図に試験回路例を示す．

① 最大動作電圧試験

二つの試験器を使用し，試験器の出力電圧の位相差を 60° に調整して，継電器の各相に定格電圧を加える．

最初に試験器 A の電圧（R-S）を徐々に小さくしていき，継電器が動作するときの電圧を測定する．次に試験器 B の電圧を定格に戻し，試験器 B の電圧（S-T）を徐々に小さくして継電器が動作するときの

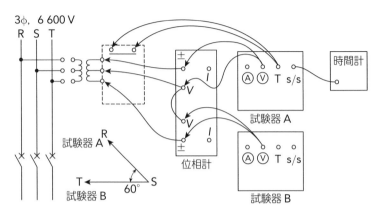

第4図　三相不足継電器の試験回路（例）

電圧を測定する．

　さらに試験器Bの電圧を定格値に戻し，試験器Aと試験器Bの位相差を小さくすることにより（R-T）の電圧を小さくしていき，継電器が動作するときの電圧を測定する．

② 　動作時間特性試験

　試験器の電圧を定格値に合わせ，最初に試験器Aの電圧を整定値の70％に急減し，継電器が動作するまでの時間を測定する．次に試験器Aの電圧を定格値に戻し，試験器Bの電圧を同様に急減させて継電器が動作するまでの時間を測定する．

　さらに，試験器AとBの位相を急変することによりR-T相の電圧を急減し，継電器が動作するまでの時間を測定する．

③ 　良否の判定

　継電器メーカの保証値以内であることを確認する．

(4)　地絡過電圧継電器

(a)　地絡過電圧継電器の役割

　この継電器は，配電系統での地絡事故を検出する目的で設置する．

　配電系統で地絡事故が生じて配電用変電所の遮断器が動作した場合，自家用発電設備からの地絡点に向かって地絡電流が流出する．しかし，

配電系統のこの場合の地絡電流は小さいため（一般に 25 A 以下）に地絡継電器では検出が難しく，地絡時に生じる零相電圧を検出して動作する地絡過電圧継電器が用いられる．

(b)　地絡過電圧継電器の試験

　試験方法は，電圧の大きさは異なるものの過電圧継電器とほぼ同様であることから，省略する．

　まとめとして継電器の試験方法については，基本的事項を理解したうえで継電器の仕様をよく確認するとともに，試験器メーカの取扱い説明書を熟読して行うことが大切である．

3-25

大地震後の受変電設備の点検

　熊本で大地震による災害があり，阪神・淡路大震災や東日本大震災のような大規模地震発生後の受変電設備の点検について，どのようなことをポイントとして点検したらよいのか基本的事項についてのご質問をいただいたので，概要を示す．

　わが国では幾多の大地震の経験から，変電設備についても被害を受け，広範囲の停電になることは事実として受け止めておかなければならない．

　わが国は世界でも有数の地震国であるため，電力設備は地震に対して，JEAG 5003-2019「変電所等における電気設備の耐震設計指針」を基本として施設している．しかし，地震時の振動性状，構造力学的特性などまだ解明不十分な点があることも現状である．

　したがって，電力設備は地震に対して強い設備としなければならないが，過度な設計はコスト高となることから，地震に対して弱点となる箇所の調査・解析により，適切な対策をとることが望ましい．特に，屋外変電機器には問題となる箇所がいくつかあり，その対策がとられている．

(1)　変電機器の耐震性能

　変電設備の点検を行う前に，変電機器の耐震性能について知ることも重要である．

　がいし形機器および変圧器ブッシングの固有振動数は，10 Hz 以下であり電圧階級の高いものほど低くなる傾向にある．一方，実地震波の卓越振動数は数 Hz のところにあるので，これら機器は地震動に対し共振を起こす可能性があり，また応答も大きい場合が多いので共振時の動的なふるまいを正確に把握し，適切な耐震設計をするための手段として動

243

的耐震設計を採用する必要がある.

　その他の機器および装置は

① 　変圧器本体や圧縮空気発生装置は，固有振動数が高く地震動との共振の可能性はない.

② 　所内用電源装置（蓄電池，充電器，インバータ，閉鎖形配電盤等）は，固有振動数が7Hz以上である．一般に所内電源装置は建物内に設置されるが，建物が5Hz以上の地震動を伝えにくいことを考慮すると共振を起こす可能性は少ない.

③ 　配電盤は固有振動数の低いものもあるが種々の継電器等が取り付けられているとともに複雑な配線等その構造上から減衰定数が大きく，また加速度が大きくなるにつれ減衰定数も大きくなる傾向にある．種々の配電盤でその地震応答は加振試験の結果から，ほぼ2.5倍で一律におさえられることがわかっている．さらに構成材料から考えてもその機械的強度が大きい.

　以上のことからいずれも従来どおり静的設計で十分である.

⑵ **各機器の地震による破壊のメカニズム**

　さらに変電設備の点検を行う前に，変電機器の地震による破壊のメカニズムや弱点となる部位などについて知ることも重要である.

⒜ 　がいし形機器

　これまでの地震による被害では，いずれも支持がい管下部で折損または亀裂を生じている．磁器はいわゆる脆性材料であり，材料に内在する微視的欠陥に応力集中を生じ，そこから破壊がスタートする．地震による破壊のメカニズムとしては共振またはそれに近い状態の最大応答時の曲げモーメントが，がい管下部に加わり上記のメカニズムを通して破壊に至るものである.

⒝ 　変圧器ブッシング

　変圧器本体の固有振動数は高く地震動に対して共振する可能性はなく，また短絡電磁力や輸送等の外力に対し十分な剛性と強度をもつよう

に設計されているので地震力に対しては十分な強度をもっている．したがって，変圧器においてもがいし形機器と同様ブッシングが弱点となる．

(c)　圧縮空気発生装置

これらは回転に伴う不平衡慣性力が働いても振動を低くおさえなければならないことから強度や剛性を大きくするよう設計されており耐震上は十分な強度を有している．

(d)　配電盤類

耐震試験の結果，現存の形状の範囲においては盤自体および取付器具部品も含めて十分な耐震性能を有していることが確認されている．したがって，チャンネルベースへの固定を強固にしておけば問題はない．

(e)　蓄電池

蓄電池自体は十分な強度をもつが，架台との組合せによっては被害の発生が予想されるので，その据付状態で転倒，横すべり等が発生しないよう施工上の注意が必要である．

(3)　地震発生後の対応

変電所に設置された機器に，据付状態時において地震が襲来した場合，機器各部に異常がないことを点検しておくことが重要であり，第1表に代表機器点検時のチェックポイントの一例について示す．さらに，第2表および第3表に変圧器およびガス遮断器の巡視点検時のポイント例を示す．

これらのポイントを参考として，保安管理する個々の需要家において点検チェック表を作成しておくことを勧める．

屋外変電設備は，その設備規模や立地条件によっては，整地面積，整地土量とも相当数になることがあるので，土砂流出防止設備，地すべり防止対策の準備を行う．実際には，設計段階から地盤沈下や河川・地下水の状態，気象に関する資料などを準備し，これらを総合的に考慮した工事計画とする．

特に基礎工事にあたっては，基準レベルおよび心出しのための基線に

第1表　地震直後の変電機器のチェックポイント

	遮断器（空気・ガス）	断路器	計器用変成器	避雷器	変圧器	基礎・架台	鉄構
がいし・がい管の亀裂・折損	○	○	○	○	○	○	○
セメント付部の損傷	○	○	○	○	○	−	−
締付ボルト類の緩み，ずれ	○	○	○	○	○	○	○
主回路端子部の変形	○	○	○	○	○		
漏えい（セメント付部分，タンク部分）	空気漏れ音ガス漏れ音	−	油漏れ	ガス漏れ	窒素ガス漏れ油漏れ	−	−
圧力計指示確認	○				○		
配管支持部の緩み	○				○		
開閉表示灯の指示確認	○	○					
避圧弁・リレー類の動作確認	○	−	○		○		
その他		1)接触子の変形・ずれ	2)二次側開路の有無	1)漏れ電流測定（気密点検）2)絶縁抵抗測定（気密点検）		1)傾斜，変形 2)亀裂，不同沈下	1)傾斜，変形 2)母線短絡 3)断線

ついて，土木・建築・電気など関連業者間に徹底するとともに，変電機器を基礎に固定する方法として，埋込アンカ（ベース）方式と箱抜方式があるが，変圧器などの大形機器については埋込アンカ方式を採用したほうが強度上有利である．

また，コンクリート打設においては，気象条件に応じシートで覆い，膜養生や打ち水・保温など適切な養生を行い，乾燥・凍結を防止することが大切である．

鉄構の基礎材は，基礎工事の段階で埋込みとなるのが一般的であるが，その心出しならびにレベル調整はライナまたは基礎材のジャッキボルトによって正確に行っておく．さらに，上部材のうち柱は，ボルトやナットを仮締付けの状態で組み立てておき，地上で堅固に組み立てたはりを継ぎ合わせた後で本締付けを行う．

第2表　変圧器の巡視・点検要領

点検箇所	点検項目	点検内容および説明
本体	外部全般	損傷，さびの発生，塗料はがれ，漏油の有無 とくに放圧弁の損傷に注意
	締付け	ボルト，ナットなどの緩みの有無 とくに基礎ボルトは，地震時に大きな力が加わるので締付状態をよく点検する．
	異常音	正常時と比べて異音がないか注意する． 外箱に耳をあてるとよく聞こえる． 異常音の原因には，以下のようなものがある． 　(1)　周波数の大幅な変化による外箱などの共振 　(2)　鉄心その他の締付不良 　(3)　接地不良による放電 　(4)　コアショートなどがある
	漏油	原因は，弁類・パッキング・溶接などの不良
	温度	試験成績表，負荷，周囲温度より適正な温度か否かを判定する．
	油面	温度に対する油面位置が正常か否か． 異常があった場合には，油面計の不良でないかも調べる．
	呼吸装置	吸湿剤の変色状態，呼吸状態 シリカゲル（正常色：青色） 　青色→（吸湿する）→薄桃色に変化
	窒素封入	ガス圧計の指示が高すぎないか（減圧弁の故障配管の閉そくの疑いあり） 温度変化に対し，指示不変でないか（ガス漏れの疑いあり）．
ブッシング	外部全般	損傷の有無，汚損の程度 コンパウンド，油の流出の有無
	端子の加熱	示温塗料（サーメレオン）を塗布しておくと便利． 加熱がひどいとかげろうや端子変色によって判定できる．

第3表　ガス遮断器の巡視・点検要領

点検項目	点検の要領
がいし・がい管	亀裂・汚損を調べ，その他外観を見る
表示灯・表示器	開閉表示灯・表示器が正しく表示しているか
高圧ガス圧力 低圧ガス圧力	温度と圧力とを読み，圧力温度特性曲線より良否を判定する
ガス圧縮機	運転回数，運転時間により正常・異常を判断する
油圧	メーカ指定値以上であるか否か
油量	指示油面範囲の有無
油漏れ	目視による油漏れ有無
油圧ポンプ	正常な動作回数か否か

変電設備の各機器については，アンカボルトの強度を十分にすること，機器間リード線は機器頂部の変位を考慮してリード線に適正なたるみをもたせることが重要である．

① 変圧器

ポケットを含むブッシング系の固有振動を変圧器本体・基礎・地盤系の固有振動数からはずすように，ブッシング取付フランジャポケットの構造を考慮する．

中心導体の上下で，がい管を締付けてがい管を支持する形のセンタクランプ式のブッシングは，強度が十分でないとがい管下部は節として「くの字」に曲がり，油漏れ，破損を生じるおそれがあるので，十分な強度をもたせておく．

騒音対策として，基礎・本体間に防振ゴムを用いると，変圧器本体にロッキング振動（水平振動のほかに回転振動が加わり，両振動形が連成された振動）を生じることから，ブッシングに悪影響を及ぼすおそれがあるので，原則として防振ゴムを用いない．

② 遮断器

既設のがいし形空気，ガス遮断器は上方に重心があり，特に地震に弱いので，高い強度のがい管を用いる，ステイがいしの本数を多くする，架台に十分な強度をもたせるなどの対策が有効である．

抜本的には，地震に強い接地タンク形ガス遮断器を用いるのがよい．

③ 避雷器ほかのがいし形機器

避雷器の架台，断路器支持がいしは十分な強度が必要である．

④ 保護継電装置

アナログ形の保護継電装置は，揺れによる誤動作防止のためタイマをかませるなどの対策を講じる．抜本的にはディジタル形の保護継電装置に変更する．また，損壊などによって機能が失われないようアンカボルトなどで耐震性をもたせたりすることが有効である．

⑤　制御電源

　制御・保護の中枢となるので，十分な耐震性をもたせる．特に電池架台は移動しないよう床面に埋込みアンカボルトなどで確実に固定する．

⑥　その他

　パイプ類は，一般に長尺物であるので地震動の振動数に共振しやすいが，支持間隔によって固有振動数が変わるので，支持間隔を適切に配置すること．

・アンカボルトの引抜力

　基礎にアンカボルトで設置する電気機器に地震力が作用したとき，アンカボルト1本当たりの引抜力は，次のようにして求められる．

　アンカボルトの引抜力 P_t は，各値を図のように定めると，X点の周りのモーメントを考えればよいので，

$$L \times \frac{n}{2} \times P_t = \alpha WH - g \times W \times \frac{L}{2}$$

が成立するので，アンカボルト1本当たりの引抜力 P_t は，次式で表される．

$$P_t = \frac{(2\alpha H - 9.81 \times L)W}{nL} \, [\text{N}]$$

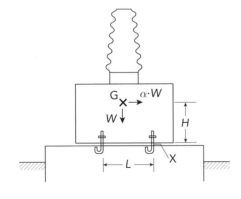

H：機器重心高さ [mm]
W：機器質量 [kg]
α：水平加速度 [m/s²]
n：アンカボルト本数
L：アンカボルトの取付幅 [mm]
g：重力加速度 [m/s²]＝9.81
G：重心

第4章

電気のQ&A

4-1-1
停電作業を行う場合の注意点

　現在保安管理しているビルでリニューアル工事を実施することとなったのですが，ユーザ側の電気主任技術者として，停電工事の施工にあたり，どのようなことに留意したらよいのか教えてほしいとの質問があったので，留意点について概要を説明する．

　最初に大切なことは，施工側の責任者とよく協議して停電作業手順書を作成することである．作成にあたっては，停止線路の把握と停止範囲を明確にし，作業員全員に周知する手段を確立しておくことである．そのうえで，検電→放電→三相短絡接地を確実に行うことを決定する．

　さらに，三相短絡接地箇所を2か所以上設け，接地で工事施工区間（停止施工範囲）を確実に囲んでおくことを推奨する．これは，受電電圧が高い場合，停止線路に誘導による電圧が現れることがあるからである．

　このことは，停電工事の施工にあたり，労働安全衛生法を守って施工を進めなければならないということである．以下，法令を中心に説明する．

　停電作業を行う場合の措置については，労働安全衛生規則に以下のとおり定められている．

第339条（停電作業を行なう場合の措置）　事業者は，電路を開路して，当該電路又はその支持物の敷設，点検，修理，塗装等の電気工事の作業を行なうときは，当該電路を開路した後に，当該電路について，次に定める措置を講じなければならない．当該電路に近接する電路若しくはその支持物の敷設，点検，修理，塗装等の電気工事の作業又は当該電路に近接する工作物（電路の支持物を除く．以下この章において

同じ）の建設，解体，点検，修理，塗装等の作業を行なう場合も同様
とする．

一　開路に用いた開閉器に，作業中，施錠し，若しくは通電禁止に関す
　る所要事項を表示し，又は監視人を置くこと．

二　開路した電路が電力ケーブル，電力コンデンサー等を有する電路で，
　残留電荷による危険を生ずるおそれのあるものについては，安全な方
　法により当該残留電荷を確実に放電させること．

三　開路した電路が高圧又は特別高圧であつたものについては，検電器
　具により停電を確認し，かつ，誤通電，他の電路との混触又は他の電
　路からの誘導による感電の危険を防止するため，短絡接地器具を用い
　て確実に短絡接地すること．

2　事業者は，前項の作業中又は作業を終了した場合において，開路し
　た電路に通電しようとするときは，あらかじめ，当該作業に従事する
　労働者について感電の危険が生ずるおそれのないこと及び短絡接地器
　具を取りはずしたことを確認した後でなければ，行なってはならない．

　第2項は，作業終了時に短絡接地器具の取外しを忘れると，送電時
に停止線路が短絡してその大きな短絡エネルギーにより設備・人に甚大
なトラブルを与えてしまうおそれがあるからである．

　したがって，停電作業手順書には終了時の手順も十分に検討して，三
相短絡接地の取外し手順を反映させておくことが大切である．

　また，電気工事を行う場合の作業指揮等については，以下のとおり規
定されている．

第350条（電気工事の作業を行なう場合の作業指揮等）　事業者は，第
　339条，第341条第1項，第342条第1項，第344条第1項又は第
　345条第1項の作業を行なうときは，当該作業に従事する労働者に対
　し，作業を行なう期間，作業の内容並びに取り扱う電路及びこれに近
　接する電路の系統について周知させ，かつ，作業の指揮者を定めて，
　その者に次の事項を行なわせなければならない．

一　労働者にあらかじめ作業の方法及び順序を周知させ，かつ，作業を
　　直接指揮すること．

二　第345条第1項の作業を同項第2号の措置を講じて行なうときは，
　　標識等の設置又は監視人の配置の状態を確認した後に作業の着手を指
　　示すること．

三　電路を開路して作業を行なうときは，当該電路の停電の状態及び開
　　路に用いた開閉器の施錠，通電禁止に関する所要事項の表示又は監視
　　人の配置の状態並びに電路を開路した後における短絡接地器具の取付
　　けの状態を確認した後に作業の着手を指示すること．

　　次に大切なことは，作業者が感電しないような措置を講じるというこ
とである．このことについても労働安全衛生規則で以下のように規定さ
れているので，遵守して作業にあたらせることが大切である．

第1表

電気機械器具等の種別	点検事項
第331条の溶接棒等ホルダー	絶縁防護部分及びホルダー用ケーブルの接続部の損傷の有無
第332条の交流アーク溶接機用自動電撃防止装置	作動状態
第333条第1項の感電防止用漏電しや断装置	
第333条の電動機械器具で，同条第2項に定める方法により接地をしたもの	接地線の切断，接地極の浮上がり等の異常の有無
第337条の移動電線及びこれに附属する接続器具	被覆又は外装の損傷の有無
第339条第1項第三号の検電器具	検電性能
第339条第2項第三号の短絡接地器具	取付金具及び接地導線の損傷の有無
第341条から第343条までの絶縁用保護具	ひび，割れ，破れその他の損傷の有無及び乾燥状態
第341条及び第342条の絶縁用防具	
第341条及び第343条から第345条までの活線作業用装置	
第341条，第343条及び第344条の活線作業用器具	
第346条及び第347条の絶縁用保護具及び活線作業用器具並びに第347条の絶縁用防具	
第349条第3号及び第570条第1項第6号の絶縁用防護具	

第352条（電気機械器具等の使用前点検等）　事業者は，次の表（第1表）の左欄に掲げる電気機械器具等を使用するときは，その日の使用を開始する前に当該電気機械器具等の種別に応じ，それぞれ同表の右欄に掲げる点検事項について点検し，異常を認めたときは，直ちに，補修し，又は取り換えなければならない．

と規定している．

第333条（漏電による感電の防止）　事業者は，電動機を有する機械又は器具（以下「電動機械器具」という．）で，対地電圧が150Vをこえる移動式若しくは可搬式のもの又は水等導電性の高い液体によって湿潤している場所その他鉄板上，鉄骨上，定盤上等導電性の高い場所において使用する移動式若しくは可搬式のものについては，漏電による感電の危険を防止するため，当該電動機械器具が接続される電路に，当該電路の定格に適合し，感度が良好であり，かつ，確実に作動する感電防止用漏電しや断装置を接続しなければならない．

2　事業者は，前項に規定する措置を講ずることが困難なときは，電動機械器具の金属製外わく，電動機の金属製外被等の金属部分を，次に定めるところにより接地して使用しなければならない．

一　接地極への接続は，次のいずれかの方法によること．

イ　一心を専用の接地線とする移動電線及び一端子を専用の接地端子とする接続器具を用いて接地極に接続する方法

ロ　移動電線に添えた接地線及び当該電動機械器具の電源コンセントに近接する箇所に設けられた接地端子を用いて接地極に接続する方法

二　前号イの方法によるときは，接地線と電路に接続する電線との混用及び接地端子と電路に接続する端子との混用を防止するための措置を講ずること．

三　接地極は，十分に地中に埋設する等の方法により，確実に大地と接続すること．

以上の二つの条文から，施工に際して使用する機械器具は，使用前に

必ず点検することが義務付けられており，点検を行うことが事故防止につながり，点検簿などを用意しておくとチェック漏れがなくなるので，工夫してみてほしい.

第329条（電気機械器具の囲い等）　事業者は，電気機械器具の充電部分（電熱器の発熱体の部分，抵抗溶接機の電極の部分等電気機械器具の使用の目的により露出することがやむを得ない充電部分を除く.）で，労働者が作業中又は通行の際に，接触（導電体を介する接触を含む. 以下この章において同じ.）し，又は接近することにより感電の危険を生ずるおそれのあるものについては，感電を防止するための囲い又は絶縁覆いを設けなければならない. ただし，配電盤室，変電室等区画された場所で，事業者が第36条第4号の業務に就いている者（以下「電気取扱者」という.）以外の者の立入りを禁止したところに設置し，又は電柱上，塔上等隔離された場所で，電気取扱者以外の者が接近するおそれのないところに設置する電気機械器具については，この限りでない.

　この条文から，停止作業であっても充電部分が残っているような場合は，安全措置を行うことを義務付けており，同規則第353条（電気機械器具の囲い等の点検等）では，事業者は，第329条の囲い及び絶縁覆いについて，毎月1回以上，その損傷の有無を点検し，異常を認めたときは，直ちに補修しなければならないと規定しているので，点検も怠らないようにすることが重要である.

第604条（照度）　事業者は，労働者を常時就業させる場所の作業面の照度を，次の表（第2表）の左欄に掲げる作業の区分に応じて，同表の右欄に掲げる基準に適合させなければならない. ただし，感光材料を取り扱う作業場，坑内の作業場その他特殊な作業を行なう作業場については，この限りでない.

第2表

作業の区分	基準
精密な作業	300 lx 以上
普通の作業	150 lx 以上
粗な作業	70 lx 以上

第330条（手持型電灯等のガード）　事業者は，移動電線に接続する手持型の電灯，仮設の配線又は移動電線に接続する架空つり下げ電灯等には，口金に接触することによる感電の危険及び電球の破損による危険を防止するため，ガードを取り付けなければならない．

2　事業者は，前項のガードについては，次に定めるところに適合するものとしなければならない．

一　電球の口金の露出部分に容易に手が触れない構造のものとすること．

二　材料は，容易に破損又は変形をしないものとすること．

　以上の二つの条文から，停電作業では，作業現場が暗くなることが多くあるので，安全作業のための照度を必ず確保してから作業にあたらせることが重要である．

　最後にユーザ側の電気主任技術者として，作業をよく監視し，不安全な作業となるようであれば作業を中止させ，作業者全員が納得するまで安全措置を行ってから作業を再開することが重要である．ご安全に！

4-1-2

漏電リレーの整定は

　電力会社勤務時代にお客さまからトランス二次側の漏れ電流の基準および漏電リレー整定値について教えてくださいとの問合せがあったので次のように回答した.

(1)　トランス二次側の漏れ電流の基準

　トランス二次側ということは，低圧側回路の漏れ電流ということとなり，低圧回路の絶縁抵抗値が基準を満たしていることが基本となる.

　低圧側回路の漏れ電流に関する基準は，電気設備に関する技術基準を定める省令第58条「低圧の電路の絶縁性能」によることが原則である.

　同条では，「電気使用場所における使用電圧が低圧の電路の電線相互間及び電路と大地との間の絶縁抵抗は，開閉器又は過電流遮断器で区切ることのできる電路ごとに，次の表の左欄に掲げる電路の使用電圧の区分に応じ，それぞれ同表の右欄に掲げる値以上でなければならない.」としている.

電路の使用電圧の区分		絶縁抵抗値
300 V 以下	対地電圧（接地式電路においては電線と大地との間の電圧，非接地式電路においては電線間の電圧をいう．以下同じ.）が150 V の場合	0.1 MΩ
	その他の場合	0.2 MΩ
300 V を超えるもの		0.4 MΩ

　この条文における絶縁抵抗値は,低圧電路に1 mA程度の漏れ電流(対地電圧100 Vの回路において，絶縁抵抗値0.1 MΩは漏えい電流1 mAに相当する)があっても，人体に対する感電の危険（人体に通ずる電流

を零から漸次増していくと，1mA前後ではじめて感じる）はなく，さらに，この程度の漏れ電流が仮に1か所に集中したとしても過去の経験に照らして火災発生のおそれもないことから，表のような値としている．

以上のような理由から，電気設備に関する技術基準を定める省令第58条に関連して，電気設備技術基準の解釈第14条第1項第二号には，「絶縁抵抗測定が困難な場合においては，当該電路の使用電圧が加わった状態における漏えい電流が，1mA以下であること」と規定している．

つまり，具体的には使用電圧が低圧電路である場合，省令第58条に掲げる同表の左欄に掲げる電路の使用電圧の区分に応じ，クランプテスタなどで測定した値が「1mA以下」であることを意味している．

この条文は，病院・重要施設から一般家庭の屋内配線に至るまで，停電して絶縁抵抗測定が困難な需要場所や業務の都合上停電できない箇所において，停電しないで低圧回路の絶縁性能を，漏えい電流値による絶縁性能基準として明確に示したものである．

では実際にクランプテスタなどにより測定する「漏えい電流測定」は，
① 対地絶縁抵抗による電流のほかに対地静電容量による電流が含まれていること
② 接地側電線の絶縁状態が確認できないこと
等により，必ずしも真の絶縁抵抗値に換算することはできない．

ただし，対地静電容量による電流の影響を含めた漏えい電流が1mA以下の場合，対地絶縁抵抗による漏えい電流は必ずこの値より小さくなるのは明らかであり，省令第58条で定める絶縁抵抗値の基準と同等以上の絶縁抵抗を有しているとみなすことができるとしたもので，この条文が定められたものである．

以上が，トランス二次側（低圧側）の漏れ電流に関する基準である．

⑵ 漏電リレー整定値

「漏えい電流を1mA以下」に保つこととなっているので，この値を超える場合は漏電とみなされ，改修が必要となり，1mAを超える値で

整定すればよいこととなる.

　ただし，前述したように，省令第58条では，「開閉器又は過電流遮断器で区切ることのできる電路ごと」の値を，漏えい電流を1 mA以下に保つこととなるので，一般にトランス二次側（低圧側）の回路をこの条文に照らしてみると，高圧・特別高圧受電の事務所ビルや工場では区切られる回路が多くあるので，これを考慮しなければならないことに注意が必要である.

　つまり，変圧器の二次側に開閉器または過電流遮断器で区切ることのできる電路が，例えば50回路ある場合は，50 mAを超える値で整定することとなる.

　しかし，ここでさらに注意しなければならない点がある.

　変圧器の二次側電路には，負荷設備（電動機・照明など）が多く施設されており，これらの機器からも漏れ電流があるので，漏電リレー整定値には考慮が必要である.

　実際の整定値は，変圧器二次主幹（低圧配電盤）付近に施設する漏電リレーの場合，変圧器B種接地線に通常流れている電流値より高めに設定する.

　例えば，上記場所に「2段警報漏電リレー」を施設すると仮定する.

　変圧器B種接地線に通常流れている電流値が0.15 A（150 mA）とすると，2段警報漏電リレーは，軽地絡（1段目）：0.3 A程度で設定して警報のみ発信，重地絡（2段目）：4〜6 A程度で遮断器トリップとする（通常このような使い方が一般的）.

　ただし，分岐回路にも漏電リレーが施設されている場合，一般的に分岐回路で選択遮断されることから，2段警報漏電リレーはバックアップ用となるので，このような場合には，下位側設定値＜設定値＜完全地絡電流とする.

　さらにこの場合，重地絡（2段目）は1〜2 A程度で遮断器トリップとし，前述した値より小さな値とすること.

　以上，一般的なことを述べたが，実際には，市販されている漏電リレーを取り付けることとなるので，メーカや電気工事会社ならびに保安管理会社等と十分協議し，トランス二次側の電気設備技術基準で示される電路および施設する負荷設備を十分に確認・検討して整定値を決定することが重要である．

　なお，漏電を感知する機器には，漏電リレー，漏電火災警報器，漏電遮断器，漏電警報付き配線用遮断器などがあり，それぞれに規格や特性が異なるので，用途に合わせて使い分けが必要であり，これらについても十分検討して施設することが重要である．

　漏電リレーは，警報発信した場合の対応が大切となることはいうまでもない．つまり，絶縁が劣化した電路または機器がある可能性が高いので，個別の漏れ電流や，機器単体での絶縁抵抗測定を実施することとなる．

　一般的なことを述べると，図に示すように変圧器低圧側のB種接地線の電流が1Aを超えている場合，漏電と考えてよい．したがってこの場合，回路ごとにクランプテスタなどを用いて漏れ電流を測定し，原因を特定する必要がある．

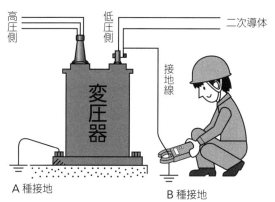

（変圧器のB種接地線で漏えい電流を測定する場合）
※漏えい電流が1Aを超えたら要注意

変圧器B種接地線での測定

　以下参考である，消防用設備として施設する漏電火災警報器については，B種接地線に施設する場合，その設定電流を 400 mA から 800 mA を標準とするとしているので，注意が必要である．

　また，漏電リレーは設定値の±10 ％以内で動作するようつくられているが，漏電火災警報器は設定値の 40 ～ 105 ％で動作すればよいとなっているので，十分注意することが必要である．過去における経験上，設定値の 50 ～ 60 ％で動作していることが多いようである．

【結論】　変圧器の二次側電路には，負荷設備（電動機・照明など）が多く施設されており，これらの機器からも漏れ電流があるので，漏電リレー整定値には考慮して決定する．

4-1-3
保安管理はデータの積み重ねが 大切（クランプテスタ）

　数年前から保安管理業務をしている者です．クランプ式電流計により，高圧ケーブルの金属シース電流測定をケーブルヘッド部の接地線を利用して実施していますが，真の絶縁抵抗の低下の兆候を把握することはできないと言われました．

　本当に絶縁抵抗の低下の兆候を把握することができないのだとすれば，この測定は無駄ということなのでしょうか．

　さらに，金属シース電流は微妙に mA オーダで変化していますが，ケーブルの漏えい電流の変化と捉えること自体誤りなのでしょうかとの質問があり，次のように回答した．

⑴ 高圧ケーブルの漏えい電流とは（絶縁抵抗低下をみつけられるか？）

　現場でクランプ式電流計を使用して漏えい電流測定（ケーブルヘッドストレスコーン下部の金属シース部と電気的に接続され，引き出されている接地線に流れる電流を測定している）では，第1図に示す電流を測定していることとなる．

　つまり，対地絶縁抵抗に基づく I_R（この値が真の絶縁抵抗低下の原因となる電流）と，対地静電容量に基づく I_C（この値は充電電流であり絶縁抵抗低下の直接原因ではない）のベクトル和 I_8 がクランプ式電流計に指示される．このことが真の絶縁抵抗の低下をみつけることができない理由である．

　これは，低圧回路と比較すると高圧ケーブルは対地静電容量値および対地絶縁抵抗値が格段に大きいことから，クランプ式電流計による前述の方法による漏えい電流測定は，対地静電容量による I_C の測定を行っ

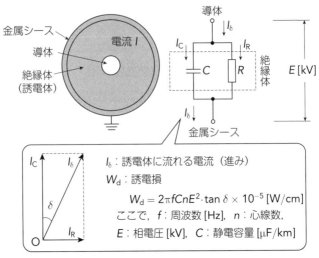

第1図　I_RとI_Cの説明図

ているようなものである．つまり，対地絶縁抵抗に基づく I_R は μA オーダの値（$I_R \ll I_C$）であるからである．

(a)　実証計算例：6.6 kV CVT 38 mm² （ケーブル長 100 m，周波数：50 Hz）

ケーブルの静電容量 C を，一般に知られている次式で計算する．

$$C = \frac{2\pi \varepsilon_0 \varepsilon_S}{\log_e \dfrac{D}{d}} \ [\text{F/m}]$$

ここで，ε_0：真空の誘電率 8.855×10^{-12} F/m，ε_S：架橋ポリエチレンの比誘電率 2.3，D：絶縁体外径 15.3 mm，d：絶縁体内径 9.3 mm（内部半導電層厚さ 1.0 mm とした）

$$C = \frac{2\pi \times 8.855 \times 10^{-12} \times 2.3}{\log_e \dfrac{15.3}{9.3}}$$

$$= 2.570 \times 10^{-10} \ \text{F/m} = 0.257 \ \mu\text{F/km}$$

メーカのカタログでは，製品のばらつきによる補正係数などが考慮さ

れ，メーカのカタログ値は $0.32\,\mu\mathrm{F/km}$ となっており，上記計算値より小さな値となっている．

さらに，実際のケーブル線路で静電容量を測定すると，上記計算値よりもさらに小さな値となる．ここで，メーカカタログ値が大きく表示されているのは，ケーブルの耐圧試験時の耐圧試験器容量などを求めるために使用されることから，実際の線路よりも大きい値（安全側に）が表示されている．

したがって，対地静電容量に基づく I_C を計算すると，

$$I_\mathrm{C} = 3\omega CEl$$

$$= 3 \times 2\pi \times 50 \times 2.570 \times 10^{-10} \times \frac{6\,600}{\sqrt{3}} \times 100$$

$$\fallingdotseq 92.3\,\mathrm{mA}$$

となる（実際の線路では静電容量が計算値より小さいので，この値はさらに小さくなる）．

上記 I_C の値は「充電電流」に相当する値である．

次に，ケーブルの絶縁抵抗値 R を，一般に知られている次式で計算する．

$$R = \frac{\rho}{2\pi} \log_\mathrm{e} \frac{D}{d}\ [\Omega]$$

ここで，ρ：ポリエチレンの絶縁体固有抵抗（$20\,^\circ\mathrm{C}$における最小規定値）$2.5 \times 10^9\,\mathrm{M\Omega \cdot cm}$

$$R = \frac{2.5 \times 10^9}{2\pi} \log_\mathrm{e} \frac{15.3}{9.3} = 1.98 \times 10^8\,\mathrm{M\Omega}$$

$$= 1.98 \times 10^{14}\,\Omega$$

したがって，対地絶縁抵抗に基づく I_R（漏れ電流分布を $1\,\mathrm{m}$ オーダとする）を計算すると，

$$I_\mathrm{R} = \frac{E}{R} \times l = \frac{6\,600/\sqrt{3}}{1.98 \times 10^{14}} \times 100$$

$$\fallingdotseq 0.192 \times 10^{-8}\,\text{A} = 0.001\,92\,\mu\text{A}$$

この値は1相分なので，3相ではこの3倍の値となる．

この値が大きくなると絶縁劣化（対地絶縁抵抗の低下）と判断する．

(b)　実証計算からわかること

①　ケーブルの充電電圧および周波数の変化により，対地静電容量に基づく（この値は充電電流であり絶縁抵抗低下の直接原因ではない）I_C の値が変化するが，毎月の測定に大きな変化をもたらすものではない．

②　ケーブルの絶縁劣化（対地絶縁抵抗の低下）によって，大きく変化する．しかし，この値が I_C の値（mA オーダ）まで大きくなったと仮定すると，すでにケーブルの絶縁破壊事故が発生していると考えられる．

③　クランプ式電流計で測定している漏れ電流値を，対地絶縁抵抗に基づく I_R と，対地静電容量に基づく I_C とにベクトル解析する必要がある．この値をベクトル解析することは非常に困難である．

(c)　なぜ，クランプ式電流計による毎月の接地線電流測定値に変化があるのか

以下，その理由を示す．

(i)　クランプ式電流計での測定時に周囲磁界の影響を受けることによる誤差

これが一番大きいと考えられる．

クランプ式電流計メータによる毎月の接地線電流測定は，ケーブルの直近で測定していることが一般的であることから，ケーブルに流れている負荷電流による外部磁界によって測定値に誤差を与える．これは，使用している機種によっても大きな違いがあるので，カタログなどで確認が必要である．

クランプ式電流計の原理は，一次巻線が1ターンの変流器で，二次巻線に流れる微小電流を整流して，感度のよい可動コイル形電流計で読み取るものである．したがって，検出感度には限界があり，最近では機種

によって 0.001 mA まで表示するものもあるが，ディジタル式のもので
も 0.01 mA の分解能のものが一般的となっている．

　さらに，最近の機種はコアの磁気遮へいなどによって外部磁界の影響
を小さく抑えることが可能となっているものも出現しているが，機種に
よって異なるので，カタログなどで必ず確認が必要である．参考例とし
て，表に，実際に外部磁界を実測した例を示す．この例から，外部磁界
による影響は 1 mA ～ 8 mA 程度の値となる．

外部磁界の影響実測例

機種	A	B	C
指示値 [mA]	0.72	8.05	3.45

実測条件：AC 200 A 電線にクランプ部を水平に外
接したときの指示値

　表から，機種によって大きな違いがあるとともに，mA オーダの電流
を測定する場合は，誤差の原因となるので，十分注意が必要である．

　しかし，外部磁界の影響については，メーカのカタログに記載がない
ものもある．

　また，記載があるものでも，誤差の表示方法が以下に示す誤差の表示
例のようにメーカによって異なっているので，使用者側ではどちらの表
示が誤差が少ないか判断に困ることが多いのも現実である．

・誤差の表示例

①　近接電線 100 A で 5 mA 以下→ 100 A の電線に外接したとき，電
　　流計の指示は 5 mA 以下．

②　400 A/m に対して 5 mA 以下→ 400 A/m または AT/m の一様な
　　磁界中にクランプ式電流計を置いたとき 5 mA 以下．これは，100 A
　　の電線から 4 cm 離れた位置の磁界に理論的に等しいものであるが，
　　一般に平行磁界となることはないので，厳密な比較をすることは困難
　　極まりない．

　これらのことから，金属シース接地の接地線に流れる漏えい電流は数

〜十数 mA 程度であるため，外部磁界の影響はかなり大きなものとなることがわかる.

つまり，「ケーブルに流れている電流の大きさにより磁界が変化するのでその影響からクランプメータの値が変化する」また，「毎月のクランプ式電流計の測定位置が 1 mm の誤差もない位置，角度で測定することはありえないことからもクランプ式電流計の値が変化する」こととなる.

(ii)　高周波（高調波）の影響による誤差

実はこの影響も大きいと考えられている.

高圧配電線には，最近では高調波が以前に比較すると多く存在しており，この高調波は対地静電容量のインピーダンスを低下（第5調波の例：$1/j5\omega C$）させるため，対地静電容量による I_C の値が増大する．低圧側での実測例（変圧器接地線での測定）では，400 mA に達していたとの報告もある.

特に，最近ではさまざまな需要家でインバータが使用されており，インバータの漏れ電流はクランプ式電流計の周波数特性を上回る周波数分布となっているため，漏れ電流を正確に測定することは現状では不可能であり，高調波は配電線につながれている需要家のインバータ機器などの使用状況により，大きな変化をするので注意が必要である.

このため，最近では漏れ電流のうち，高周波成分をカットし，基本波成分を主体とする漏れ電流だけを測定できるよう，フィルタ機能を備えた機種が出現している．しかし，このフィルタはすべての高周波成分をカットできるわけではなく，また，配電線の高調波成分に合わせて製作されているものではない（機種によっても特性が異なる）ので，注意が必要である.

(iii)　配電線電圧の不平衡による誤差

配電線の電圧は，二次側負荷の使用状態によって各相の電圧が異なって変化する．実際の使用状態においては決して対称三相とはならないと

いえる．これは，配電線電圧が常に不平衡となっていることを意味し，この不平衡電圧によっても静電容量による I_C の値が変化することは，前述した式に示されるとおりである．

(iv) 非接地側ケーブルヘッド部の保護層部やケーブルのビニルシース部の絶縁劣化などにおけるシース循環電流回路形成によるシース循環電流重畳による誤差

一般の需要家では，非接地側ケーブルヘッド部が引込み柱などにある場合が多く，

① 高圧ケーブルの終端接続部の施工不完全など（保守点検上必要とされるストレスコーン部の金属シース軟銅線の外部への引出し処理施工不完全や絶縁テープの劣化など）

② 経年劣化などによるストレスコーンの亀裂

③ ケーブル防食層のシリュリンクバック現象（防食層の縮みによる金属シースの一部露出）

など，非接地側ケーブルヘッド部が抵抗接地状態（片端接地であっても両端接地状態となっている）となってしまうことがある．

結果として，シース循環電流回路が形成されてシース循環電流が重畳されてしまうことがある．このような状態となってしまうと，お手上げである．つまり，漏えい電流（I_R と I_C のベクトル和 I_δ）＋循環電流となってしまうからである．

以上のことから，対地絶縁抵抗に基づく（真の絶縁抵抗低下の原因となる電流）I_R を求めるには，静電容量と抵抗成分の電流から抵抗成分の I_R をベクトル解析する装置が必要であり，さらに，電流波形に重畳された高調波や高周波を完全にキャンセルする必要がある．

さらには，配電線の電圧不平衡や非接地側ケーブルヘッド部の保護層部やケーブルのビニルシース部の絶縁劣化状況を適切に把握する必要もある．つまり，活線状態ではこれらの値は常に変化するので I_R の検出は困難極まりないことがわかる．

　以上のことから結論としては，「クランプ式電流計によるケーブルヘッド接地線部分での高圧ケーブルの漏えい電流測定では，絶縁抵抗低下をみつけられない」．したがって，「毎月の点検時に高圧ケーブルのシース電流測定（クランプ式電流計での測定）は絶縁抵抗低下に関しては参考値である」という程度に考えておくことがよいと思われる．

　したがって，「高圧ケーブルの絶縁抵抗低下を判断」するには，1 000〜5 000 V メガー（10 000 V メガーを使用することもある）を使用した絶縁抵抗測定データ，活線劣化診断データ，停止状態での直流漏れ電流試験データなどさまざまなデータを取得し，「総合的に判断する」ことが最良策ということが現状である．

⑵　クランプ式電流計を使用してケーブルの劣化傾向をみつけることはできないのか？

　前述のように，クランプ式電流計によるケーブルヘッド接地線部分での高圧ケーブルの漏えい電流測定では，絶縁抵抗低下をみつけられないということが，情けない話であるが40年もの月日を建設・保守してきた現時点での私的な結論である．

　「クランプ式電流計によるケーブルヘッド接地線電流の測定は無駄なのか」ということの質問であるが，今日までの経験から，絶対に無駄ではないと確信している．「毎月のデータは何らかの異常を知らせるシグナルを多くもっている」ということである．それが結果的には絶縁抵抗低下の異常発見につながることもあるからである．

　配電部門所属時代に100 V の低圧配線から6.6 kV の高圧ケーブル，工務部門所属時代に22 kV 〜 500 kV の超々高圧のケーブルに至るまでの工事および保守を幸運にも経験させてもらい，多くのトラブルにも遭遇したのは事実である．

　その経験から，「クランプ式電流計によるケーブルヘッド接地線電流の測定」にまつわる事象について少し述べておく．

　一つ目は，66 kV 以上の単心ケーブルはシース電流抑制のため，クロ

スボンド接地方式を採用しており，ケーブル点検において，クランプ式電流計を使用してクロスボンド線に流れている電流（シース電流：10〜50 A 程度）を測定している．

　毎回，点検結果を前回の点検結果と比較すると 10〜20 A 程度の変化が常にあるが，ある日，70 A も違っていた事象があり，電気技術者としては何か変だと感じる．そこで 20 km もある線路をくまなく調査した結果，マンホール管口部でケーブル防食層の異常（長年の熱伸縮による防食層切れ）を発見した．

　防食層切れにより，ワイヤシールド（高圧ケーブルの金属シースと同じ目的）が露出して管口部分に接触し，接地状態となっていたことからクロスボンド回路が崩れた状態となり，シース電流が大きく変化していたのである．

　また，上記と同様にクロスボンド線電流に 90 A 程度の変化があったときも，クロスボンド補修実施後のクロスボンド誤配線を発見したことなどもある．

　二つ目は，配電部門に所属して 6.6 kV 高圧ケーブルの建設・保守をしていたときには，ケーブルヘッド部での遮へい層接地線電流の測定（質問と同様の測定）において，三相一括測定と各相別々の測定値が，前回のデータと比較すると各相の電流に大きなアンバランスがあり，このときも何かおかしいと感じ，以下のような調査を実施した．

　その調査の中の一つで，遮へい銅テープの抵抗測定→ケーブルオフセット部の遮へい銅テープ切れの異常を発見（仮補修実施）した．さらにそのとき，オフセット部にシースのほんのわずかな伸びが私には感じられたので，上司に報告して直流漏れ電流試験を実施したところ「要注意判定」となり，ケーブルの引替えを行った．

　後日，そのケーブルを詳しく調査したところ，遮へい銅テープ切れの異常発見部付近の絶縁体に外導トリー（第 2 図参照）を確認した．

　遮へい銅テープ切れの原因は，ケーブルオフセットが許容湾曲半径以

第2図　絶縁体の外導トリー

下となっていたため，長年の熱伸縮により遮へい銅テープに無理がかかり，劣化破損したものと推定されたものである．

　さらに，シースのほんのわずかな伸びは，熱伸縮や紫外線の影響などによりレオジカル的変形（クリープ）を起こし，ストレス・クラックが発生して水が浸入し，外導水トリーの進展に至ったものと推定された．

　上記のほか，小さなトラブルを含めると数多く発見した記憶があるが，これもすべてクランプ式電流計を使用してクロスボンド線および遮へい層接地線電流測定における「データの蓄積」があったからこそ，異常の発見につながったものと確信している．

　クランプ式電流計による高圧ケーブルの漏えい電流測定は困難であり，真の絶縁抵抗の低下の兆候を把握するためには，ベクトル解析する必要がある．ただし，測定データの積み重ねがトラブルの前兆を知らせてくれることもあり，測定自体は無駄ではない．

　私の信念でもあるが，無駄な作業はなく，データ管理とそのデータをどのように生かすかが肝心である．

4-1-4
力率改善効果と進み力率問題

　電力会社勤務時代にお客さまから「電力用コンデンサの力率改善効果と，特に工場が稼動していない夜間や休日の軽負荷時に進み力率となった場合の問題点について教えてください.」との質問があり，次のように回答した.

　需要家に進相用コンデンサを設置して力率を改善することにより，需要家においては次のような利点が生じる.

① 毎月の基本料金が割引されて電気料金が安くなる.
② 負荷電流（皮相電流）が減少することから，配電線および変圧器で発生する損失が低減し，受電設備の有効利用ができ，さらに電圧降下を抑制することができる.

⑴ 力率改善とは

　一般に電力負荷は第1図(a)のように，抵抗 R と誘導リアクタンス X の組合せで表すことができる. この負荷に電圧分を印加すると，負荷電流 $\dot{I}_0$（皮相電流）は抵抗 R に流れる電流 $\dot{I}_R$（有効電流）および誘導性リアクタンスに流れる電流 $\dot{I}_L$（無効電流）のベクトル和で示され，第1図(b)のようなベクトル図となる.

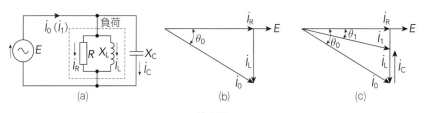

第1図

　力率とは，この有効電流と皮相電流との位相角 θ の余弦 $\cos\theta$ にて定義され，この $\cos\theta$ を 1.0 に近づける（位相角 θ を小さくする）ことを力率改善と呼ぶ．

$$力率\ \cos\theta = \frac{有効電流}{皮相電流} = \frac{有効電力}{皮相電力}$$

　負荷と並列に電力用進相コンデンサを設置すれば，コンデンサに流れる電流 $\dot{I}_C$ は電圧位相より 90° 進んだ電流となり，負荷の無効電流 $\dot{I}_L$ と逆位相のために負荷の無効電流が第1図(c)のベクトル図のように相殺され，電源から供給される皮相電流は $\dot{I}_0$ から $\dot{I}_1$ に減少する．

(2) 力率改善の効果

(a) 電気料金（基本料金）の低減

　電気料金は，契約電力 [kW] で決まる基本料金と，使用電力量 [kW·h] で決まる電力量料金の2種（2部料金制という）より構成される．

　需要家の負荷力率が改善された場合，電力会社は設備の合理化が図れる利点があり，需要家の力率改善の促進のため，わが国では，次のような基本料金の力率割引制度（力率85％を基準として，割引き・割増しされる仕組み）を設けている．

① 電気料金 ＝ 基本料金 ＋ 電力量料金

② 基本料金 [円] ＝ 契約電力 [kW] $\times 1 + \dfrac{85 - 力率\ [\%]}{100}$

　　　　　　　　　　$\times$ 単価 [円/kW]

③ 電力量料金 [円] ＝ 使用電力量 [kW·h] $\times$ 単価 [円/kW·h]

　ただし，力率の算定は1か月のうち毎日8時から22時までの時間における平均力率とし，進み力率となる場合は100％とみなされる．

(b) 電力損失の低減メリット

　力率が改善されると負荷電流が減少し，配電線および変圧器の電力損失が低減する．力率改善による配電線内での損失（線路損失）と変圧器巻線損失（銅損）の低減効果は次式で表される．

$$\text{損失低減率} = \frac{W_1 - W_2}{W_1} = 1 - \frac{\cos^2\theta_1}{\cos^2\theta_2}~[\%]$$

ただし，W_1：改善前の線路損失，銅損 [kW]，W_2：改善後の線路損失，銅損 [kW]，$\cos\theta_1$：改善前の力率，$\cos\theta_2$：改善後の力率

例えば，力率が 75 ％ より 95 ％ に改善されると約 38 ％ の損失低減ができることとなり，大きな省エネルギー効果が得られる．

(c)　受電設備の有効利用

力率が改善されると負荷電流が減少し，変圧器容量や配電線に余裕ができる．このため設備を増設することなく負荷の増設が可能となる．また，負荷を増設しない場合は変圧器容量の低減が可能となる．

力率改善による設備の余裕度向上効果は次式により算出できる．

$$\text{余裕度} = \frac{P_1 - P_2}{P_1} = 1 - \frac{\cos\theta_1}{\cos\theta_2}~[\%]$$

ただし，P_1：改善前の負荷容量 [kV·A]，P_2：改善後の負荷容量 [kV·A]，$\cos\theta_1$：改善前の力率，$\cos\theta_2$：改善後の力率

例えば，力率が 75 ％ から 95 ％ に改善されると約 21 ％ の余裕を生じることになる．

(d)　電圧降下の抑制

力率が改善されると線路電流が減少し，線路などのリアクタンスや抵抗による電圧降下を抑制できる．

電圧降下の大きさ ΔE は概略次式により算出できる．

$$\Delta E = \frac{P}{10\cos\theta}(R\cos\theta + X\sin\theta)~[\%]$$

ただし，P：負荷電力 [MW]，R：線路の抵抗（10 MV·A ベース）[%]，X：線路のリアクタンス（10 MV·A ベース）[%]，$\cos\theta$：力率

例えば負荷が 1 MW，線路の抵抗およびリアクタンスをそれぞれ 10 MV·A ベースで 10 ％，30 ％ とすると，力率 75 ％ の電圧降下は 3.6 ％ であるが，力率 95 ％ に改善すると 1.8 ％ に半減することがわかる．

⑶　**軽負荷時に進み力率となった場合の問題点**

　力率改善用の進相コンデンサが固定設置されている場合，夜間や休日の軽負荷時に進み力率となった場合，次のような弊害を生じる．

①　電源系統の電力損失が増加する．

②　フェランチ効果を起こし，送電端電圧に対して受電端電圧が上昇する．

③　高調波ひずみが増大し，コンデンサなどの設備に異常を招くことがある．

　これらを防止するため，自動力率調整装置などを設置して，進相コンデンサを負荷に合わせて自動で投入・開放することが望ましい．

(a)　電力損失の増加

　第2図は，ある需要家の力率改善の例を示す．契約電力の大きな需要家では，近年においてコンデンサ容量は最大負荷時に対して力率が99％以上になるよう設置されている．第3図(a)はこの関係をベクトル図で表したものである．

　第3図(b)は，軽負荷時にコンデンサが制御されずに全群投入されたま

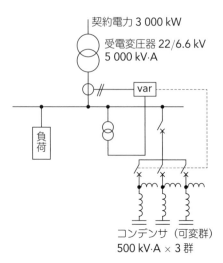

第2図　需要家の回路例

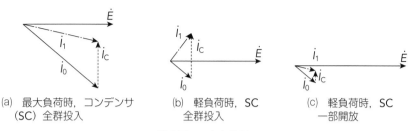

(a) 最大負荷時，コンデンサ　　(b) 軽負荷時，SC　　　　(c) 軽負荷時，SC
　　（SC）全群投入　　　　　　　　全群投入　　　　　　　　　一部開放

第3図　ベクトル図

まの状態を示したベクトル図である．この場合のように，電流 $\dot{I}_1$ がコンデンサが挿入されていない場合の負荷電流 $\dot{I}_0$ より増加するような状態では，電源系統の電力損失がコンデンサの作用によって増加することになる．

　ここで，コンデンサを一部開放して第3図(c)のベクトル図のような状態にすれば，電流 $\dot{I}_1$ は負荷電流 $\dot{I}_0$ より減少し，電力損失も低減する．

(b)　受電端電圧（母線電圧）の上昇

　第4図の系統で負荷電流 $\dot{I}$ の絶対値を一定とした場合のベクトル図を第5図に示す．電源側インピーダンスのリアクタンス分 X は電流位相が遅れの場合に，母線電圧を降下させる作用をするが，進みの場合は逆に上昇させ，フェランチ効果を引き起こすので注意が必要である．

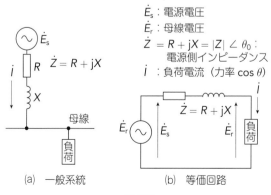

$\dot{E}_s$：電源電圧
$\dot{E}_r$：母線電圧
$\dot{Z} = R + jX = |Z| \angle \theta_0$：
　　　電源側インピーダンス
$\dot{I}$：負荷電流（力率 $\cos\theta$）

(a)　一般系統　　　　(b)　等価回路

第4図

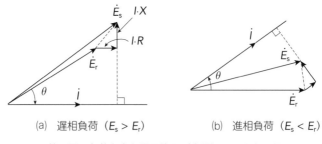

(a) 遅相負荷（$E_s > E_r$）　　　　　　(b) 進相負荷（$E_s < E_r$）

第5図　負荷力率と電圧降下（上昇）のベクトル図

⑷　高調波ひずみの増大

　一般電力系統には少なからず高調波が存在するが，夜間や休日の軽負荷時に進相コンデンサを挿入したままにすると，高調波ひずみが大きくなり，コンデンサに異常あるいはほかの機器の損傷，誤動作を招くことがある．

　これは工場負荷の軽くなる深夜にかけての時間帯に母線電圧が上昇し，変圧器過励磁などの種々の要因で系統の高調波電圧が高くなることによるので注意が必要である．

4-1-5

進相コンデンサの直列リアクトル

　電力会社の自家用設備の技術協議にて，受電設備の進相コンデンサには，直列リアクトル付きのものを使用しなければならないことになっていますが，理由を教えてくださいとの質問があり，次のように回答した．

　高調波電流が発生する設備を有する需要家において，進相コンデンサに直列リアクトルを設置しないと，発生した高調波電流よりも電力系統に流出する高調波電流のほうが多くなる現象が生じるからである．

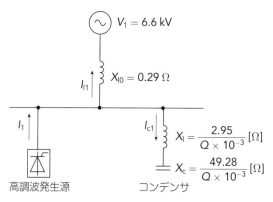

商用周波電圧 $V_1 = 6.6$ kV　　受電点三相短絡容量 $P_s = 150$ MV·A

電源側基本波リアクタンス $X_{l0} = \dfrac{V_1^2}{P_s} = \dfrac{6.6^2}{150} = 0.29$ Ω

6 ％直列リアクトルによる基本波リアクタンス $X_l = 0.06X_c = \dfrac{2.95}{Q \times 10^{-3}}$ [Ω]

コンデンサ定格容量 Q [kvar]

コンデンサによる基本波リアクタンス $X_c = \dfrac{V_c^2}{Q \times 10^{-3}} = \dfrac{49.28}{Q \times 10^{-3}}$ [Ω]

$V_c = 7.02$ kV

第1図　基本波インピーダンスマップ

以下，その現象について詳細説明する.

第1図には，基本波インピーダンスマップを示す.

第2図，第3図は，第5調波，第7調波発生源を有する一般的な回路の高調波に対する等価回路を示す．I_5，I_7 は，第5調波，第7調波電流源を，I_{15}，I_{17} は，配電系統への第5調波，第7調波の流出電流を，I_{c5}，I_{c7} は，コンデンサ回路への第5調波，第7調波の流入電流を表す.

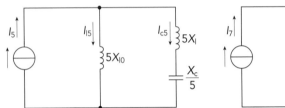

第2図　第5調波発生源による等価回路　　　第3図　第7調波発生源による等価回路

次に，第4図，第5図に示す高調波発生源より発生する第5調波電流 I_5 [A]，第7調波電流 I_7 [A]，電源側の基本波リアクタンス X_{l0} [Ω]，コンデンサの基本波リアクタンス X_c [Ω]，6% 直列リアクトルの基本波リアクタンス X_l [Ω] とすると，電源側への第5調波流出電流 I_{15} [A]，第7調波流出電流 I_{17} [A] は，高調波電流源 I_5，I_7 に対し，電源側のインピーダンスとコンデンサ回路のインピーダンスとが並列に接続されているので，電源への高調波流出電流は，次式に示すようになる.

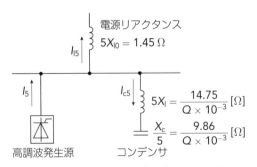

第4図　第5調波インピーダンスマップ

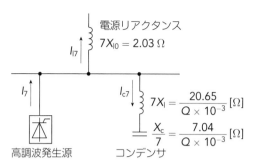

電源リアクタンス
$7X_{l0} = 2.03\,\Omega$

I_{l7}

I_7

I_{c7}

高調波発生源

$7X_l = \dfrac{20.65}{Q \times 10^{-3}}\,[\Omega]$

$\dfrac{X_c}{7} = \dfrac{7.04}{Q \times 10^{-3}}\,[\Omega]$

コンデンサ

第5図　第7調波インピーダンスマップ

$$I_{l5} = I_5 \times \frac{5X_l - \dfrac{X_c}{5}}{5X_{l0} + 5X_l - \dfrac{X_c}{5}} \tag{1}$$

$$I_{l7} = I_7 \times \frac{7X_l - \dfrac{X_c}{7}}{7X_{l0} + 7X_l - \dfrac{X_c}{7}} \tag{2}$$

　ここで，直列リアクトルが設置されている場合について，X_{l0} $= 0.29\,\Omega$，$X_l = 2.95/(Q \times 10^{-3})\,[\Omega]$，$X_c = 49.28/(Q \times 10^{-3})\,[\Omega]$ として，(1)式，(2)式に代入すると，

$$I_{l5} = I_5 \times \frac{5 \times \dfrac{2.95}{Q \times 10^{-3}} - \dfrac{49.28}{5 \times Q \times 10^{-3}}}{5 \times 0.29 + 5 \times \dfrac{2.95}{Q \times 10^{-3}} - \dfrac{49.28}{5 \times Q \times 10^{-3}}}$$

$$= I_5 \times \frac{4.894}{1.45 \times (Q \times 10^{-3}) + 4.894} \tag{3}$$

$$I_{17} = I_7 \times \frac{7 \times \dfrac{2.95}{Q \times 10^{-3}} - \dfrac{49.28}{7 \times Q \times 10^{-3}}}{7 \times 0.29 + 7 \times \dfrac{2.95}{Q \times 10^{-3}} - \dfrac{49.28}{7 \times Q \times 10^{-3}}}$$

$$= I_7 \times \frac{13.61}{2.03 \times (Q \times 10^{-3}) + 13.61} \tag{4}$$

次に，直列リアクトルが設置されていない場合については，$X_1 = 0\,\Omega$ になるので，$X_{10} = 0.29\,\Omega$，$X_c = 49.28/(Q \times 10^{-3})\,[\Omega]$ として，(1)式，(2)式に代入すると，

$$I_{15} = I_5 \times \frac{0 - \dfrac{49.28}{5 \times Q \times 10^{-3}}}{5 \times 0.29 - \dfrac{49.28}{5 \times Q \times 10^{-3}}}$$

$$= I_5 \times \frac{9.856}{9.856 - 1.45 \times (Q \times 10^{-3})} \tag{5}$$

$$I_{17} = I_7 \times \frac{0 - \dfrac{49.28}{7 \times Q \times 10^{-3}}}{7 \times 0.29 - \dfrac{49.28}{7 \times Q \times 10^{-3}}}$$

$$= I_7 \times \frac{7.04}{7.04 - 2.03 \times (Q \times 10^{-3})} \tag{6}$$

(3)式，(4)式，(5)式および(6)式を用いて，6％直列リアクトルが設置されている場合および直列リアクトルが設置されていない場合について，進相コンデンサの定格容量 $Q = 53.2 \sim 1\,060\,\mathrm{kvar}$ に対して，電源系統への第5調波電流流出比率 $= I_{15}/I_5\,[\%]$，第7調波電流流出比率 $= I_{17}/I_7\,[\%]$ を計算すると表に示すようになる．

表からわかるとおり，直列リアクトルが設置されている場合は，電源系統への高調波電流流出比率は，常に100％未満であり，進相コンデ

直列リアクトルの設置の有無による電源系統への高調波流出電流の比較

コンデンサの定格容量 Q [kvar]	6％直列リアクトルが設置されている場合		直列リアクトルが設置されていない場合	
	第5調波流出電流比率 I_{15}/I_5 [%]	第7調波流出電流比率 I_{17}/I_7 [%]	第5調波流出電流比率 I_{15}/I_5 [%]	第7調波流出電流比率 I_{17}/I_7 [%]
53.2	98.4	99.2	100.8	101.6
106	97.0	98.4	101.6	103.2
213	94.1	96.9	103.2	106.5
319	91.4	95.5	104.9	110.1
532	86.4	92.6	108.5	118.1
1 060	76.1	86.3	118.5	144.0

① 電源の系統短絡容量は，150 MV·A とする．
② 高調波発生機器による第5調波電流 I_5 [A]，第7調波電流 I_7 [A] とし，電源系統への第5調波流出電流 I_{15} [A]，第7調波流出電流 I_{17} [A] とする．
③ コンデンサの定格容量 Q [kvar] は，現行 JIS 規格による標準定格容量である．

ンサの定格容量が大きいほど少なくなる．

　直列リアクトルが設置されていない場合は，電源系統への高調波電流流出比率は，常に 100％ を超過しており，発生した高調波電流よりも電源系統へ流出する高調波電流のほうが多くなる．

　この現象は，進相コンデンサの定格容量が大きいほど，この傾向は大きくなる．この増加分は，当然，進相コンデンサから流出している分であり，電源系統への流出電流と進相コンデンサへの電流との位相が一致するために起こる現象である．

　さらに，第6図のような三相3線式高圧配電系統から 6 600 V で受電している需要家において，負荷の一部に定格入力容量 600 kV·A の三相高調波発生機器があり，この機器から発生する第5調波電流は定格入力電流に対し 17％ である場合について考察してみる．

　条件として，受電点より配電系統側のインピーダンスは 10 MV·A 基準で j8％，受電用変圧器の容量は 1 000 kV·A でそのインピーダンスは j4％，進相コンデンサの容量は 200 kV·A とし，高調波発生機器は電流源とみなせるものとする．

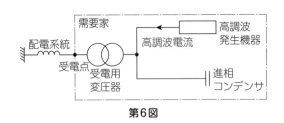

第6図

まず，機器から発生する第5調波電流の受電点電圧に換算した電流を求めてみる．

高調波発生機器の定格入力容量を P_n，受電点電圧を V_n とすると，定格入力電流 I_n は，

$$I_n = \frac{P_n}{\sqrt{3}V_n} = \frac{600 \times 10^3}{\sqrt{3} \times 6\,600} \fallingdotseq 52.49 \text{ A}$$

第5調波電流 I_5 は定格入力電流 I_n の 17％ なので次式となる．

$$I_5 = I_n \times 0.17 = 52.49 \times 0.17 \fallingdotseq 8.92 \text{ A}$$

次に，進相コンデンサにそのリアクタンスの6％のリアクタンスを有する直列リアクトルを接続した場合，受電点から配電系統に流出する第5調波電流を求めてみる．

$1\,000$ kV·A を基準とすると，受電点よりも配電系統側のインピーダンス jX_B は，

$$jX_B = j8 \times 0.01 \times \frac{1\,000 \text{ kV·A}}{10 \times 10^3 \text{ kV·A}} = j0.008 \text{ p.u.}$$

受電用変圧器のインピーダンス jX_T は，

$$jX_T = j4 \times 0.01 = j0.04 \text{ p.u.}$$

進相コンデンサのインピーダンス $-jX_C = 1/j\omega C$ は，

$$-jX_C = \frac{1}{j\omega C} = -j\frac{1\,000 \text{ kV·A}}{200 \text{ kV·A}} = -5 \text{ p.u.}$$

進相コンデンサに接続された直列リアクトルのインピーダンス $jX_L = j\omega L$ は，

$$jX_L = j\omega L = j5 \times 0.06 = j0.3 \text{ p.u.}$$

　よって，第5調波に対しては，進相コンデンサのインピーダンス $-jX_{5C}$，および直列リアクトルのインピーダンス jX_{5L} は，

$$-jX_{SC} = \frac{1}{j5\omega C} = -jX_C \times \frac{1}{5} = -j5 \times \frac{1}{5} = -j1 \text{ p.u.}$$

$$jX_{5L} = j5\omega L = jX_L \times 5 = j0.3 \times 5 = j1.5 \text{ p.u.}$$

　高調波発生機器を電流源とみなした等価回路は，第7図のようになるので，受電点から第5次配電系統に流出する第5調波電流 I_{5B} は

$$I_{5B} = I_5 \times \frac{jX_{5L} - jX_{5C}}{j5X_B + j5X_T + jX_{5L} - jX_{5C}}$$

$$= I_5 \times \frac{X_{5L} - X_{5C}}{5X_B + 5X_T + X_{5L} - X_{5C}}$$

$$= 8.92 \times \frac{1.5 - 1}{5 \times 0.008 + 5 \times 0.04 + 1.5 - 1} = 8.92 \times \frac{0.5}{0.74}$$

$$\fallingdotseq 6.03 \text{ A}$$

となる．

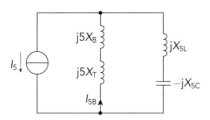

第7図　第5調波に対する等価回路

　ここで，進相コンデンサに直列リアクトルが設置されていない場合について，受電点から配電系統に流出する第5調波電流を求めてみる．

　$jX_{5L} = 0$ となるので，

$$I_{5B} = I_5 \times \frac{jX_{5L} - jX_{5C}}{j5X_B + j5X_T + jX_{5L} - jX_{5C}}$$

$$= I_5 \times \frac{X_{5L} - X_{5C}}{5X_B + 5X_T + X_{5L} - X_{5C}}$$

$$= 8.92 \times \frac{0 - 1}{5 \times 0.008 + 5 \times 0.04 + 0 - 1} = 8.92 \times \frac{-1}{-0.76}$$

$$\fallingdotseq 11.74 \text{ A}$$

となり，第5調波電流は増幅されて配電系統側に流出する．

　したがって，直列リアクトルを設置してコンデンサ設備全体での第5調波リアクタンスを誘導性にすることにより系統側への流出電流を抑制することができる．

　以上のような理由から，JIS規格の改正により，進相コンデンサは直列リアクトル付きのものを使用することになった．

　なお，直列リアクトルが設置されていない進相コンデンサは電源系統への高調波を増加する作用があるので，仮に当該自家用施設に高調波発生機器がない場合でも直列リアクトル付きのものを使用することが必要である．

【結論】　高調波電流が発生する設備を有する需要家で，進相コンデンサに直列リアクトルを設置しないと，発生した高調波電流よりも電力系統に流出する高調波電流のほうが多くなる現象を生じるからである．

4-1-6

みなし低圧連系とは

　電力会社勤務時代にお客さまから,「みなし低圧連系」とすればよい
とメーカの技術者から聞いたのですが, メーカの方の説明では今一つ理
解できませんでした. また, 詳しくは電力会社に問い合わせてください
とのことでしたので, みなし低圧連系について詳しく教えてくださいと
の問合せがあった.

　以下のように回答したので参考にしてほしい.

　みなし低圧連系とは, 高圧受電設備の需要家において, 発電設備の出
力容量が以下のような場合に, 高圧配電線との連系ができるというもの
である.

(a)　発電設備の出力容量が契約電力の5%以下であれば高圧受電でも
　　低圧連系扱いができる.

(b)　発電設備の出力容量が10 kW以下であれば高圧受電でも低圧連系
　　扱いができる.

(c)　発電設備の出力容量が契約電力の5%以上の連系・構内の最低負
　　荷に対して常に発電設備の出力容量が小さく, 速やかな解列が実施で
　　きる場合(逆潮流が発生しない場合)は, 低圧連系扱いができる(構
　　内の最低負荷の証明が必要である).

(d)　地絡過電圧継電器(OVGR)の設置は, 低圧連系扱いであれば
　　OVGRの設置は不要である.

(注)　みなし低圧連系:「ガイドライン」ではこの用語の定義はないの
　　　で注意してほしい. 高圧配電線との連系でありながら「低圧配電線
　　　との連系要件」扱い(みなし)できるという意味である.

以上，みなし低圧連系とは，電力会社との契約電力が比較的大きい場合，小規模から中規模の太陽光発電設備や風力発電設備を高圧連系せず，低圧連系してもよいという緩和措置のことである．

みなし低圧連系の概要

例えば，太陽光発電システム等を導入したいと考えている施設の電気容量や受電電圧により，連系方式は高圧連系，低圧連系などと連系方式が変わる．

「高圧連系」というのは，6.6 kV の高圧受電している施設に太陽光発電システム等を設置する場合のことをいう．高圧受電している施設は，一般的に契約容量 50 kW 以上の施設である．

「低圧連系」というのは，低圧受電（100 V/200 V）している施設に太陽光発電システム等を設置する場合のことをいう．低圧受電している施設は，一般的に契約容量 50 kW 未満の施設である．

ただし，低圧連系であっても，前述のように 50 kW 以上の太陽光発電システム等を設置する場合，小出力発電設備から除外となるので，電気主任技術者に管理してもらう必要がある．

みなし低圧連系は，6.6 kV の高圧受電している施設に小容量の太陽光発電システム等を設置する場合のことをいう．

みなし低圧連系するには，前述のように発電設備の容量が受電電力の5 ％程度以内で，常に発電設備からの電力を施設の中で消費できることが条件となる．

例えば，高圧受電で契約容量 300 kW の施設なら，その 5 ％の容量である 15 kW までなら「みなし低圧連系」できることになる．

ただし，最低使用負荷が 15 kW を下回るようであれば，みなし低圧連系はできない．

みなし低圧連系のメリットは，地絡過電圧継電器（OVGR）の設置が省略できる点である．つまり，その分の設置費用が抑えられるということである．

　具体的には，高圧受電の需要家において，太陽光発電設備や風力発電設備を設けた場合には,高圧電源に対して系統連系することになるので,低圧の系統連系で設置される保護継電器のほか，地絡過電圧継電器（OVGR）を追加で設置する必要がある．

　このOVGR設置コストを削減するため，「みなし低圧系統連系」を適用することで，設置コストを抑制するという方法である．

　みなし低圧連系を適用したい場合，「発電設備の容量が受電電力の5％程度，常に発電設備からの電力を構内で消費できること」という条件を満たせば，低圧系統連系とみなすことができるが，管轄する電力会社との技術協議が必要となる．

　商用電力系統への連系の申込みに際して電力会社へ提出する資料を表に示す．

①　資料は協議の進展に応じて電力会社へ提出する．その際，窓口でよく相談することが重要である．

②　受電設備を新増設する場合は，受電申込書をあわせて提出する必要がある．

　なお，この一連の協議は，施主の代理として太陽光発電設備などの設置業者やメーカ，電気保安協会などが代行する場合がほとんどである．

　技術協議については，管轄支社の窓口に申し出てから自家用グループなどと詳細な協議となるので，事例が発生したら，即，協議を開始することをお勧めする．

　東日本大震災以降，わが国のエネルギー政策が大きく変わり，再生可能エネルギーである太陽光発電や風力発電がこれからますます設置されていくことと思う．

　設備の設置には，必ず電力会社との協議が必要になってくるので，電気主任技術者は法律などについては，最新の情報を必ずチェックしておくことが大切である．

　また，再生可能エネルギーの普及が進んでいくと，電力の流れも従来

太陽光発電システムの低圧系統連系協議に必要な資料

書　類　の　名　称	概　　要
1. 太陽光発電設備の低圧連系照会書	太陽光発電システムを系統へ連系することを検討依頼する
2. 太陽光発電設備の低圧連系申込書	事前協議を終えた後，正式に申し込む
3. 単線結線図	図面の用意
4. 付近見取り図	設置場所の近隣を含み，容易に到達できるよう表現してあること
5. 太陽光発電設備の基本仕様	インバータの仕様を説明する資料
6. 系統連系保護協議チェックリスト簿	低圧配電線用
7. 保護継電器整定値一覧表	主なリレー用とタイマ用の2種類必要
8. 保護継電ブロック図	
9. 制御電源回路図	
10. 連系保護装置試験成績書	
11. 発電装置の仕様書	自動電圧調整，力率調整，運転条件など
12. 高周波電流測定結果簿	
13. 連絡体制資料	主任技術者，設置者の氏名，連絡方法を記載してあること（保安規程案の写しで代替可）
14. その他の必要資料	参考までに施工計画書などを持参

※認証制度に基づく認証試験に合格ずみのインバータなどを使用する場合は，6～12の書類提出は不要である．

の発電所からの一方通行から双方に変わっていくので，スマートグリッドなどの最新情報にも常にアンテナを高くしておくことが大切である．

4-1-7
分散型電源の逆潮流・単独運転の問題点

　電力会社勤務時代にお客さまから「太陽光発電設備などの分散型電源を施設したいと思っているのですが，逆潮流および単独運転の問題点，電圧の規定など国の法律とあわせて教えてください」との質問があり，次のように回答した．

　低圧配電線に連系された太陽光発電設備の出力が，低圧需要家の消費電力を上まわると，電力は系統側へ流れる．これを逆潮流という．

　電気事業法では，逆潮流によって低圧需要家の電圧が上昇し，第 26 条および同法施行規則第 38 条で定められた適正値（標準電圧 100 V に対しては 101 ± 6 V，200 V に対しては 202 ± 20 V を超えない値）を逸脱するおそれがある場合には，太陽光発電設備などの分散型電源の設置者側で出力抑制（進相無効電力制御機能または出力制御機能による自動的な電圧調整対策）する対策を行うものとしている．

　ただし，単相 2 線式 2 kV·A 以下，単相 3 線式 6 kV·A 以下または三相 3 線式 15 kV·A 以下の小出力逆変換装置については，当該進相無効電力制御機能または出力制御機能を省略できるとしている．これは，一般家庭に設置する分散型電源が対象である．

　なお，需要家内においても，構内負荷機器への影響を考慮すれば，構内の電圧も適正電圧に維持することが望ましい．

　さらに電力会社としては，分散型電源の設置者側で対応できない場合には，配電線の増設や増強等が必要となる．したがって，電力各社は太陽光発電設備などの分散型電源の系統連系について，個別に協議を実施している．

　東日本大震災後，自然エネルギーなどの分散型電源の設置が急速に進むと思われるが，一般家庭等における小出力発電設備等を設置する場合には，設置者の電気保安に関する知識が必ずしも十分でないため，電圧規制点を受電点とすることが適切であるとしている．

　しかし，系統側の電圧が電圧上限値に近い場合，発電設備等からの逆潮流の制限により発電電力量の低下も予想されるため，他の需要家への供給電圧が適正値を逸脱するおそれがないことを条件として，電圧規制点を引込柱としてもよいとされている．

　つまり，電圧上昇対策は，個々の連系ごとに系統側条件と発電設備等側条件の両面から検討することが基本となるが，個別協議期間短縮やコストダウンの観点から，あらかじめ対策について標準化しておくことが有効である．

　次に，太陽光発電設備などの分散型電源が単独運転となった場合には，事故の復旧等に出向した配電線の作業員に危険が及ぶため，この危険を回避する必要があり，電気設備技術基準の解釈第227条「低圧連系時の系統連系用保護装置」第1項において，当該設備を解列することが規定されている．

　これは，太陽光などの発電設備が連系する系統やその上位系統において，事故が発生して系統の引出口遮断器が開放された場合，作業時または火災などの緊急時に線路途中に設置されている開閉装置などを開放した場合などに，太陽光などの発電設備が系統から解列されずに商用電源から分離された部分系統内で運転を継続すると，本来無電圧であるべき範囲が充電されることになる．このように，商用電源から切り離された系統内において，発電設備の運転によって生じる電力供給のみで当該系統に電気が通じている状態を単独運転という．

　このような単独運転になった場合には，人身および設備の安全に対して以下のような大きな影響を与えるおそれがあるとともに，事故点の被害拡大や復旧遅れなどにより供給信頼度の低下を招く可能性があること

から，保護リレーなどを用いて単独運転を直接または間接に検出して，当該発電設備を当該系統から解列できるような単独運転防止対策をとることとしている．

① 公衆感電

② 機器損傷の発生

③ 消防活動への影響

④ 事故点探査，除去作業員の感電

　なお，太陽光などの発電設備が連系する配電系統には，作業者などに注意を促すために，電柱に図のような表示札を設置している．

表示札の例

　逆潮流がない連系の場合には，単独運転時には発電設備から系統側へ電力が流出するため，発電設備設置者の受電点に逆電力リレーなどを設置することにより，この逆潮流を検出して自動的に系統から解列させることが可能である．

　一方，逆潮流がある連系の場合には，定常運転中においても系統側へ電力が流出するため，逆電力リレーを適用することができない．

　このため，逆潮流がある連系においては，系統事故時の解列の確実化を図るため，系統の引出口遮断器開放の情報を通信線を利用して伝送して発電設備の解列を行う転送遮断装置を設置するか，または単独運転検出機能を有する装置を設置する方策をとることとする．

　なお，交流発電設備を低圧系統に連系する場合は，単独運転を検出・保護する技術が成熟していないことから，原則として逆潮流なしとしている．ただし，逆潮流なしの場合と同等の保安が確保でき，当該発電設備設置者以外の者への影響もないと考えられる場合には個別協議の中で逆潮流ありの連系も可能である．

　したがって，太陽光発電設備が単独運転となった場合には，このように危険を回避する必要があり，具体的には前述の電気設備技術基準の解釈第227条「低圧連系時の系統連系用保護装置」において，当該設備を解列することが次のように規定されている．

　低圧の電力系統に分散型電源を連系する場合は，次の各号により，異常時に分散型電源を自動的に解列するための装置を施設すること．

一　次に掲げる異常を保護リレー等により検出し，分散型電源を自動的に解列すること．

　　イ　分散型電源の異常又は故障

　　ロ　連系している電力系統の短絡事故，地絡事故又は高低圧混触事故

　　ハ　分散型電源の単独運転又は逆充電

二　一般電気事業者が運用する電力系統において再閉路が行われる場合は，当該再閉路時に，分散型電源が当該電力系統から解列されていること．

【結論】　分散型電源からの逆潮流により低圧需要家の電圧が上昇するため，その対策が必要となる．また，分散型電源が単独運転となった場合，事故の復旧等に出向した配電線の作業員に危険が及ぶため，この危険を回避する必要がある．

4-1-8
ケーブルラック上の低圧屋内配線ほか

　電気主任技術者となって，工場のリニューアル工事を行うこととなり，低圧屋内配線でのケーブルラック施工と駐車場の車路管制設備（詳細な質問内容は省略）に関し，電気主任技術者として施工時にどのような点に留意して施工管理を実施したらよいかと質問を受けたことがあったので，留意点の概要を述べる．

・施工図面の確認

　施工図の確認と承認が重要である．施工者の現場代理人や建設業法でいう主任技術者と施工図についてよく確認することが大切である．

　その時点で疑問点はなくしておくことと，とくに施工側の責任者とコミュニケーションを図ることが重要である．現場の作業員は，基本的にユーザ側の指示よりも施工責任者の指示のもと現場作業を進めるからである．

　施工側の責任者とのコミュニケーションが取れていれば，工事が進むにつれてユーザ側の意見も直接聞きいれてくれるようになる．人と人との付き合いをまず第一に進めてほしい．そのうえで，以下のことに留意して意見交換することが大切である．

①　ケーブルラックの幅を選定する場合は，ケーブル条数，ケーブル仕上がり外径，ケーブルの重量，ケーブルの許容曲げ半径，増設工事に対する予備スペースなどを検討して決定する．

②　ケーブルラックの段数は，一般に電力用は1段に配列，弱電用は1段もしくは段積みとする．

③　ケーブルラックは一般的な鋼製ラックのほか，合成樹脂やアルミニ

ウムなど，また，その形状，表面処理などによりさまざまな種類があり，施工環境により使い分けることが大切である．とくに，湿気・水気の多い室内や屋外には，鋼に 350 g/m² 以上の溶融亜鉛めっきを施したもの（記号：Z35）やアルミニウムにアルマイト処理を施したケーブルラック（記号：AL）を使用することを推奨する．

④　ケーブルラックが防火区画された壁や床を貫通する場合は，不燃材などを充てんするなどの耐火工法により施設する必要があるので，注意すること．施工方法については，建築基準法施行令第129条の2の5第1項第七号ハに，国土交通大臣の認定を受けたものとすると規定されているので，この施工図や施工方法を確認し，遵守するようにしてほしい．

⑤　ケーブルラック相互の接続時のボンド線は，ノンボンド工法の直線継ぎ金具を使用する場合は必要ないが，蝶番継ぎ金具，自在継ぎ金具，伸縮継ぎ金具，特殊継ぎ金具の使用の場合には，電気的に接続されていないので，ボンド線にて必ず接地を施すようにする．接地工事はD種接地工事となる．

　以上のようなことが重要で，そのほか現場によりさまざまなことを確認しなければならないが，施工者の現場代理人や主任技術者と図面確認して承認することとしてほしい．

　承認図面に従って施工が進むが，施工にあたっては配線ケーブルを損傷しないことが一番重要となるので，以下のことに留意して現場の施工監理と工程・品質・安全管理を行うことが大切である．概要を述べる．

①　ラックなどにケーブルを施設する場合の支持点間の距離は，ケーブルが移動しないようにする．ケーブルは，整然と並べ，水平部では 3 m 以下，垂直部では 1.5 m 以下の間隔ごとに緊縛することが望ましいので，施工責任者と図面と現場で相互確認する．

②　ケーブルラックにケーブルを布設するときは，ケーブル相互のもつれや交差を少なくするように，事前に延線順序や方法（コロやキャタ

ピラ，曲線部の案内用フレキシブル管など）を検討して，ケーブルラック上に整然と配列する．

③　ケーブルの緊縛材料には，一般的に木綿ひも，麻ひも，化学繊維ロープ，ナイロンバンドおよびケーブル支持金具（パイラックやクリート）を用いて確実に緊縛されているか確認する．

④　ケーブルの曲線部にてケーブルを曲げる場合は，被覆を損傷しないようにし，その屈曲部の内側の半径は，ケーブルの仕上り外径の6倍（単心のものにあっては8倍）以上とすることが重要である．守られていない場合は，施工を中止するなどして善処することが重要である．

余談であるが，応接間，居間などビニル外装ケーブル（平形）の露出配線でやむを得ない場合は，ケーブルの被覆にひび割れを生じない程度に屈曲させて使用することも大切である．

次に，駐車場の車路管制設備の施工注意点の概要を述べる．

①　赤外線検知器についてであるが，検出器は，赤外線発光器と受光器の1組で構成される．これらを車路の両側の壁に向かって取り付け，発光器から投射された赤外線が，正しく受光器で検出できるようにする．

特に，1組だけだと，人間が歩いても動作するので，1.5 m〜2 m離して2組を取り付け，両方同時に遮光したときに検出するようにする．

②　ループコイルは，車路にあらかじめ埋め込んでおき自動車がこの上を通過するときインダクタンスの変化を検出器で検出して信号を発する設備であるので，原理上ループコイルはなるべく浅く埋設したほうがよいが，普通は5 cm程度に埋設し，鉄筋などの鉄構造物からできるだけ離隔（10 cm以上）しておくこと．

③　信号灯回路はAC 100 Vが標準となるので，ほかの検出器回路などとは，別配線とする必要がある．

④　信号灯の取付け場所は，車路の入口と出口に設ける．取付け位置に

より天井つり下げ形，壁付け形，床上据付け形のいずれかを選定する．取付けの際，車路の直上に付ける場合は，車路面から 2.3 m 以上に取り付けなければならないことが駐車場法により定められているので，注意が必要である．

以上の記述は概要であるので，とにかく電気主任技術者として毅然とした姿勢で施工を管理するとともに，施工責任者，現場作業員と常にコミュニケーションを図ることが重要である．

参考に第1図にケーブルラックの施工図例，第2図に壁貫通部の施工図例を示す．

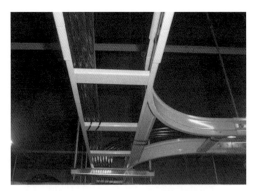

第1図　ケーブルラックの施工図例

第2図　壁貫通部の施工図例

4-1-9
変圧器の並列運転の考え方と
その条件

電力会社勤務時代にお客さまから「電験3種を取得して数年前から保安管理業務をしている者です．変圧器の並列運転の考え方とその条件については，電験3種受験時のテキストや参考書に記載されていますが，実際に現場で適用する場合の利害得失や問題点，留意事項についてはほとんど記述がありません．現場での運用時の留意事項などについて教えてください」との質問があり，次のように回答した．

変圧器の並列運転を実際に現場で適用する場合の利害得失や問題点，留意事項については電験3種のテキストにはほとんど記述がないのが現状である．

⑴ 並列運転の考え方

並列運転の考え方は，変圧器の信頼性，点検整備，容量上の制約などから単相変圧器使用による三相供給を行う場合に，V結線による供給との絡みも含めて総合的な判断が必要である．

近年は製造技術の進歩によって信頼性が向上し，価格，設置面積，運転管理や保全上の面から三相変圧器の採用が多くなり，並列運転を検討する機会は少なくなってきている現状にある．変圧器の寿命が長いことから，まだまだ古い設備も多く残っていることも実状である．

最近では負荷が増加したので，既設の変圧器二次側を並列に接続し，負荷分担に融通性をもたせ，設備容量を有効に活用しようというような場合に検討されることもある．

⑵ 並列運転の条件

以下に示す内容は電験3種受験時に学んだ事項であり，並列運転が理

想的に行われるための条件を示す．

① 各変圧器がその容量に比例して電流分担すること．

② 各変圧器の電流の代数和が常に全体の負荷電流に等しいこと．

③ 並列の各変圧器で，できた閉回路に循環電流が流れないこと．

　これらの結果を得るためには，次のような条件が必要である．

① 各変圧器の極性が合致していること．

② 各変圧器の巻数比が等しく，定格電圧が合致していること．

③ 各変圧器の百分率インピーダンス降下が等しいこと．

④ 各変圧器の r/x の比が等しいこと．

⑤ 三相変圧器の場合には相回転方向ならびに位相変位が等しいこと．

　以上がテキストなどに記述されている条件であるが，実際の現場では実用上支障のない程度であれば，必ずしも一致している必要はない．例えば，百分率インピーダンスの差異が1/10以内であれば，ほぼ，各変圧器がその容量に比例して電流分担するので，現場では，以下に述べる利害得失や問題点などを考慮して運用を図ることが大切である．

(3) 並列運転の利害得失

(a) 並列運転を実施する場合の利点

① 単相変圧器を3台使用して三相負荷に供給している場合，万一の場合2台でV結線供給が可能で，その場合の供給容量は $1/\sqrt{3}$ に減少するが，供給可能な予備器を1台施設しておけば全容量の供給が可能である．過負荷で変圧器を利用することは避けるべきである．

② 単独運転の変圧器の二次側を並列接続して運用することにより，両変圧器間の負荷のアンバランスがある場合や，負荷ピークに時間的ずれがある場合は負荷の均平化が図られ，変圧器容量を有効に活用することが可能である．

③ 変圧器容量に対し大きな負荷を始動しようとする場合，電圧変動に対し非常に有効である．

(b) 並列運転を実施する場合の問題点・留意点

利点に示した①に関連する事項として，次のような問題が生じる．

① 運転台数が多くなるので，機器の購入費が高くなり，さらに，設置台数が増加するため，基礎，配線・接続が増加し，工事費が高くなる．

② 用地面積が増加し，用地費，収納場所の費用が増大する．

③ 保全管理費も台数が多くなることに伴い，費用が増加する．また，日常の運転管理も台数の増加に伴い負担が多くなる．

以上により，変圧器の信頼性が向上した今日では，単相変圧器の並列運転による三相供給は特殊の場合を除き，リニューアル時には三相変圧器の採用をお勧めする．

次に利点②に関連する問題点としては，変圧器の二次側で万一短絡事故が発生した場合，単独運転に比べて短絡容量が増大し，保護協調に問題が生じてくる場合がある．

さらに，図に示すように変圧器の一次側に短絡保護用の電力ヒューズを使用している場合は，運用操作上に次に示すような問題が生じてくる．

① 二次側の配線用遮断器の短絡容量の増大

図に示すような需要家のケースで考えてみることとする．

図において，変圧器の二次側に定格電圧 460 V，遮断容量 25 kA の配線用遮断器を使用した場合，2 台の変圧器を並列にすると，変圧器のインピーダンス 4.0 % だけ考慮し，電源側を無視した場合の二次側短絡電流は次のようになる．

$$I_{s2} = \frac{500 \times 2}{\sqrt{3} \times 420 \times 0.040} ≒ 34.4 \text{ kA}$$

この短絡電流では遮断容量が不足となることから，遮断容量を満足するためには最低でも遮断容量 35 kA，極力 50 kA の遮断容量のものに更新する必要があり，更新のための時間と費用が必要になる．

② 保護協調上の問題

変圧器の二次側母線で短絡事故が発生した場合を考える．この場合，配電側の定限時継電器の動作時限 0.2 秒の場合の電力ヒューズの溶断電

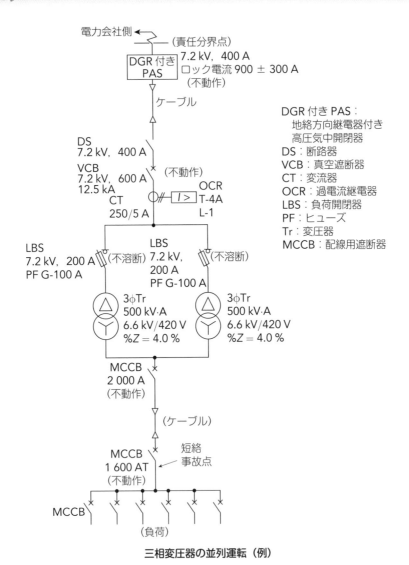

電力会社側 ← （責任分界点）

DGR付き PAS　7.2 kV, 400 A
ロック電流 900 ± 300 A
（不動作）

ケーブル

DS
7.2 kV, 400 A

VCB
7.2 kV, 600 A　（不動作）
12.5 kA

CT
250/5 A

OCR
T-4A
L-1

DGR付き PAS：
　地絡方向継電器付き
　高圧気中開閉器
DS：断路器
VCB：真空遮断器
CT：変流器
OCR：過電流継電器
LBS：負荷開閉器
PF：ヒューズ
Tr：変圧器
MCCB：配線用遮断器

LBS
7.2 kV, 200 A　（不溶断）
PF G-100 A

LBS
7.2 kV,
200 A　（不溶断）
PF G-100 A

3φTr
500 kV·A
6.6 kV/420 V
%Z = 4.0 %

3φTr
500 kV·A
6.6 kV/420 V
%Z = 4.0 %

MCCB
2 000 A
（不動作）

（ケーブル）

MCCB
1 600 AT
（不動作）

短絡
事故点

MCCB

（負荷）

三相変圧器の並列運転（例）

流は，メーカのカタログによれば約 1 000 A で，並列運転の場合はこの
2 倍となり，低圧側に換算した電流値は 29 kA となる．

　この電流は計算で求めた二次側の短絡電流値が約 35 kA であるから，
0.2 秒より短い時間で溶断することとなるが，実際には電源側のインピ
ーダンスの影響や短絡点の抵抗値によっては動作しない場合があるの

で，注意が必要である．図は，現実に保護継電器の整定上の問題があったことから，受電用遮断器，引込開閉器の両方ともに不動作となり，電力ヒューズも溶断せず，配電線波及事故となった事例である．

この事例において，変圧器をそれぞれ単独で運転していれば，配電用遮断器の動作には至らず，配電線波及事故とならなかった可能性がある．

③ 運転管理上の問題

運転中に何かの理由でどちらかの変圧器の電力ヒューズが溶断した場合を考えてみる．

負荷開閉器（LBS）は，ストライカによって単相運転防止のため，LBSが開放し，1台は無負荷となる．この場合，残った変圧器で2台分の負荷を供給することになる．

ここで，異常警報を出すような措置をしていない場合，過負荷運転となり，電力ヒューズの溶断は130％の電流（この場合は130 A）で2時間以内に溶断してはならない特性から，変圧器容量の200％近い過負荷で運転しても溶断せず，大きなトラブルに発展する可能性があるので注意を要する．

④ 運転操作上の問題

電力ヒューズの溶断を発見し，交換する場合の問題である．

図を見るとわかるように，変圧器の一次側には二次側からの励磁電源供給によって高電圧が発生しているので，取扱いには注意を要する．

ここで，電力ヒューズを交換する場合，運転中の変圧器を停止して無電圧を確認したうえで交換作業を行う必要があり，特に付近に充電部がある場合，充電部の防護を確実に行い，作業を実施する必要がある．このようにトラブルが発生した場合，停電範囲が拡大し，作業性にも不利益をもたらす．

【結論】 変圧器の並列運転は，並列運転による利得（効率化など）だけでなく，問題点も多いことを念頭に置き，総合的に検討して実施することが望ましい．

4-1-10

同期発電機の並列運転

　同期発電機の並列運転の必要条件として，相回転が等しいこと，電圧が等しいこと，位相が同じであることなど，電験の受験時代にはひととおりのことを覚えたが，職場の後輩にその内容を問われたときに説明ができなかった．理由を教えていただけないでしょうかとの質問を受けたことがあったので，概要を述べる．

・並列運転の条件

① 相回転が同じであること

　相回転が同一でない場合，並列運転は絶対に不可能である．逆回転となっている発電機同士を並列すると一瞬にして短絡状態となるため，双方の発電機が使用不能となる．

② 電圧が等しいこと

　もし電圧に差があると，この差に比例して無効電流（横流）が流れる．いま，第1図に示すように2台の発電機を並列運転する場合，1号機の端子電圧 E_1 のほうが2号機の端子電圧 E_2 より大きいと仮定すると，$E_1 - E_2$ の起電力が両機の間に存在することになり，これによって横流

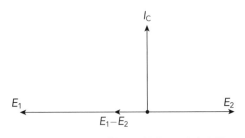

第1図　端子電圧が異なる場合のベクトル図

I_C が両機の間を循環する.

この循環電流は次式で求められ, I_C の位相は E_1 より約 $90°$ 遅れ, また E_2 よりも約 $90°$ 進んだ無効電流となる.

$$I_\mathrm{C} = \frac{E_1 - E_2}{Z_1 + Z_2}$$

ただし, Z_1:1号機の同期インピーダンス, Z_2:2号機の同期インピーダンス

ここで, I_C の大きさが1号機に対しては遅れ電流による減磁作用で電圧を下げ, 2号機に対しては進み電流による増磁作用で電圧を高めてあるため, 一定値に落ちつくこととなるが, この作用は, 負荷の分担にはほとんど影響はなく, ただ両機の力率が相違することになる.

③ 位相が一致していること

位相に差があると, 各発電機の誘導起電力の位相を同一にしようとして同期化電流が両機の間に流れる. 1号機の電圧 E_1 より2号機の電圧 E_2 のほうが位相が進んだ場合, 第2図に示すように E_1 と E_2 による合成電圧 E_0 のために, 1号機と2号機の間に電流 I_C' が循環する.

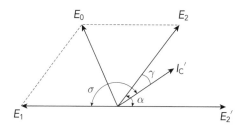

第2図 位相が異なる場合のベクトル図

この循環電流 I_C' の大きさは

$$I_\mathrm{C}' = \frac{E_0}{Z_1 + Z_2}$$

となり, 2号機に対しては, $E_2 I_\mathrm{C}' \cos\gamma$ の有効電力を余分に負わせて減速させ, 1号機に対しては, $E_1 I_\mathrm{C}' \cos\delta$ の負電力となり, 軽負荷として

加速させ同期させようとする．

　通常は，位相の差が小さければ，この同期化力によって同期するが，位相の差が大きいと同期することはできない．

④　周波数が等しいこと

　発電機間の周波数に相違があり，強制的に並列投入した場合，例え位相差なしで投入したとしても，周波数差により次第に位相が離れていき，やがて脱調して過電流が流れ保護回路が動作し，並列運転できなくなり，発電機を解列することとなる．

⑤　電圧波形が等しいこと

　発電機同士の実効値電圧が等しくても，高調波の含有率が異なり波形が異なれば，この高調波分に相当する高調波電流が流れる．しかし，規格の範囲内の電圧波形であれば，同期投入に関して影響は少ない．

⑥　電気的共振が生じないこと

　ディーゼルエンジンやガスエンジンのような往復機関を原動機とする発電機を並列運転する場合は，機関の強制振動数と発電機の固有振動数（発電機固有の同期化力と系の慣性モーメントにより定まる固有振動数）の共振現象を呈することがある．

　この共振現象については，設計段階において十分検討し，両者は少なくとも20％以上離すことが必要となる．

4-1-11

非常用照明設備の施工

　自家用設備の電気担当をしているが，拡張計画の施設に非常用照明設備を施設する．電気担当として施工計画から検査までに注意しなければならない事項および施工における注意点などについて概要を述べる．

　施工上の注意点を挙げると限りがないので，ユーザ側の電気担当という立場上で重要と思われる点について何点か挙げておく．重要なことは，法律を遵守した工事であることが大切で，以下に示す事項について，工事の施工責任者と計画時点で疑問を残さないように計画承認することである．

　そのうえで，施工中は施工計画書と工程計画に従って工事が進められているか常にチェックすること，検査も図面や仕様どおりとなっているか十分に確認することが大切である．

(1)　**建築基準法による非常用照明を設置しなければならない建築物**

　非常用照明は，一定規模以上の建築物に設置しなければならない防災設備で，概略，次のように規定される．

①　映画館，病院，ホテル，百貨店などの特殊建築物

②　階数が3階以上，延床面積が$500 \mathrm{~m}^2$を超える建築物

③　延床面積が$1\,000 \mathrm{~m}^2$を超える建築物

　質問者の設備は，上記②または③に該当するものと思われるが，一般に，不特定多数の人が出入りする建物や，面積の大きい建物では，停電時に的確に避難できるよう非常用照明の設置が義務付けられている．

　また，消火ポンプ室などは，火災による停電が発生した場合，消火活動に重要な設備がすぐに発見できるよう，消防から非常用照明を設置す

るよう指導されることがある．

　なお，非常用照明を設置しなくともよい場所として，学校や体育館，ボーリング場，スケート場などがある．これらの施設は，火災発生の危険性が少なく，避難活動も容易と判断されているため，非常用照明の設置を免除することが可能と規定されている．

　ただし，すべての場所において免除できるということではなく，無窓となっている避難経路，体育館が集会場（不特定多数の人が出入りする建物）としても利用されているなど，用途によっては，非常用照明の施設を免除することはできない．

(2)　非常用照明に関わる告示を遵守して施工することが大切

　非常用照明に関わる告示「非常用の照明装置の構造方法を定める件」（平成29年6月2日 国土交通省告示第600号）では，次のように規定している．

　建築基準法施行令（昭和25年政令第338号）第126条の5第一号ロ及びニの規定に基づき，非常用の照明器具及び非常用の照明装置の構造方法を次のように定める．

第1　照明器具

一　照明器具は，耐熱性及び即時点灯性を有するものとして，次のイからハまでのいずれかに掲げるものとしなければならない．

　　イ　白熱灯（そのソケットの材料がセラミックス，フェノール樹脂，不飽和ポリエステル樹脂，芳香族ポリエステル樹脂，ポリフェニレンサルファイド樹脂又はポリブチレンテレフタレート樹脂であるものに限る．）

　　ロ　蛍光灯（即時点灯性回路に接続していないスターター型蛍光ランプを除き，そのソケットの材料がフェノール樹脂，ポリアミド樹脂，ポリカーボネート樹脂，ポリフェニレンサルファイド樹脂，ポリブチレンテレフタレート樹脂，ポリプロピレン樹脂，メラミン樹脂，メラミンフェノール樹脂又はユリア樹脂であるものに限

る.）

ハ　LEDランプ（次の(1)又は(2)に掲げるものに限る.）

(1)　日本工業規格C8159-1（一般照明用GX-6t-5口金付直管LEDランプ-第1部：安全仕様)-2013に規定するGX-6t-5口金付直管LEDランプを用いるもの（そのソケットの材料がフェノール樹脂，ポリアミド樹脂，ポリカーボネート樹脂，ポリフェニレンサルファイド樹脂，ポリブチレンテレフタレート樹脂，ポリプロピレン樹脂，メラミン樹脂，メラミンフェノール樹脂又はユリア樹脂であるものに限る.）

(2)　日本工業規格C8154（一般照明用LEDモジュール-安全仕様)-2015に規定するLEDモジュールで難燃材料で覆われたものを用い，かつ，口金を有しないもの（その接続端子部（当該LEDモジュールの受け口をいう．第三号ロにおいて同じ.）の材料がセラミックス，銅，銅合金，フェノール樹脂，不飽和ポリエステル樹脂，芳香族ポリエステル樹脂，ポリアミド樹脂，ポリカーボネート樹脂，ポリフェニレンサルファイド樹脂，ポリフタルアミド樹脂，ポリブチレンテレフタレート樹脂，ポリプロピレン樹脂，メラミン樹脂，メラミンフェノール樹脂又はユリア樹脂であるものに限る.）

二　照明器具内の電線は，二種ビニル絶縁電線，架橋ポリエチレン絶縁電線，けい素ゴム絶縁電線又はふっ素樹脂絶縁電線としなければならない.

第2　電気配線

一　電気配線は，他の電気回路（電源又は消防法施行令（昭和36年政令第37号）第7条第4項第二号に規定する誘導灯に接続する部分を除く.）に接続しないものとし，かつ，その途中に一般の者が，容易に電源を遮断することのできる開閉器を設けてはならない.

二　照明器具の口出線と電気配線は，直接接続するものとし，その途

中にコンセント，スイッチその他これらに類するものを設けてはならない．

三　電気配線は，耐火構造の主要構造部に埋設した配線，次のイからニまでのいずれかに該当する配線又はこれらと同等以上の防火措置を講じたものとしなければならない．

　　イ　下地を不燃材料で造り，かつ，仕上げを不燃材料でした天井の裏面に鋼製電線管を用いて行う配線

　　ロ　準耐火構造の床若しくは壁又は建築基準法（昭和25年法律第201号）第2条第九号の2ロに規定する防火設備で区画されたダクトスペースその他これに類する部分に行う配線

　　ハ　裸導体バスダクト又は耐火バスダクトを用いて行う配線

　　ニ　MIケーブルを用いて行う配線

四　電線は，600 V二種ビニル絶縁電線その他これと同等以上の耐熱性を有するものとしなければならない．

五　照明器具内に予備電源を有する場合は，電気配線の途中にスイッチを設けてはならない．この場合において，前各号の規定は適用しない．

　ここで，非常用照明の内部に蓄電池が内蔵されている場合，電源供給するための配線は，VVFケーブルなど一般のケーブルで問題ない．

　ただし，非常用照明に電源を供給する配線経路内にスイッチを設けると法令違反になるので，必ず単独配線とする必要がある．誤操作によるトラブルを防止するためである．つまり，非常用照明設備の予備電源内蔵型器具の配線は，予備電源（充電器）を常時充電する必要があるため，回路に点滅器を設置する場合には，第2図に示すように3線引き配線または4線引き配線にしなければならないので留意してほしい．

　この場合の単独配線（3線引き配線）とは，第2図(a)において，白→共通中性線，黒→非常用電圧線，赤→常用電圧線という区分にすることをいう．一般の蛍光灯などを含む器具は常用電圧線から供給でき，ここ

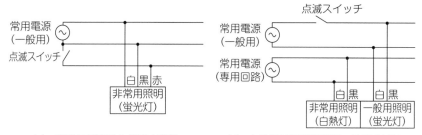

(a) 蛍光灯併用形3線引き配線　　(b) 白熱灯組込形蛍光灯4線引き配線

第2図　非常用照明装置常時点灯方式の構成図

にスイッチを設置することに問題はない.

　非常用照明は非常用電圧線から電源供給を行うことにより, 単独回路が停電した場合, 非常用照明を点灯させることが可能になるからである.

第3　電源

　一　常用の電源は, 蓄電池又は交流低圧屋内幹線によるものとし, その開閉器には非常用の照明装置用である旨を表示しなければならない. ただし, 照明器具内に予備電源を有する場合は, この限りでない.

　二　予備電源は, 常用の電源が断たれた場合に自動的に切り替えられて接続され, かつ, 常用の電源が復旧した場合に自動的に切り替えられて復帰するものとしなければならない.

　三　予備電源は, 自動充電装置時限充電装置を有する蓄電池 (開放型のものにあつては, 予備電源室その他これに類する場所に定置されたもので, かつ, 減液警報装置を有するものに限る. 以下この号において同じ.) 又は蓄電池と自家用発電装置を組み合わせたもの (常用の電源が断たれた場合に直ちに蓄電池により非常用の照明装置を点灯させるものに限る.) で充電を行うことなく30分間継続して非常用の照明装置を点灯させることができるものその他これに類するものによるものとし, その開閉器には非常用の照明装置用である旨を表示しなければならない.

第4　その他

一　非常用の照明装置は，常温下で床面において水平面照度で1 lx（蛍光灯又はLEDランプを用いる場合にあつては，2 lx）以上を確保することができるものとしなければならない．

二　前号の水平面照度は，十分に補正された低照度測定用照度計を用いた物理測定方法によつて測定されたものとする．

なお，計画時の設計照度については，概略次のようになる．

日本電設工業会の「防災設備に関する指針」の4.非常用の照明装置の4.2.2設計にあたっての検討事項によれば，非常用の照明装置は，停電時に人間の避難行動等が容易に行えるよう避難動線を考慮して被照面を設定する必要がある．

① 被照面から除かれる部分

避難行動に際して特に重要な出入口近傍は，必ず被照面に含めなければならないが，避難行動の支障とならない居室，廊下等の隅角部，柱の突出による影，物陰などは，被照面から除いてよいとしている（第3図参照）．

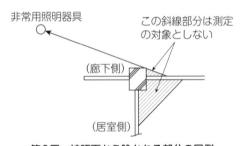

第3図　被照面から除かれる部分の図例

② 光束の重畳により必要照度が確保される部分，設計初期照度の等照度曲線によって，覆われない部分のうち次にあげる箇所は相互の照明器具の光束の重畳および壁面，床面などの相互反射などによって必要照度が確保されるので考慮しなくてよいとしている（第4図参照）．

上記に述べた事項などに留意して計画を進めてほしい．

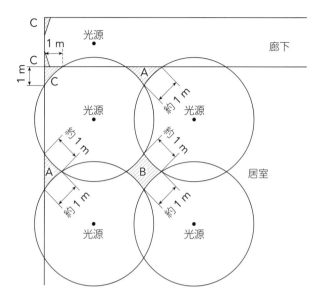

A, B：光束の重畳により必要照度が確保される部分
C：被照面より除外される部分

注1) 居室内壁側近傍に配置される照明器具2灯にて描かれた等照度曲線により覆われない1辺約1mの三角状のAの部分.

注2) 居室中央部に配置される照明器具4灯にて描いた等照度曲線により覆われない1辺約1mの四角状のBの部分.

注3) 等照度曲線により覆われない避難経路とならない居室および廊下のCの隅角部分.

第4図 被照面の考え方

4-1-12

ポンピング現象とは？

　スポットネットワーク配電方式で受電している設備の保守に携わる方が，「以前はポンピング現象がよく発生したのだ」と上司から聞いている．上司の説明から，ネットワーク継電器の特性が異なっていると，逆電力遮断と差電圧投入が繰り返される現象ということは理解したが，詳しく解説（事象が起こる理由説明）していただけないかとの質問があったので，概要を述べる．

(1)　ポンピング現象その1

　ネットワーク継電器において，逆電力遮断の小電流域における動作時間特性および差（過）電圧投入の動作時間特性は，メーカにより著しい差があるため，同一ネットワーク系統に複数種類のネットワーク継電器が混用される場合，これらの特性差によりポンピング現象が発生するおそれがある．

　例えば，電源変電所の遮断器がネットワーク配電線路の事故トラブルや作業停電などにより1回線遮断された場合，感度の高い（整定時間の早い）ネットワークプロテクタが逆電力遮断した後においても，感度の低い（整定時間の遅い）ネットワークプロテクタが設置されている需要家からの逆充電が続くこととなる．

　この逆充電が続くと，先に遮断した感度の高い（整定時間の早い）ネットワークプロテクタが設置されている需要家のネットワークプロテクタが再び差（過）電圧投入されることがある．つまり，この整定時間の差が差（過）電圧投入整定時間内（0.2〜5秒）であった場合，ポンピング現象が発生する．

　第1図に示すように，スポットネットワーク需要家A，Bの電源変電所の遮断器が作業停電の必要により遮断されたり，設備の故障などによって遮断された場合，逆電力遮断整定値の早い（例えば0.5秒）需要家Aが逆電力遮断をしたにもかかわらず，逆電力遮断整定値の遅い（例えば2.0秒）需要家Bは動作時限が長いため，その間に需要家Aは差（過）電圧投入し，この現象は需要家Bが逆電力遮断を行うまで続くこととなる．

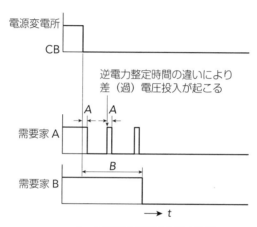

A：A需要家の逆電力整定時間
B：B需要家の逆電力整定時間

出典：音声付き電気技術解説講座「スポットネットワーク
方式の概要」，日本電気技術者協会

第1図　継電器不ぞろいによるポンピング現象

　また，電源フィーダに大容量負荷の需要家と小容量負荷の需要家がある場合では，大容量負荷の需要家が逆電力遮断により先行遮断されると，大容量負荷の需要家では小容量負荷の需要家負荷点より供給されるフィーダ側電圧が負荷側電圧より高くなる（電圧降下が少ない）ため，再び差（過）電圧投入される懸念がある．
　なお，遮断点の電圧差は変圧器インピーダンス降下がほとんどであるため，変圧器のパーセントインピーダンスが全需要家とも同一であると

した場合，負荷率によって影響を受けることとなる．例えば，先行遮断点の負荷率がほかの負荷の総合負荷率より高い場合，重負荷率の需要家が先行遮断するような場合には，差（過）電圧により再投入する懸念が多くなる．

この対策としては，各メーカの逆電力遮断時間（特性）をそろえるとともに，差（過）電圧投入動作時間に遅延時限をもたせて，すべての需要家の逆電力遮断動作時間より遅くすることが必要となる．これは特に重負荷率需要家の逆電力遮断整定時間の遅延が必要となる．

⑵　ポンピング現象その2

ネットワーク需要家に回生電力がある場合，ネットワーク継電器が不必要動作することがある．

これは，ネットワーク継電器は逆電力遮断特性を有していることから，需要家内に大きな電動機負荷がある場合など，その回生電力によってネットワーク継電器が不必要動作（逆電力遮断）する懸念がある．

需要家における回生電力はエレベータの制動時，誘導電動機の起動電流消滅瞬時などに発生することがあり，その現象は負荷状態などによりその現れ方はさまざまである．

⒜　エレベータ回生電力によるネットワーク継電器の不必要動作

エレベータの回生電力は停止直前のみに発生し，この回生電力は，上りの場合は負荷が軽いほど，下りの場合は負荷が重いほど発生しやすいことがわかっている．

また，実証試験などによれば，回生電力の継続時間と大きさは行程が長いほど大きく，最大の場合で2〜3秒程度（ネットワーク継電器の動作継続時間としては4秒）継続し，その間の最大回生電力は7.5 kWが測定されたとの報告もある．

つまり，需要家の負荷の負荷率が低い（休日などで軽負荷となっている）ときに，複数台のエレベータが同時に運転されると逆電力遮断により，ネットワーク継電器が不必要動作することが考えられる．

(b)　誘導電動機の始動電流消滅瞬時の回生電力によるネットワーク継電
　　器の不必要動作

　誘導電動機始動時に電機子が同期速度以上にオーバシュートし，一次
的に誘導発電機として動作し，回生電力を生じることがある．

　この現象は，電動機容量・負荷状態により，また，始動することにそ
の現れ方はさまざまな様相となるが，一般的な傾向として電動機容量が
大きいほど，また軽負荷であるほど，その継続時間は長いとされる．特
に，大容量の電動機においては，始動電流軌跡が振動しつつ2回にわた
って逆流位相に入るという実証試験の結果もある．

　電動機始動時の逆流の大きさは，軽負荷または無負荷時においては，
ネットワーク継電器を動作させることに十分な大きさであるが，継続時
間が比較的短いため逆電力遮断特性の動作時間との関連から，不必要動
作の愚は少ないとされている．

　回生電力による不必要動作例としては，東京都内のある需要家におい
て著しい軽負荷時に高速エレベータが複数台同時に運転されたときに発
生したとの報告がある．

　これらの対策として，

①　ダミー負荷で回生電力を消費する．

②　エレベータ回路，逆電力発生時に継電器をロックする．

③　逆電力遮断時間を遅延する．

④　多回線同時逆電力発生時に継電器をロックする．

などの対策を講じることがよいとされている．

　なお，継電器整定時限の延長は，継電器本来の機能を消滅すること と
なり望ましくなく，現状においては，多回線同時逆電力発生時のみ継電
器をロックする方法が望ましいと考える．

　さらに，ネットワーク母線の進み力率による不必要動作がある．

　第2図にネットワークプロテクタの投入・遮断・位相特性を示すが，
第2図(c)の逆電力遮断特性から，ネットワーク負荷として大きな進み電

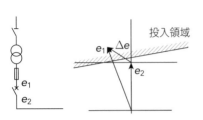

e_1：ネットワーク変圧器二次側母線
e_2：ネットワーク母線側電圧

(a)　投入特性

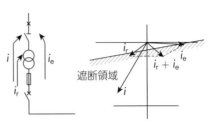

i　：20 kV 側事故電流
i_r：変圧器充電電流
i_e：20 kV ケーブル充電電流

(b)　遮断特性

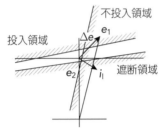

e_1 と e_2 の位相関係で e_2 が進み位相になると Δe により i_l の見かけ上の電流が逆流することになり，ポンピング現象が発生する．これを防止するため位相特性を付加する．

(c)　位相特性

出典：音声付き電気技術解説講座「スポットネットワーク方式の概要」，
　　　日本電気技術者協会

第2図　ネットワークプロテクタの投入・遮断・位相特性

流を取った場合，不必要動作となる可能性があるので，ネットワークの負荷の力率には十分注意する必要がある．

(3)　ネットワーク方式を採用・実施する際の留意点

(a)　ネットワーク系統の保護協調

　ネットワークプロテクタは，「無電圧投入特性」，「差（過）電圧投入特性」，「逆電力遮断特性」の三つの特性を満足するとともにその過電流引外し装置は，変圧器，電線の I-t 特性より下側にあることが必要である．また，高圧フィーダの CB との協調も必要となり，具体的には以下のような理由による．

① 　二次側および幹線保護装置の遮断容量が大きくなる

　ネットワーク母線が短く，バスダクトなどでネットワーク変圧器群を

並列するため短絡容量が大きくなり，そのため低圧幹線以降の負荷設備の短絡電流強度・保護協調に留意する必要がある．

② ネットワーク母線には高信頼度が要求される

本線・予備線受電方式やループ受電方式など従来方式の二次側母線は必要により分割できるため，事故の場合は区分して受電することが可能であるが，スポットネットワーク方式では全停電となることから，事故の起きにくい，さらに事故の影響を受けにくい構造とする必要がある．

③ プロテクタ遮断器を中心としたインタロック回路を確立する必要がある

ネットワーク系統の運用は需要家のネットワーク母線まで影響するので，需要家側としてはプロテクタ遮断器の開閉が中心となることから，誤操作防止インタロック機構を備える必要がある．

また，需要家内受電設備の開閉器の開閉状態が系統運用および作業安全に大きく影響を及ぼすため，操作指令責任を明確にする必要がある．

(b) 配電方式

バンキング方式と同様，電灯動力共用三相4線式とするのが一般的であるが，バンキング方式の場合より一般に大きなブロックを形成するため，Y結線方式とする．

(c) ネットワーク用変圧器

ネットワーク用の変圧器は，短絡電流抑制および変圧器間の負荷分担を均等にするため，インピーダンスと過負荷耐量の大きいものを選定する．また，変圧器間の「横流」が生じないよう，変圧器タップは同一とするとともに，前述したように高圧回線間の電圧に不ぞろいが生じないよう考慮する必要がある．

また，受電設備の増設や増容量が困難であるため，増設する場合は，20kV級のケーブルと受電変圧器の新設または取替えが必要となることから，設備計画は最終需要を見込んで行う必要がある．

【参考】　ネットワーク継電器の三つの特性

　ネットワーク継電器は，スポットネットワーク受電設備の自動化およ
び線路への逆充電防止を目的とした継電器である．

① 　無電圧投入特性

　ネットワーク母線が充電されていない状態で，受電回線のいずれかが
充電されるとプロテクタ遮断器に投入指令を出す性能である．

② 　差（過）電圧投入特性

　1回線または2回線で受電中，さらに残りの受電線路が充電されたと
き，線路への逆電力供給とならないことを確認のうえ，プロテクタ遮断
器に投入指令を出す性能である．

③ 　逆電力遮断特性

　ネットワーク母線より線路へ逆電力供給となった場合，直ちに遮断指
令を出す性能で，（変圧器の逆励磁電流），（変圧器の逆励磁電流）＋（線
路の充電電流），（線路の短絡事故時の逆電力）で十分動作することが要
求される．

【結論】

① 　ネットワーク継電器において，逆電力遮断の小電流域における動作
　時間特性および差（過）電圧投入の動作時間特性は，メーカにより著
　しい差があるため，同一ネットワーク系統に複数種類のネットワーク
　継電器が混用される場合，これらの特性差によりポンピング現象が発
　生するおそれがある．

② 　ネットワーク需要家に回生電力がある場合，ネットワーク継電器が
　不必要動作することがある．これは，ネットワーク継電器は逆電力遮
　断特性を有していることから，需要家内に大きな電動機負荷がある場
　合など，その回生電力によってネットワーク継電器が不必要動作（逆
　電力遮断）する懸念がある．

③ 　最終的な対策としては，各特性ならびに他需要家の特性（整定値，
　時間）をそのネットワーク系統ごと，電力会社と技術協議を行い，最

適整定とすることが大切である.

低圧バンキング方式

第3図に示すように同一の特別高圧・高圧配電線に接続されている2台以上の配電用変圧器の二次側の低圧配電線を並列する.

これにより瞬時的電圧変動,電圧降下の低減,電力損失が少なくなるほか,需要増加に対する融通を増すことができる.ただし,カスケーディング(過負荷により高圧ヒューズが次々に切れる現象)に注意が必要となる.

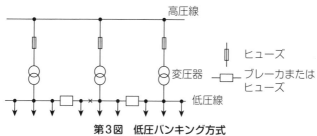

第3図　低圧バンキング方式

4-1-13

低圧 / 低圧変圧器二次側中性点の接地は何？

　低圧三相 440 V/220 V 低圧単相 3 線の変圧器二次側の中性点は何種の接地工事になるのでしょうか？　という質問をいただいた．

　質問の内容の詳細は，電気設備の技術基準の解釈（以下「電技解釈」）第 17 条では，高圧 6.6 kV/ 低圧単相 3 線の変圧器二次側の中性点は B 種接地工事を施すこととなっているが，低圧 / 低圧の場合の記載がないので，現場でいろいろな議論があった．

　多くの方の意見を聞くと，B 種に準じる，C 種，D 種という意見に分かれてしまい，今後の施工のこともあり，基準としてはっきり理解しておき，ユーザに対してもはっきりと答えたいとのことであった．

　結論からいうと，低圧 / 低圧変圧器の中性点の接地については，A 種〜 D 種の接地ではなく，電技解釈第 19 条（保安上又は機能上必要な場合における電路の接地）の適用となる．

　同条第 1 項では，次のように規定している．

　電路の保護装置の確実な動作の確保，異常電圧の抑制又は対地電圧の低下を図るために必要な場合は，本条以外の解釈の規定による場合のほか，次の各号に掲げる場所に接地を施すことができる．

一　電路の中性点（使用電圧が 300 V 以下の電路において中性点に接地を施し難いときは，電路の一端子）

二〜三　省略

　同条第 2 項では，次のように規定している．

　第 1 項の規定により電路に接地を施す場合の接地工事は，次の各号によること．

一　接地極は，故障の際にその近傍の大地との間に生じる電位差により，人若しくは家畜又は他の工作物に危険を及ぼすおそれがないように施設すること．

二　接地線は，引張強さ 2.46 kN 以上の容易に腐食し難い金属線又は直径 4 mm 以上の軟銅線（低圧電路の中性点に施設するものにあっては，引張強さ 1.04 kN 以上の容易に腐食し難い金属線又は直径 2.6 mm 以上の軟銅線）であるとともに，故障の際に流れる電流を安全に通じることのできるものであること．

三〜五　省略

同条第 3 項では，次のように規定している．

低圧電路において，第 1 項の規定により同項第一号に規定する場所に接地を施す場合の接地工事は，第 2 項によらず，次の各号によることができる．

一　接地線は，引張強さ 1.04 kN 以上の容易に腐食し難い金属線又は直径 2.6 mm 以上の軟銅線であるとともに，故障の際に流れる電流を安全に通じることができるものであること．

二　第 17 条第 1 項第三号イからニまでの規定に準じて施設すること．

つまり，低圧／低圧変圧器の中性点の接地については，電路の保護装置の確実な動作の確保，異常電圧の抑制または対地電圧の低下を図るための必要な場合における中性点接地となるので，想定される状況から，配電設備や大形ビル，工場等において 415/100，200 V 変圧器を使用する場合や，電子計算機に施設するラインフィルタによるほかの電気設備への影響を防止するため，絶縁変圧器を介している場合などが考えられる．

また，これらの変圧器の二次側電路での感電事故防止のため，この条文から解釈すると特に保護装置（漏電遮断器等）を施設しなければならない場合に，その確実な動作の確保を図るため接地工事を施す必要があるということになる．

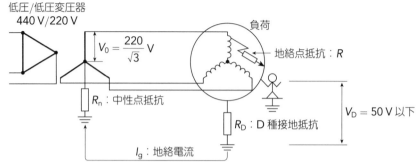

低圧/低圧変圧器
440 V/220 V

$V_0 = \dfrac{220}{\sqrt{3}}$ V

負荷

地絡点抵抗：R

R_n：中性点抵抗

R_D：D種接地抵抗

$V_D = 50$ V以下

I_g：地絡電流

漏電回路（地絡点抵抗含む）

　220 V側の漏電回路は図のような回路となることから，漏電時に人体への接触電圧が50 V以下（電技解釈第18条および労働安全衛生規則第354条を適用した）となるようにするための中性点抵抗値とすることが大切である．

$$I_g = \frac{\dfrac{220}{\sqrt{3}}}{R_n + R + R_D}\ [\mathrm{A}]$$

$$V_D = 50 = I_g R_D = \frac{\dfrac{220}{\sqrt{3}}}{R_n + R + R_D} \times R_D\ [\mathrm{V}]$$

$$\therefore\ \ R_n = \frac{4.4 R_D}{\sqrt{3}} - (R + R_D)\ [\Omega]$$

　上記計算式よりD種接地抵抗値を100 Ωとし，完全地絡の場合で中性点抵抗を算出すると，約154 Ωとなる．

　しかし，一般的な低圧の機器の漏電は完全地絡が少なく地絡点抵抗が大きい場合を想定した中性点抵抗の設定（抵抗値を小さくして確実に漏電遮断器を動作させる）が必要である．

　特に，一般的な漏電遮断器は動作時間0.1秒以内，定格感度電流15 mA，30 mAであるので，この値を考慮した場合は，中性点抵抗を30 Ω以下としておくことを推奨する．

　したがって，440 V/220 V 変圧器の二次側中性点は，中性点抵抗を 30 Ω以下としておくこと，さらに，混触防止板付きの変圧器が多くあることからその接地抵抗も 30 Ω以下が望ましいと考える．なお，金属製外箱は 300 V を超える低圧となりますので，C 種接地工事が適切となる．

　なお，これらの接地は共用で施設することができるから，C 種接地工事で共用することが接地抵抗値の低減により漏電遮断器を確実に動作させ，人身安全を図る観点からすれば，実際の現場施工では合理的であると考える．

4-1-14

安全な接地方式は？

　電力会社勤務時代にある顧客から，「屋内配線において，日本の接地方式と欧州の接地方式が違うことを知りました．どちらが安全なのか教えてください」との質問があり，当時調べるのに苦労したことを覚えている．次のように回答した．

　系統接地と機器設置の組合せにより，屋内配線の接地方式にはさまざまなバリエーションがある．

　まず，IEC（国際電気標準会議）のTC-64（建築電気設備専門委員会）で提案している接地方式について紹介する．

⑴　TN系統方式（主に欧州で採用されている）

　電力供給側を接地（系統接地）し，設備の露出導電性部分を保護導体（PE）に施す，TN系統方式は中性線（N）と保護導体の関係によって，次の3種類に分類される．

① 　TN-C系統方式

　系統のすべてにわたって中性線と保護導体を1本の電線で兼用する．

② 　TN-S系統方式

　系統のすべてにわたって中性線（N）と保護導体（接地線）を分離する．

③ 　TN-C-S系統方式

　系統の一部分で中性線と保護導体を1本の電線で兼用する．

　TN系統方式において，地絡は過電流遮断器により保護する．したがって，事故が発生した場合は，事故点インピーダンスを考慮せずに，指定時間内で電源の過電流遮断器が動作するように遮断器の特性および導体の寸法（太さ）を選定する必要がある．

(2) TT系統方式（日本で採用されている）

電力供給側を系統接地し，設備の露出導電性部分は系統接地とは電気的に独立した接地（機器接地）にする．この方式において地絡は過電流遮断器あるいは，漏電遮断器により保護する．この場合，機器フレームの対地電位上昇を制限するための条件付けが必要となる．

また，TT系統では，感電保護に漏電遮断器，過電流保護器を用いることができる．

(3) IT系統方式

電力供給側はインピーダンスを介して接地し，設備の露出導電性部分は機器接地による．1点地絡事故の場合は，機器フレーム側の接地抵抗値を低くしておくことによって保護されるが，2点地絡事故の場合の対策を考慮する必要がある．

第1図に各種接地方式を示す．また，第2図にさまざまな接地およ

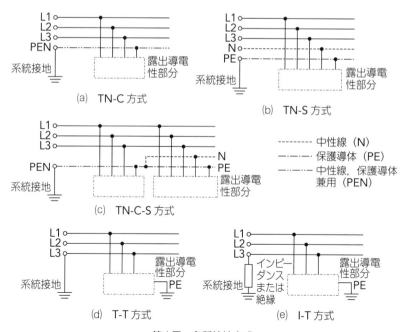

第1図　各種接地方式

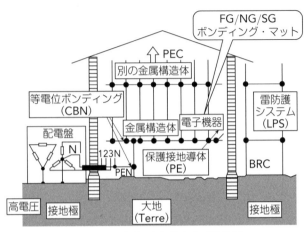

第2図　さまざまな接地および接地極

び接地極を示す.

⑷　TN方式とTT方式の比較

　本題だが，電気の安全面から，漏電時の短絡電流，雷サージおよび感電保護面での比較をしてみることとする.

⒜　漏電時の短絡電流の大きさ

　TN方式は第3図に示すように，漏電時は短絡状態となり，非常に大きな電流が流れて危険である.

　一方，TT方式の場合は同図に示されるとおり，漏電時の電流は $R_D \rightarrow R_B$ を通して流れるため抑制される.

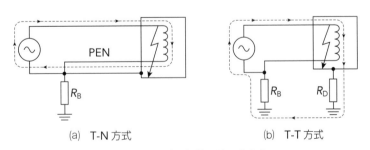

第3図　漏電時の短絡電流の大きさ

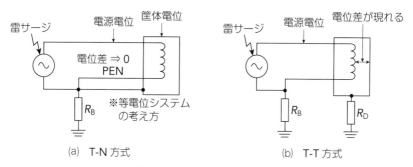

第4図　雷サージに対する比較

(b)　雷サージに対する比較

　TN方式は第4図に示すように，電源系統にサージ電圧が侵入するか，または系統接地電圧が近辺の落雷により上昇した場合であっても，筐体電位＝電源電位となり，設備機器などの損傷がない．

　一方，TT方式の場合は同図に示されるとおり，電源系統にサージ電圧が侵入するか，または系統接地電圧が近辺の落雷により上昇すると，筐体接地と電源系統接地が独立しているので，筐体電位と電源電位に電位差が生じ，設備機器などに損傷を与える機会が多くなる．

(c)　感電保護に対する比較

　TN方式は第5図に示すように，設備機器の漏電があったとしても，大地電位と筐体電位は等しいので，人体に影響を及ぼすことはなく安全である．

　一方，TT方式の場合は同図に示されるとおり，設備機器の漏電があった場合，大地電位は零であるが，R_Dの値によっては筐体電位が大きくなり，人体に影響を及ぼすこととなり危険である．

　したがって，漏電した機器の電圧上昇を抑制するためにはR_Dの値を極力小さくする（25Ω程度以下）ことが必要となるが，一般家庭における接地抵抗の値としては実現するには合理的でない．そこで，漏電遮断器を設置することでその安全性を高めているのが現状である．

　さて，日本の接地方式と欧州の接地方式はどちらが安全か？　という

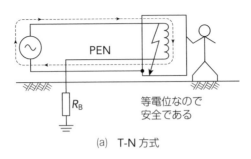

等電位なので
安全である

(a)　T-N方式

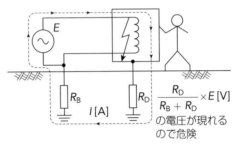

$\dfrac{R_D}{R_B + R_D} \times E\,[V]$
の電圧が現れる
ので危険

(b)　T-T方式

第5図　感電保護に関する比較

問題だが，顧客には「どちらも一長一短ありますね.」という回答となってしまった. 今でも回答に変化なしである.

　このときは，特に日本電気協会の皆さまなどにご迷惑をおかけしながら右往左往した記憶がある. 読者の皆さまは私以上に勉強されていると思うので，「これだ」という答があったら，是非，ご教授ください.

4-1-15

接地抵抗の定義とは

　ビル保安管理会社に勤務している者です．同僚から接地抵抗の定義について質問され，電気設備技術基準の条文は知っているのですが，私自身，接地抵抗の定義を正確に理解しておらず，うまく説明することができませんでした．接地抵抗の定義，接地の種類・役割などについて教えてくださいとの質問があり，次のように回答した．

(1) 接地の概要

　接地（アース）は，電気・電子設備，通信設備，機器などを大地と電気的に接続するものであり，接続するための電極を接地極という．この電極と大地との間の電気的抵抗（接地抵抗）が零であれば，大きな地絡電流が流れても，また，大きなノイズが侵入しても，常に接地極の電位は大地電位（実用上の零電位）に保たれる．

　接地は英語圏では earthing，米語圏では grounding といわれており，わが国ではアース，グランドと訳している．

　接地の原点は，雷電流の放電（建物の避雷針など）や電力設備に地絡故障が生じた場合の対地電位の上昇による人体の危害防止，機器の損傷軽減などを目的に施したものであるが，現在では情報通信機器やエレクトロニクス機器の普及によってノイズ対策などさまざまな機能を目的とした接地に多様化してきている．

　接地には，系統接地，機器接地，避雷器用接地など電力設備・機器の保安用接地と，電子通信機器の機能維持と安定動作確保などの機能用接地に大別される．なお，近年においては保安用接地の中でも，建築物と人体の保護に用いられる接地は，避雷用接地として電気設備の保安用接

地とは別に扱われる.

⑵　接地の種類

⒜　保安用接地

保安用接地は，次に示すような目的がある.

① 　機器の絶縁劣化などにより発生する感電防止

② 　高低圧混触によって発生する危険電圧による感電防止

③ 　落雷による災害の防止

④ 　地絡故障時における継電器の迅速化および確実な動作確保

保安用接地には，前述したように次のような接地がある.

ⅰ　系統接地

高圧電路と低圧電路とが混触したり，1線地絡した場合に，低圧側二次電路の電圧上昇による災害を防ぐために，配電線路の変圧器や電路の一端に施す接地である.

ⅱ　機器接地

電気機器の絶縁が何らかの原因で劣化すると，内部の充電部分から外部の露出非充電金属部分に異常電圧が発生し（漏電したとき），感電する危険がある.　この露出非充電金属部分を大地に接続することが機器接地である.

ⅲ　地絡検出用の接地

漏電継電器や漏電遮断器が確実に動作するためには，十分な地絡電流が流れる必要がある.　これを確保するために，電源変圧器の二次側に施す接地のことをいう.

ⅳ　雷害防止用の接地

雷電流を安全に大地へ放流するための接地である.　代表的なものとして，避雷針用の接地があり，架空地線，大小各種の避雷器の接地も含まれる.

ⅴ　静電気障害防止用の接地

摩擦などによって発生した静電気が，蓄積して各種の障害を起こさぬ

ように，静電気を速やかに大地へ放流するための接地である．

(b) 機能用接地

(i) 雑音（サージ・ノイズ）対策用接地

外来の雑音の侵入によって，エレクトロニクス装置が誤動作したり，通信品質が低下するのを防止するため，また，エレクトロニクス装置から発生する高周波エネルギーが外部へ漏えいして，ほかの機器に障害を与えないようにするための接地である．シールドルーム，シールドケーブル，変圧器やチョークの鉄心，ラインフィルタの接地などがある．

(ii) 等電位化用の接地（等電位ボンディング）

主に病院において施されるのが典型的な例であるが，近年においては，ビル等の接地にも施されるようになった．等電位ボンディングは，病院のベッドに横たわる患者が触れ得るあらゆる金属部分に危険な電位差（微弱な電位差があっても心臓疾患の患者などは命の危険にさらされる）が発生しないように，あらかじめこれらの金属部分を相互に結合して接地し，微弱な電位差も生じさせないようにする，いわゆる電位を等しくするための接地である．

(iii) 基準電位接地

設備の機能上，どうしても必要な場合に施す接地で，電算機や周辺機器間の電位を安定させるための基準電位を得るためなどの接地である．

このほか，能接地の代表例として，電気防食のための防食電流を流すための接地がある．

(3) 接地抵抗

(a) 接地抵抗の定義

一般の家庭や工場における接地で考えてみる．第1図に示すように，モータなどの外箱は金属でできており，漏電があっても人が感電しないように接地される．

この場合のモータは被接地体といわれ，通常，大地に埋め込まれた接地電極（大地と接地電極表面が接触）と電気的に結ばれる接地線で構成

される.

　第1図においてモータの絶縁が劣化するなどして漏電が発生すると, 漏電電流が接地線→接地電極→大地へと流れ込む. この漏電電流を接地電流という. そこで, ある接地抵抗をもつ接地電極に, この接地電流が流れるとオームの法則により電位が生じ, この電位を電位上昇という.

　接地抵抗は, 定量的には, 次のように定義されている.

　第2図に示すような, 通常使用される棒状の接地電極を考える.

　接地線に接地電流 I [A] が流れ込んできた場合, その先にある接地電極に接地電流が流入し, 接地電極の電位が周辺の大地に比べて E [V] 高くなり, 電位上昇値と接地電流の比（オームの法則）を, その接地電極の接地抵抗 R_g [Ω] といい, 次式で表される.

$$R_g = \frac{E}{I} [\Omega]$$

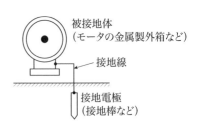

第1図　接地電極の接地抵抗

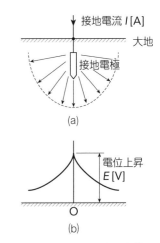

第2図　接地抵抗の定義

(b)　接地抵抗の構成要素

　接地抵抗には, 次の3種類の抵抗が含まれる.

①　接地線, 接地電極の導体の抵抗

②　接地電極の表面とこれに接する大地との間の接触抵抗

③　接地電極範囲の大地の示す抵抗

　これら三つの要素のうち, 接地抵抗を決定する要因として最も大きなものは, ③の大地の抵抗である. また, 大地の抵抗は, 大地抵抗率によ

り決められ，接地の設計や施工を考える場合，この大地抵抗率が大きな要素となる．

大地抵抗率に影響を与える要因の代表的なものには，土の種類，水分の量あるいは温度がある．そのほかに，土に含まれている水分に溶解している物質や土の締まり具合などがある．特定の種類の土について，その抵抗率の値を明示することは困難であり，目安を得るためにある程度の数値しか解明されていない．

代表的な電極系の接地抵抗算定式を第1表に示す．

第1表　電極系の接地抵抗計算式

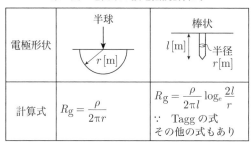

電極形状	半球	棒状
計算式	$R_g = \dfrac{\rho}{2\pi r}$	$R_g = \dfrac{\rho}{2\pi l} \log_e \dfrac{2l}{r}$ ∵ Tagg の式 その他の式もあり

(4) 接触電圧とは

第3図に示すように，接地電流が流入する接地電極部分の電位が一番高くなる．

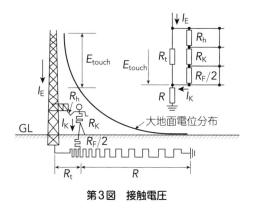

第3図　接触電圧

　一般家庭やビル等の接地電極は地中に埋め込まれていることから，その電極に接触して感電することはない．しかし，特別高圧需要家の変電設備への引込み鉄塔や変電設備引込み部分の鋼材は，雷サージ電流（主に1線地絡電流）の通り道であることから，人間がそのときに手などを触れると電位上昇値によっては，感電することとなる．

　このため，それらの設備の接地設計を行う場合，接触電圧を抑制するための接地設計を行う必要がある．

　実際には，設計基礎データとして建設予定地の面積，土壌固有抵抗と予想最大接地電流が明確にされると，それに伴って以下のような条件で具体的に設計を進める．

① 所要接地抵抗 R [Ω] を決定するに当たり，感電のないよう人体の安全を第一に考えて，最大接地電流 I_E [A] における接地電位の上昇値を，人体が架台の鋼材等に触れたときに人体に加わる接触電圧の許容値の α 倍以下に収めること．なお，人体に対する電流の許容値 I_K [A] と故障継続時間 t [s] の間には，次式が成立する．

$$I_\mathrm{K} = \frac{0.116}{\sqrt{t}}\,[\mathrm{A}]$$

② 人体が，架台の鋼材等に触れたときに人体に加わる接触電圧との関係は，第3図に示すとおりである．通常，人体の抵抗値 $R_\mathrm{K} = 1\,000\,\Omega$，片足の接地抵抗 R_F が地表面付近の土壌固有抵抗 ρ_s [Ω·m] を用いて $3\rho_\mathrm{s}$ [Ω] で与えられる．

　以上の条件から，所要接地抵抗 R が満たすべき条件式を求めてみると，まず第3図から，接触電圧の許容限界値 E_touch [V] は，次式により示される．

$$E_\mathrm{touch} \geqq R_\mathrm{t} I_\mathrm{E} = \left(R_\mathrm{h} + R_\mathrm{K} + \frac{R_\mathrm{F}}{2}\right) I_\mathrm{K} \tag{1}$$

　ここで，R_h は人体の手の接触抵抗を表すが，最悪の条件（手がびしょぬれ状態 $=0\,\Omega$）とし，$R_\mathrm{K} = 1\,000\,\Omega$，$R_\mathrm{F} = 3\rho_\mathrm{s}$ [Ω] を代入すると，(1)

式は次式のようになる.

なお，R_t は接地電極近傍（電極から 1 m 程度）の接地抵抗を表す.

$$E_{\text{touch}} \geqq \left(1\,000 + \frac{3\rho_s}{2}\right) \times \frac{0.116}{\sqrt{t}} \geqq \frac{116 + 0.174\rho_s}{\sqrt{t}} \tag{2}$$

したがって，接地電位の上昇値 V_E を E_{touch} の α 倍以下に収める所要接地抵抗 R と最大接地電流 I_E との関係は，

$$V_E = I_E R \leqq \alpha \times E_{\text{touch}} \tag{3}$$

であるから，R が満たすべき条件式は(3)式に(2)式を代入して，

$$R \leqq \frac{\alpha}{I_E} \times \frac{116 + 0.174\rho_s}{\sqrt{t}} \, [\Omega]$$

以上の計算は，電気設備の技術基準の解釈第 19 条に準拠するものである（解釈の解説参照）.

労働安全衛生法による接触電圧の許容限界値 E_{touch} [V] は，50 V 以下とすることとなっており，法令違反のないような値以下に収めるよう所要接地抵抗 R [Ω] を決定する.

なお，(2)式および図の等価回路図から，地表面付近の土壌固有抵抗ρ_s [Ω·m] の値を大きくすることにより，接触電圧の許容限界値 E_{touch} [V] も上昇し，結果的に人体が機器に接触したときの安全度も増すことがわかる.

そこで，敷砂利は土などと比較すると土壌固有抵抗値が高く，その結果，片足の接地抵抗 R_F が大きくなり，図の等価回路図より，人体に流れる電流（分流するわずかな電流）を低く抑えることができ，安全に対する効果が向上することから，屋外の変電設備付近によく敷砂利をしている設備が多く見られるのは，この理由からである.

⑸ 家庭や小規模工場などで使用される一般的な接地極

接地極の埋設場所（埋設または打込み）はなるべく水気のある所で，土質が均一でガスや酸などによる腐食のおそれのない場所がよい.

第2表　接地極の種類と寸法（内線規程1350-7）

材　質	形　状（大きさ）
銅　板	厚さ0.7 mm以上，面積900 cm^{2}以上（片面）
銅棒，銅溶覆鋼棒	直径8 mm以上，長さ0.9 m以上
鉄管（亜鉛めっきガス鉄管，厚鋼電線管）	外径25 mm以上，長さ0.9 m以上
鉄棒（亜鉛めっき）	直径12 mm以上，長さ0.9 m以上
銅覆鋼板	厚さ1.6 mm以上，長さ0.9 m以上，面積250 cm^{2}以上（片面）
炭素被覆銅棒（鋼心）	直径8 mm以上，長さ0.9 m以上

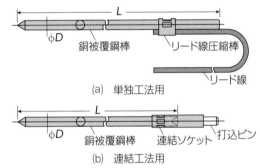

(a)　単独工法用

(b)　連結工法用

材質：JIS G 3123　みがき鋼棒
　　　JIS H 3300　銅及び銅合金の継目無管
　　　JIS C 3102　電気用軟銅線

第4図

【結論】　接地は，保安用接地と機能用接地に大別される．接地電流が流入した場合の電位上昇値と接地電流の比（オームの法則）を，その接地電極の接地抵抗という．

4-1-16

保安用・機能用接地とは

　ビル保安管理会社に勤務している者です．同僚から接地抵抗の定義について質問され，電気設備技術基準の条文は知っているのですが，私自身，接地抵抗の定義を正確に理解しておらず，うまく説明することができませんでした．接地抵抗の定義，接地の種類・役割などについて教えてくださいとの質問があり，引き続き接地（保安用・機能用）の役割などについて解説する．

(1)　保安用接地の役割

(a)　感電防止

　高圧や特別高圧の電力機器が絶縁低下あるいは絶縁破壊すると，混触（主に変圧器）によって低圧回路に高電圧が侵入したり，機器外箱の電位が上昇したりする．第1図は，電験3種の法規の科目でよく出題される低圧回路で地絡した場合の回路である．

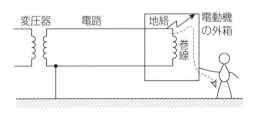

第1図　感電の様相

　この状況で人が機器に触れると手から足下に向かって電流が流れ，その電流の大きさは手が触れた部分と足下の電位差，すなわち接触電圧を人体の抵抗で除した値になる．

　このような状況となった場合が「感電」という状態である．

感電を防止するためには，接触電圧を低くする必要があり，人間が触れる機器の鉄台や低圧電路に接地を施すことが有効である．質問にあったとおり電気設備の技術基準の解釈ではA種，B種，C種，D種の4種類の接地工事の方法が規定されている．

A種，C種およびD種は機器鉄台等と大地とを低抵抗で接続することにより，接触電流を低くする安全対策であり，使用機器または電路の電圧に応じて接地抵抗値が規定されている．

また，第2図に示すように，直接接地系統の変電所では地絡電流が大きいため，人が大地に立っているだけでも大地を流れる電流によって左右の足下に電位差を生じ，人体に電流が流れて危害を加えるおそれがある．

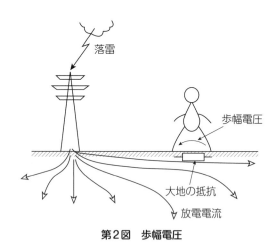

第2図 歩幅電圧

落雷によって雷撃電流が接地極を介して大地に流れた場合にも，同様の電位差が生じる．この電圧を歩幅電圧という．歩幅電圧を小さくするためには，後述するように地表面の電位の傾きを抑える必要があり，大地抵抗率の分布状況などを考慮し，接地極の形状や深さ，接地線の布設方法などを決める必要がある．

雷撃電流のようなサージ性の電流に対する接地抵抗値は，商用周波数に対する接地抵抗値とは異なるが，商用周波数に対する接地抵抗値を低

減すればサージ性電流に対しても抵抗値が低くなる傾向がある．

　多回線架空送電線の1回線停止作業では送電中の回線との至近距離で作業を実施するため，静電誘導や電磁誘導によって停止回線に電圧を発生し感電のおそれがある．停止回線への電磁誘導電圧は，数万Ｖとなることもあるので注意が必要である．この対策として，停止送電線の両端を三相短絡して接地したうえで，作業箇所を囲むように作業箇所近傍にも三相短絡接地を施す．このような接地を作業用接地と呼ぶ．

(b)　対地電位上昇の抑制，設備の絶縁レベル低減

(i)　高圧・特別高圧／低圧混触による危険防止

　電気設備の技術基準の解釈で規定されているＢ種接地工事は第3図に示すように高圧または特別高圧電路が低圧電路と混触した場合，低圧側機器の保護のために施設されるものである．つまり，低圧側に接続される電気機器が絶縁破壊しないためには，低圧側の対地電位が150 Ｖを超えないようにする必要がある．

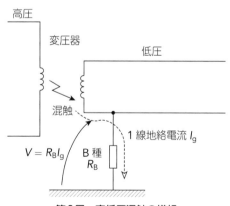

第3図　高低圧混触の様相

　高圧または特別高圧を低圧に直接変成する変圧器の内部において，絶縁破壊などが発生して混触すると，高圧または特別高圧電路から，変圧器の低圧側Ｂ種接地を介して1線地絡事故電流が流れ，1線地絡電流[A] とＢ種接地抵抗 [Ω] の積が低圧電路の対地電位上昇になる．このた

め，B種接地工事の接地抵抗値は150Vを1線地絡電流値で除した値以下となるようにしている．

　混触時に高速自動遮断ができる場合には300V，600Vまで緩和されているが，これは「電気技術基準調査委員会」において，数多くの低圧用電気機器の耐電圧性能を時間と電圧で区分して実験した結果によるものである．

　300V，600Vは継続時間が短くても人が触れると危険な電圧であるため，D種接地工事と連結することは避けることが必要である．

(ⅱ)　中性点接地

　電気設備に関する技術基準を定める省令において，電路は大地から絶縁することを原則としており，異常電圧の低減，保護継電器の確実な動作による地絡事故の速やかな遮断など保安面のメリット，機器絶縁の低減など経済的メリットから，電圧階級に応じてその中性点を直接または抵抗，リアクトルなどを通じた接地が施されている．

(ⅲ)　避雷器の接地

　電力系統に発生する異常電圧には外雷と内雷とがあり，外雷は直撃雷や誘導雷によるサージ性の異常電圧，内雷は開閉サージ，地絡事故時の健全相対地電圧上昇，負荷遮断時の電圧上昇などである．

　外雷は極めて大きな電圧であり，電気設備，機器をこれらすべてに耐えるようにするのは技術的，経済的に困難なため，内雷に対して耐えることを目標に設計し，それ以上の異常電圧に対しては架空地線による直撃雷の侵入防止を図るとともに，架空送電線のがいしのフラッシオーバ許容で対応したうえで，発変電所内では避雷器による低減対策を講じている．このことを「絶縁協調」と呼ぶ．

　避雷器を設置した場合の異常電圧は，避雷器の制限電圧と放電電流による避雷器接地抵抗の電圧降下の和になるので，接地抵抗は極力小さく抑えなければならない．電気設備に関する技術基準を定める省令では避雷器の接地はA種接地工事を原則とすることが規定されている．

⑵ 機能用接地の役割

　機能用接地には目的によって多種多様のものがあるため，サージ・ノイズ対策用，基準電位用，等電位ボンディングの概要について解説する．

(a) サージ・ノイズ対策用接地

　建物内で使用されている電子・通信機器などのエレクトロニクス機器は過電圧耐量が小さく，雷サージ，開閉サージの侵入によって絶縁破壊に至るおそれがある．

　この対策としては，避雷器やサージ吸収器など雷サージ防護装置を設置するとともに，適切な接地を施すことが有効である．接地は機器個別に施工するのではなく，建物内の設備，機器ですべて共用にし，サージが侵入しても機器全体の対地電位がすべて同時に上昇するようにし，機器に印加される異常電圧の低減を図ることが重要となる．

　また，エレクトロニクス機器に多く用いられる LSI やマイクロコンピュータなど半導体素子は動作電圧や電流が小さいため，電力設備の開閉，事故などに伴い発生するノイズ（雑音）により機器の停止，誤動作，性能低下などを引き起こすおそれがある．ノイズは伝搬経路によって放射性ノイズや伝導性ノイズがあり，前者は発生源との離隔距離を大きくする，制御線シースなどによる遮へい・接地，機器ケースの接地などにより低減する．後者は接地と防護装置により低減することができる．

　さらに，これらエレクトロニクス機器自身が発生するノイズがほかのエレクトロニクス機器に影響を及ぼすことも懸念される．EMC（電磁環境両立性）は，「電気・電子・通信機器あるいはこれらのシステムが，もともと設置されるべき場所において稼動状態にあるとき，電磁的な周囲環境に影響されず，かつ周囲に影響を与えず，性能低下や誤動作を起こさず，設計どおりに作動し得る能力」と定義されている．機器自体の性能もさることながら接地システムの面でも大切な課題でもある．

(b) 基準電位接地，等電位ボンディング

　エレクトロニクス機器など低圧電力を電源とし，微弱な動作信号を用

いる機器では，電源設備の接地以外に正常な動作を確保するための信号用接地，機器接地，ラインフィルタ用接地などさまざまな接地が施されている．

　大地は電気抵抗をもつが，建物を構成するあらゆる部分は電気抵抗をもち，鉄骨や鉄筋コンクリート構造のビルの構造体，機器相互間，コンセント間などにも電位差が存在する．このため，高電圧で電気を使用する電力設備の場合，大地を電位の基準点とみなしておくことにより，設計電位の基準とする．これは絶縁設計以外の面におけるあらゆる設計において十分である．しかし，エレクトロニクス機器などでは，接地線を流れる電流の周波数にも依存するが，わずかな電位変動によっても機器の破壊，誤動作の原因となる．このため，ビルなどの空間に設けられる人工的な接地極を基準電位面とすることが有効である．

　第4図はその構成例であるが，前述の保安用接地は1点接地にまとめて主接地極に接続し，信号用などの機能用接地は階床のフリーアクセスフロア下部にメッシュ電極を布設し，これを基準電位として使用する．メッシュ電極は高周波を含めて接地抵抗が低く抑えられる特徴がある．

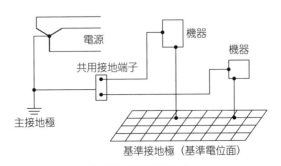

第4図　基準電位接地

　また，機器相互の金属導体によるつなぎをボンディングといい，前述の目的のためにはボンディングによって各機器を等電位に維持することが必要となる．これを等電位ボンディングという．

　等電位ボンディングにはスター形とメッシュ形があり，スター形はす

べての機器を1点で集中接続して等電位化するもので，メッシュ形は機器相互を連結して面的な等電位化を図るものである．

　また，機器を床や壁から完全に絶縁するか，あるいは積極的に接続するかによって分離系と共用系に分けられる．スター形分離系で1点接地する方法は外部からのノイズなどの影響を受けにくく，保守点検が容易であるが，絶縁の維持管理が困難である．一方，共用系接地の場合の等電位化は容易であるが，外部からのノイズなどの影響を受けやすいという難点がある．

(i) 等電位ボンディングとは

　病院設備の接地などによく用いられる等電位接地のことをいう．

　これは電気設備機器の露出非充電金属部分を接地する保護接地とは異なり，電気設備機器でない金属部分もすべて接地するもので，病院設備（病室，手術室，検査室）の導電性部分の等電位化を目的としている．

　病院では1人の患者に複数のME機器を用いることがあり，それぞれのME機器が完全な保護接地を施工していても，それらの接地点の電位が異なると電位差が生じ，その結果，機器間に電流が流れ，ME機器によるミクロショックを生じる．

　それは，ME機器に限らず，患者の周囲にある導電性部分（例えばベッド）とME機器とか，電位差を生じやすい環境が多くあるために危険であり，そのために電位差を生じさせない等電位接地が必要になる．

　病院の接地システムでは医用絶縁変圧器を設置したり，接地型コンセント回路を施したり，安全保障のための工夫が十分に取り入れられている．

　医用接地方式（等電位ボンディング）の概念図を第5図に示す．

(ii) 歩幅電圧とは

　大地に大きな接地電流が流れ込んだとき，付近を歩行している人間に現れる歩幅による電位差について考える．第6図に示すように，地表のある点から大地に5 000 Aの電流が流入した場合，流入点より20 mの地点で，人間の歩幅が50 cmであった場合，その電位差を求めてみる．

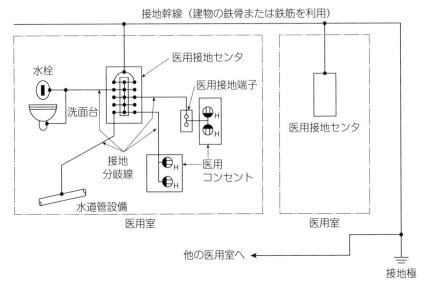

第5図　医用接地の概要（等電位ボンディング）

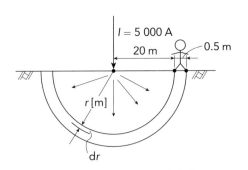

第6図　接地電流による電位差

なお，大地の抵抗率は $\rho = 100\ \Omega\cdot\mathrm{m}$ として計算する．

大地（地球）は，接地電流の広がりから，半無限の導体平面と考えることができる．このことから，流入点から $r\,[\mathrm{m}]$ の位置の電流密度 $J\,[\mathrm{A/m^2}]$ は，電流 $I\,[\mathrm{A}]$ が半径 $r\,[\mathrm{m}]$ の半球に一様に分布されるとみなされ，次のように表すことができる．

$$J = \frac{I}{2\pi r^2}\,[\mathrm{A/m^2}]$$

したがって，オームの法則 $E = \rho J\,[\text{V/m}]$ より，$r\,[\text{m}]$ の位置の地表上に生じる電位の傾きは，次のように表すことができる．

$$E = \rho J = \frac{\rho I}{2\pi r^2}\,[\text{V/m}]$$

よって，電位差 $V\,[\text{V}]$ は，$r_1 = 20.0\,\text{m}$，$r_2 = 20.5\,\text{m}$ として，次のように計算され，大きな電位差が現れる．

$$V = \int_{r_1}^{r_2} E\cdot\mathrm{d}r = \int_{r_1}^{r_2} \frac{\rho I}{2\pi r^2}\cdot\mathrm{d}r = \frac{\rho I}{2\pi}\left[\frac{1}{r}\right]_{r_1}^{r_2} = \frac{\rho I}{2\pi}\left(\frac{1}{r_1} - \frac{1}{r_2}\right)$$

$$= \frac{100\times 5\,000}{2\pi}\left(\frac{1}{20.0} - \frac{1}{20.5}\right) \fallingdotseq 97.0\,\text{V}$$

歩幅電圧の計算は，電気設備の技術基準の解釈第 19 条に準拠するものである．解釈の解説では，歩幅電圧等についてこれをいくらにすべきかという確定した結論は出されていないが，一例として AIEE（アメリカ電気学会）の委員会報告として次のような値と計算式が示されている（C.F. Dalaziel 博士により，人間が耐え得る衝撃電流の値として示されたもの）．

なお，わが国の中性点直接接地系統の発変電所等の構内では，作業員は，ゴム靴等を履いており，事故時間も短いことから，一般に，歩幅電圧や接触電圧としては，150 V が目安とされている．

まとめとして，保安用接地の役割は主に感電防止であり，機能用接地は機器の保護を主目的とするものである．

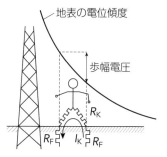

R_K：人体抵抗 $[\Omega]$，$500\sim1\,000\,\Omega$
R_F：足の下の大地抵抗 $[\Omega]$，$3\rho_\text{s}\,[\Omega]$
　　（ρ_s は，土地の平均抵抗 $[\Omega\cdot\text{m}]$ ）
t：事故電流の継続時間 $[\text{s}]$

歩幅電圧 $\leqq (R_\text{K} + 2R_\text{F})\,I_\text{K}$

$$I_\text{K} = \frac{0.116}{\sqrt{t}}\,[\text{A}]$$

第7図

4-1-17

現場の接地工事と接地抵抗測定

　ビル保安管理会社に勤務している者です．同僚から接地抵抗の定義について質問され，電気設備技術基準の条文は知っているのですが，私自身，接地抵抗の定義を正確に理解しておらず，うまく説明することができませんでした．接地抵抗の定義，接地の種類・役割などについて教えてくださいとの質問があり，引き続き現場の接地工事の実際・接地抵抗測定について解説する．

(1)　現場の接地工事の実際

(a)　発変電所の接地工事

①　屋外設備の接地工事

　発変電所の接地工事における接地抵抗値は，接触電圧や歩幅電圧の低減面からも極力接地抵抗値を低減することが望まれる．実際に接地抵抗値を下げるため，鉄や銅などの導電体を地中により広く，より深く埋設することとなる．

　前者の対策がメッシュ接地であり，銅線などを敷地いっぱいにメッシュ状に布設する方法である．

　後者の対策には，金属棒を地中に打設する方法やボーリング工法がある．

　ボーリング工法は，ボーリングにより地中深くまで10〜30 cm 程度の穴を開けて導線や銅パイプなどを挿入する方法であり，さらにボーリング孔に水圧をかけて周囲の岩盤にき裂を生じさせ，抵抗率の低い低減材を圧入して接地抵抗を低減させる場合もある．

　ボーリング電極を深くするとインダクタンスが大きくなり，サージイ

ンピーダンスが増大するので，雷害対策のためにはメッシュ接地とする必要がある．

② 地下変電所の接地工事

地下変電所を建設する際，第1図に示すように地下部を掘削時に周囲の土砂が崩れないよう，連続土留め（地中連続壁）を設ける．地中連続壁は鋼材を組み合わせたものや鉄筋コンクリートで施工される．

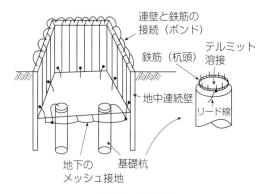

第1図　連壁接地

地中の鉄筋コンクリートは常に湿潤状態にあることから，電気的には良導体とみなせる．この鋼材や鉄筋コンクリートの鉄筋を接地極として利用するのが連壁接地である．

特に地中の鉄筋コンクリートは，サージ性の大きな電流に対しては，その接地抵抗は$0\,\Omega$に近づくとの実験結果も出ている．

③ その他の接地工事

発変電所には発電機や変圧器などの電力機器のほか，制御・保護装置や通信機器などが施設されており，これらの設備についても接地が施されている．これらの接地は基準電位接地として共通接地になっている．

例えば，開閉設備やマイクロ鉄塔などの接地と制御本館との間が別の接地系になっている場合，落雷や遮断器の開閉に伴うサージの侵入により，これらの接地電位と制御本館の接地の電位との間に電位差が生じる．

この電位差が原因となり，制御線などを介してサージとして制御本館

に侵入し，機器の破壊を招くおそれがある．この点，メッシュ接地など低抵抗の接地系に共用接地を施しておけばこの問題は解決される．

　また，発変電所と外部とを接続する電話線，通信線，水道管などを通じて外部に異常電位を発生させるおそれがあるため，絶縁変圧器や絶縁継手などを設けることにより，外部と電気的に絶縁する対策が必要となる．

(b)　ビルの接地システム

　ビルの接地システムに求められる基本機能としては，地絡電流の大地への経路の確保，雷電流の大地への放電，等電位・基準電位の確保，低インピーダンス化などがある．

　また，ビルでは必要な接地がいつでもどこでも容易に取り出せることが望ましく，接地提供の柔軟性，対応の迅速性，系統・性能管理の容易性，経済性などが要求される．

　第2図はビルの接地システムにおける共用接地の統合接地システムの構成例であり，基本的には4-1-16の第4図の構成と同じである．接地系統としては避雷用接地と電気設備用接地とに分け，各階に設けたフロア接地端子からフロア接地線を引き出し，その先に各ユーザのターミナルを設けて機器を接続できるようにしている．

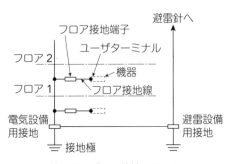

第2図　ビルの接地システム

　なお，平成23年（最終：令和2年）の電気設備の技術基準の解釈の改正により，解釈第18条「工作物の金属体を利用した接地工事」として，

接地極の共用が認められた．

　本条では，鉄骨造，鉄筋鉄骨コンクリート造または鉄筋コンクリート造の建物において，その鉄骨・鉄筋およびその他の金属体を共用の接地極として利用できるとともに，等電位ボンディングを施すことが示されている．

　等電位ボンディングの対象には，水道管やガス管等，系統外導電性部分も含まれるため，その個々の管理者との十分な協議が必要である．本条に関する概念図が解釈の解説に示されたので，これを第3図に示す．

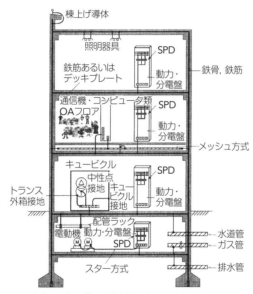

出典：電気設備の技術基準の解釈の解説18.1図

第3図　解釈第18条の概念図

　解釈第18条による等電位ボンディングシステム（EBS接地方式という）により接地システムを統合接地とすれば，単独接地の場合に懸念される接地極間の電位干渉問題も解決することができる．

　ただし，単独接地方式の既存建築物にEBS接地方式を採用する建築物を増築する場合には，既存建築物のA種，B種，C種，D種接地工事と構造体接地極間で十分な離隔距離を確保することができなくなる可

能性があるため，増築する場合には，既存建築物の単独接地極を相互接続し，さらに構造体接地極と接続することで，電位干渉とは無関係な状態にする必要がある．

　また，同時にこれとあわせて，既存建築物内の露出導電性部分や系統外導電性部分にも等電位ボンディングによる対策を行うことが推奨されている．

(2)　接地抵抗の測定方法

　接地抵抗の測定には，一般に直読式の接地抵抗計が用いられるが，ビルなどのような建物全体が接地効果を有する場合や，変電所のメッシュ接地のような場合には，電圧降下法により測定する．

(a)　直読式接地抵抗計による測定

　直読式接地抵抗計には，電位差計式接地抵抗計と電圧降下式接地抵抗計がある．電源としては電池を使用し，トランジスタインバータで交流にしている．周波数は数百 Hz，波形は方形波，測定電流は数十 mA のものが多い．

　測定は，第4図に示すように接続して行う．補助極の埋込み深さは10 〜 20 cm 程度でよく，電極間隔は E-P 間，P-C 間ともに通常はできる限り10 m 程度で配置する．しかし，被測定接地極が長い場合などは，

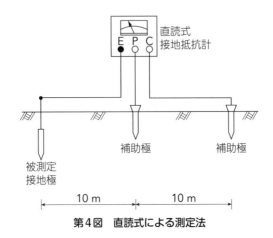

第4図　直読式による測定法

数十 m 離すことが必要となる.

(b) 電圧降下法による測定

変電所構内のメッシュ接地のような場合には，直読式接地抵抗計など
を用いての方法で正確に測定することは困難である．そこで，第5図に
示すように被測定接地極が点とみなされる程度に，十分離れた送電線な
どの接地を補助極として利用し，20 A 程度の電流 I を流して，接地極
と零電位としてみなされる地点との電圧 V [V] を測定する.

第5図において，I_S：電流回路の接地電流 [A]，V_S：真空管電圧計等
の読み [V] とすると，接地抵抗値 R は，

$$R = \frac{V_S}{I_S} [\Omega]$$

と表すことができる.

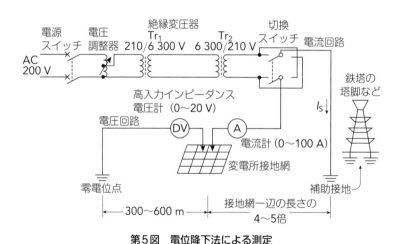

第5図　電位降下法による測定

電圧回路に対する誘起電圧の影響ならびに接地電流その他による大地
漂遊電位の影響に基づく誤差を除くため，まず，接地系の電位上昇の真値
V_{S0} を求める．第6図のベクトル図において，$\dot{V}_0$, $\dot{V}_{S1}$, $\dot{V}_{S2}$ の関係から，

$$V_{S0} = \sqrt{\frac{V_{S1}{}^2 + V_{S2}{}^2 - 2V_0{}^2}{2}} [V]$$

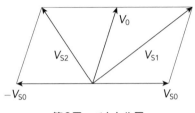

第6図　ベクトル図

したがって，真の接地抵抗値 R_0 は，次式となる．

$$R_0 = \frac{V_{S0}}{I_S} \, [\Omega]$$

ここで，$\dot{V}_{S1}$：測定時の真空管電圧計等の読み [V]，$\dot{V}_{S2}$：電流の極性を逆転したときの真空管電圧計等の読み [V]，$\dot{V}_0$：電流回路の接地電流（$I_S = 0$ における真空管電圧計等の読み [V]）

測定に際しては，以下の事項について留意する．

① 電圧回路への誘起電圧を低減するため，電流回路は電圧回路と 90 度以上の交差角をとる．同様の理由から電圧回路はほかの送電線路ともなるべく平行にならないように考慮する．

② 電流回路の電源が 1 線または中性点を接地している場合は，必ず絶縁変圧器によって電流を電源回路から絶縁する．

③ 電流回路の電流値は，なるべく大きくする．例えば，20 A 以上とする．

④ 電圧補助電極の抵抗による誤差を避けるため高インピーダンス電圧計を使用する．

⑤ 接地抵抗値は，電圧回路および電流回路と接地網との接続点をいくつか変えて測定し，それらの平均値を求めることが特に望ましい．

⑥ 電流回路は送電線を利用しこれを一括接地する方法も考慮する．この場合，架空地線による変電所接地との連接を切り離すこと．

⑦ 測定の際，電流回路の極性を転換し，おのおのの電位測定値より補正を行い，電圧回路に対する誘起電圧の影響ならびに接地電流その他

による大地標遊電位の影響による誤差を除くこと.

(c)　D種接地工事の接地抵抗値の簡易測定

　D種接地工事は,使用機器の保安用接地であり,設置数が非常に多く,かつ設置環境などから補助極を打ち込むことが困難であるなど,前述の方法で測定することは大変な手間を要することが通例である.

　このような場合は,B種接地工事の接地抵抗値とD種接地工事の接地抵抗値の合成値を測定する簡易接地抵抗計が使用される.

　測定回路は第7図に示すとおりであり,低圧電路の接地側配線を利用して,D種接地工事の接地極とB種接地工事の接地極の間に試験電流を流し,両者の合成抵抗値を求める.

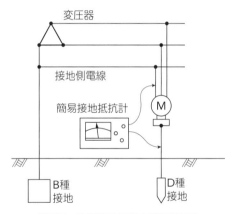

第7図　D種接地工事の簡易測定法

　このほか,大地の抵抗率が大きく,特に長い接地棒を施設している場合,大地比抵抗測定器による測定などがある.

　まとめとして,現場の施工は現場に適合した接地工事施工方法の選定と,それに合わせた接地抵抗測定を行うことが大切である.

4-1-18

仮設電気設備の手続き①

　建設会社に勤務しており電験3種に合格したことから，大きなビルの建設工事の電気関係の責任者に抜擢されたのですが，建設工事で使用する仮設高圧受電設備（キュービクル式）の手続きを行うことになりました．手続きから保安に関することまでをよく知る方が転職してしまい，過去の書類はあるのですが，かなり古いものですので，手続きからできれば施工時の注意点，保安に関することまで，ご教授願えないでしょうか？　というご質問をもらった．

　基本的には新設の高圧需要家の手続きと同じであり，ビルの建設期間中に電気事故が発生しないように保安管理を行うことが大切である．質問の内容から，大・中規模の建設工事の場合で，設備容量1 000 kV·A（契約電力500 kW）程度での電気設備を対象に手続きと保安管理について2回に分けて概要を述べる．

　工事現場では，第1図に示すように工事現場に架台をつくり，架台上にキュービクルを設置する場合もある．

　仮設高圧受電設備に対する要件として，次のような事項をあげることができる．

①　安全性・信頼性が高いものであること

②　日常の運転・操作および保安管理が容易であること

③　省エネ対策についても考慮すること

④　設備変更，撤去の工事に支障がないこと

⑤　電気系統が簡素で周囲環境にも配慮すること

　このような前提により建築工事に合わせて受電設備の工事・作業工程

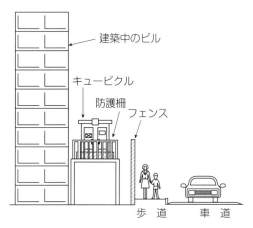

第1図　工事現場の架台に設置する屋外形
キュービクル式高圧受電設備イメージ図

を作成し，企画・実施することになる．前述したように，仮設設備であっても常設のものと変わらないので，多くの作業員が出入りする施設であることを念頭に入れ，保安管理を行うことが重要である．

　以下に，高圧自家用施設の設置手続きについて述べる．

⑴　電気事業者（電力会社）への申込み

　各電気事業者の「自家用電気使用申込書」に所定の事項を記入し提出する．

⒜　契約電力

　建設工事の場合，負荷設備は決められないので，契約電力は契約設備電力となる．受電後は，実量値（実量制）による契約になる．

⒝　図面協議（技術協議）

　架空引込方式の場合，設置者構内の第1号柱に地絡保護装置付き高圧交流負荷開閉器（GR付きPAS）を設置する（第2図参照）．

　地中引込方式の場合，高圧キャビネットには地絡保護装置付き高圧ガス開閉器（UGS）の設置が推奨されている（第3図参照）．

　電気事業者より受電点での三相短絡電流値が示され，短絡電流値と遮断時間により引込みケーブルの太さ，保護リレーの整定値，計器用変成

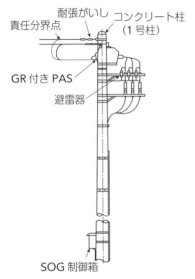

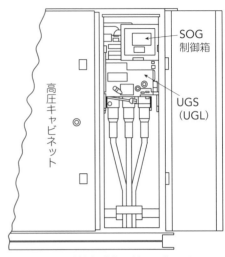

第2図　地絡保護装置付き区分開閉器　　　第3図　地絡保護装置付き区分開閉器
　　　（架空引込用）　　　　　　　　　　　　　（地中引込用）

器等の過電流強度等が協議・決定される.

　受電設備の点検・検査および保守のための通路および手すりの設置,
高所の受電設備では, 昇降路は危険防止のため垂直はしごは極力避け,
手すり付きの階段を設置するようにする.

(c)　工事負担金

　新たに大規模な配電線工事が発生する場合には, 工事負担金が必要に
なる. 1年未満の契約の場合には臨時電力になり, 臨時工事費と料金が
割増となる. 具体的なことは各電気事業者と協議することとなる.

(2)　所轄産業保安監督部長への届出等の手続き

　設置者に対し保安規程の作成・遵守, 主任技術者選任による技術基準
適合義務が自主保安体制の要になっている（第4図参照）.

(a)　保安規程の作成・届出

　保安規程は, 電気工作物の工事・維持・運用の保安の確保を図るため
に, 設置者が作成するものであって, 組織・点検基準等を示すものであ

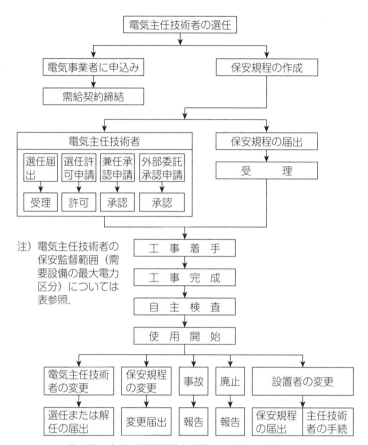

第4図　高圧の需要設備を新設する場合の手続き図

る.

　電気主任技術者の選任形態（選任・外部委託，兼任等）に応じて内容が相異する.「電気設備の保安規程」（日本電気協会），「自家用電気工作物保安管理規程」（日本電気協会　需要設備専門部会）に作成にあたっての考え方，そのモデル等が紹介されているので参考になる．ここでは紙面の都合上，内容は省略する．

(b)　電気主任技術者の選任

　仮設自家用施設は，通常，当該建設現場の事業場（建設所長など）が統轄管理し，電気主任技術者が保安監督を行うことになる．

主任技術者の資格区分と監督範囲（概略）

保安監督の対象電気工作物 / 主任技術者資格区分		需要設備				
		高圧（最大電力区分）				特別高圧
		100 kW未満	100 kW以上 500 kW未満	500 kW以上 2 000 kW未満	2 000 kW以上	
主任技術者選任	第1種	○	○	○	○	○
	第2種	○	○	○	○	○ 電圧 170 kV未満
	第3種	○	○	○	○	○ 電圧 50 kV未満
許可主任技術者	第1種電気工事士	○	○	－	－	－
	第2種電気工事士	○	－	－	－	－

　電気主任技術者の職務は，電験3種受験時に学習した事項で，おおむね電気保安教育，工事，保守，運転操作，災害，保安業務の記録，保安機材，書類の整備に関することなどである．

　電気主任技術者の選任方法は設置者の従業員のうちから選任するのを原則（ご質問者の場合は，本人の届出）とするが，一定の要件のもとにビル管理会社等に委託または派遣によることも可能になった．高圧受電の場合は，電気保安協会等の電気保安法人または電気管理技術者への外部委託をすることも可能である．

　さらに消防の届出が結構大変であるが，これについては後述する．

　以上の手続きは，後述する消防も含め，必ず届け出先の担当とアポイントを取っておかなければならない．いきなり出向いても取り合ってもらえないことが多いので，注意してほしい．

4-1-19

仮設電気設備の手続き②

　引き続き，仮設高圧受電設備（キュービクル式）の手続きと保安管理について概要を述べる．

(1)　消防署への手続き

　全出力 20 kW（変圧器定格容量の合計 25 kV·A 相当）以上の変電設備は，火災予防条例に基づき所轄消防署へ届け出る必要がある（第 1 図参照）．

　変電設備には，標識・消火器を備えて工事完了時に検査を受ける．消防検査は消防署の担当にもよるが，かなり厳しくチェックされるので，わからない点などがあれば，疑問を残さずに担当者と十分協議しておくことをお勧めする．

　協議があいまいだったために，変更工事が発生してしまい，痛い目にあったことがあることを付け加えておく．

　なお，小容量変電設備の消火に適応する消火器の種類の一例を，第 2 図に示す．

　消火器は，変電設備の設備容量，床面積等に応じた能力単位のものを設置することが火災予防条例で規定されているので特に留意する必要がある．

(2)　その他の手続き

　大都市のビル建設現場などでは，ビルの建造物が歩道ぎりぎりまで建設される場合があり，キュービクルを建設現場内に施設することが困難となることがある．やむを得ず歩道上の構台に高圧受電設備を設置するときには，道路管理者の道路占用許可と所轄警察署の道路使用の許可，

第5号様式（第13条関係）

電気設備設置（変更）届出書

年　　月　　日

東京消防庁
　　消防署長　殿

届出者
　　住　所
　　　　　　　　　電話　　（　　　）
　　氏　名

　下記のとおり、電気設備を設置（変更）したいので、火災予防条例第57条第1項の規定に基づき届け出ます。

記

防火対象物の概要	建物	所 在 地	
		名　　称	
		構　　造	□耐火　□準耐火（□イ・□ロ－1・□ロ－2）　□防火 □木造　□その他（　　　　　　　　　　　　　　　）
		階　　層	地上　　　階　・　地下　　　階
		面　　積	建築面積　　　　　　　㎡　延べ面積　　　　　㎡
		用　　途	（　　）項　（　　　　　　　　　　　　　　　　）
	事業所	名　　称	電話　　（　　　）
		事業所のある階	階
		床 面 積	㎡
		用　　途	（　　）項　（　　　　　　　　　　　　　　　　）
設備種別			□変電設備　　□内燃機関を原動力とする発電設備　　□蓄電池設備 □ネオン管灯設備
工事等種別			□新設　　　　□増設　　　　□改設　　　　□移設 □その他（　　　　　　　　　　　　　　　　　　　）
設置場所			階
工事等開始日			年　月　日　｜　完成予定日　｜　年　月　日
施 工 者			担当 電話　　（　　　）
※　受　付　欄			※　経　過　欄

備考　1　届出者が法人の場合、氏名欄には、その名称及び代表者氏名を記入すること。
　　　2　設備の概要表、配置図、立面図、接続図及び仕様書並びに当該設備の設置場所の平面
　　　　図、展開図、構造図、室内仕上表、排気筒その他ダクトの系統図及び排気筒その他ダク
　　　　トの平面図を添付すること。
　　　3　事業所欄は、事業所に関する届出の場合に記入すること。
　　　4　防火安全技術講習修了者が本届出書の内容について消防関係法令に適合しているか
　　　　どうかを調査した場合は、修了証の写しを添付すること。
　　　5　※欄には、記入しないこと。

（日本産業規格A列4番）

第1図　電気設備設置（変更）届出書（東京都の場合）

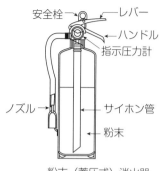

粉末（蓄圧式）消火器

注）電気設備の消火に適応できる消火器には粉末消
　火器，強化液消火器，二酸化炭素消火器，ハロ
　ゲン化物消火器等がある.

第2図　小容量変電設備の消火に適応できる消火器例

場合によっては所轄消防署の許可も要するので注意する.

　ご質問者の場合はこの手続きも必要となるようなので，特に道路管理
者の道路占用許可は，申請から許可が下りるまで3〜4か月要するこ
とも念頭において，早めに手続きをすることをお勧めする. また，道路
の管理者（国道，都道府県道，市区町村道）により，申請場所と手続き
が若干違うので，これも担当者とアポイトメントをとり，疑問のないよ
うにすることが大切である.

(3)　施工上の注意事項

　仮設の高圧受電設備は，転用品を使用することも多いのが現実である.
使用する事業場の所要定格容量と図面協議・技術協議から仕様を決め
て，内蔵する機器の組換えをすることが多々ある.

　仮設の高圧受電設備は，次のような点に留意することが大切である.

① 　箱体は，屋外用として頑丈に作成する.

② 　高圧側の保護方式により，常設の設備と同様に，設備容量300 kV·A
　以下の場合は PF·S 形（通称簡易キュービクルという）が使用できる.
　300 kV·A 超過の場合は CB 形を使用し，設備容量に応じて変流器は，
　変流比等適切な定格のものを選定する.

③　変圧器等の内蔵機器の出入れを容易に行うため，失敗した経験上，扉は広く取るようにすることをお勧めする．

④　変圧器二次側の配線用遮断器（MCCB）は，これも失敗した経験上，定格電流の調整が可能なものを選定することをお勧めする．

⑷　点検要領

保安管理の点検対象および点検頻度は，保安規程による巡視，点検，測定および手入れ基準によるが，表のような点検要領を作成しておくこ

高圧受電設備の日常・巡視点検の一例

施設区分	点検対象	点検項目	点検結果	処置
高圧引込設備	電柱，腕木，がいし等	損傷，腐食，緩み		
	架線	離隔，標識		
	ケーブル，ヘッド	損傷，腐食等		
	G付きPAS，UGS等	損傷，汚れ		
高圧受電設備	建屋，外箱	雷雨の吹込み，腐食，施錠		
	VCT	損傷，配線のたるみ		
	断路器，避雷器	受と刃との接触，変色，汚れ等		
	遮断器，開閉器	汚損，過熱等		
	受・配電盤等	損傷，変形，ヒューズ等		
	計器用変成器，操作，切換開閉器	操作，指示異常		
	母線，引下線，PC，LBS	離隔，たるみ等		
	変圧器	温度，油漏れ，ブッシングの汚れと破損等		
	高圧進相コンデンサ，直列リアクトル	温度，ブッシングの汚れと破損，ふくらみ		
	接地（E_A, E_B, E_C, E_D等）	損傷，緩み		
	盤内照明灯	作動状況		
その他	防護柵，昇降階段周囲との離隔距離	損傷，施錠		
	消火器	損傷，表示，有効期間		
	各種の表示盤等	高電圧，立入禁止等		

注)　①　点検結果の欄には良，不良を記入すること．
　　　②　不良の場合には，処置欄に処理状況を記入すること．
　　　③　対象設備が電気設備技術基準等に適合するか否かについて，点検漏れがないように留意すること．

とをお勧めする.

　最後に，事故がないに越したことはないが，万一事故となった場合は，電気主任技術者の指揮のもと，応急処置と事故報告は迅速に行うことが求められる.

　なお，電話等による方法（旧「速報」）は，24時間以内と法令が平成28年に改正されたので，このことも念頭に入れておく必要がある.

4-1-20
コージェネレーションシステムの導入

電力会社勤務時代にお客さまから「自家用発電設備を更新したいと考えていますが，更新の計画にあたってはコージェネレーションシステムの導入を検討しています．機種などの選定にあたり考慮すべき点など，基本的なことを教えてください．」との質問があり，次のように回答した．

エネルギー資源を海外に依存するわが国にとって省エネルギー，省資源の問題は緊急の課題である．東日本大震災による「計画停電」を経験したわが国では，電力の安定供給，地球温暖化防止，電気料金低減のため適正電源設備の開発と合理的な運用には事業用発電設備以外に分散型電源として位置付けされる自家用発電設備は，負荷の平準化，ピークカットに協力でき，さらに排熱活用によって省エネルギー，省資源に貢献できる点で，今まで以上に重要な役割を担っていくものと考える．

質問の回答として，自家用発電設備の更新または新設にあたり，省エネ導入効果の高いコージェネレーションシステム（コ・ジェネともいう．以下，CGSとする）について，その容量，機種の選定に関して考慮すべき事項について述べる．

(1) 自家用発電設備の効用

(a) CGSの活用による効率向上

電源立地の問題で遠隔地に大規模発電所を設置し，需要地へ輸送する事業用発電設備は熱エネルギーの遠隔輸送ができないため熱効率は35～40％程度である．

一方，自家用発電設備は消費地分散生産方式であり，排熱活用による熱エネルギーの有効活用ができ，熱効率は60～80％まで向上できる．

(b)　昼間負荷ベース運用によるピークカット

　負荷率が低く日中にピーク負荷が集まるビル，中小工場などは自家発電機を設置し，DSS（日間起動停止）運転することでピークカットと負荷平準化によって契約電力を下げ，コスト低減に寄与できる．

⑵　コージェネレーションシステムの計画

　CGS は，電力と熱の供給を同時に行うことができるシステムであり，ガスタービン，ガスエンジンなどの原動機，発電機および排熱回収装置から構成され，電力需要および熱需要との適切な組合せが可能な場合には，エネルギー効率の向上，コスト削減という利点がある．したがって，計画に際しては電力の需給バランス以外に利用可能な排熱量と熱需要量との関係を季節別，負荷状態別に定量的に検討する必要がある．

　なお，CGS の採否の鍵はイニシャルコスト，ランニングコストなど経済性が前提となるため，原動機に使用する燃料は経済性，人手および取扱いの容易さ，環境への影響などを考慮し，かつ機種の選定は経済効果以外にもエネルギー効果，設置スペースなどの空間価値の問題，システムとしての実績，寿命，保守管理の難易と，これに基づくシステムの安全度などを含めて総合的に判断しなければならない．

⑶　機種の選定

　原動機の特徴を表に示す．ディーゼルエンジン方式，ガスエンジン方式，ガスタービン方式などそれぞれの特徴を把握して機種を選定することが重要である．

(a)　ディーゼルエンジン方式

　吸気，圧縮，膨張，排気の 4 サイクルの内燃機関である．軽油，重油などの比較的重質の燃料を使用する．間欠的燃焼であるため騒音，振動は大きいが，発電効率は他方式に比べて高い．

(b)　ガスエンジン方式

　燃料としてガス燃料を使用する内燃機関である．作動原理はディーゼルエンジンと概略は同じであり，間欠的燃焼であるため騒音，振動が大

原動機の特徴

	ディーゼルエンジン	ガスエンジン	ガスタービン
適用規模	小・中 15 ～ 10 000 kW	小・中 20 ～ 1 000 kW	中・大 500 ～ 100 000 kW
発電効率 [%]	約 35 ～ 45	約 20 ～ 35	約 15 ～ 35
総合効率 [%]	約 60 ～ 75	約 65 ～ 75	約 65 ～ 80
熱　電　比	約 1.0	1.0 ～ 1.5	2.0 ～ 3.0
排ガス温度 [℃]	400 ～ 500	500 ～ 600	450 ～ 550
燃　　料	軽油，重油	ガス	灯油，軽油，LPG，都市ガス
冷却方式	水　冷	水　冷	空　冷
始動時間	10 秒程度	15 秒程度	40 秒～ 5 分
価　　格	ディーゼルエンジン＜ガスエンジン＜ガスタービン		
長　　所	発電効率が高い 燃料単価が安い 実績豊富	排ガスがクリーン で熱回収が容易 排熱が高温で利用 効率が高い	冷却水が不要 蒸気回収に最適 低騒音，低振動 小形・軽量コンパクト
短　　所	騒音・振動大 排ガス中のSO_x， NO_x 大	騒音・振動大 排ガス中のNO_x 大	発電効率が低い 保守費が高い 法定定期点検のため原則 1 回 / 年停止が必要

きい．しかし，排ガスが 600 ℃と高く，排熱を利用して民生用 CGS としての設置例が比較的多い．

(c)　ガスタービン方式

　圧縮機，燃焼器およびタービンの三つの構成要素からなる．燃焼は燃焼器内で連続的に行われるため騒音，振動が小さい．排ガスは高温で，かつ多量に排出されるため排ガスボイラを用いた蒸気回収に適しており，工場，大規模ビルの CGS として利用されることが多い．

(4)　容量の選定

　自家用発電設備の計画および設計にあたっては生産，電力量，所要蒸気量，熱源の見通しなどを総合勘案する必要がある．

　工場，ビル，ホテル，病院など，その用途で利用される電力と熱負荷を計測し，日負荷曲線，月負荷曲線，年負荷曲線で表し，さらには今後のエネルギー需要計画も考慮し，エネルギー需要パターンの評価を行う．

このデータを基にエネルギーバランスを解析し，省エネルギーやランニングコストなどの経済計算を行い，最適運転の設備容量を決定する．

　なお，CGS に用いる原動機の効率低下は負荷率の低下とともに生じるので，その影響が少ない 75 % 以上の負荷率で運転することが総合経済性を得るポイントとなる．また，原動機容量と台数をどうするかは次の点も考慮に入れておく必要がある．

① 　ガスタービン方式では法定定期点検のため 1 回 / 年，1 か月程度の開放検査が必要である．この間は定期検査時補給電力を，また事故時は事故時補給電力を電力会社から受ける．いずれも割増し電気代となるため複数台もつことで影響を少なくできる．

② 　一定の条件を満たせば CGS の設置台数を複数台（2 台以上）にすることで非常用発電機と兼用ができる．

　東日本大震災以降，これまでのわが国の規制緩和と競争原理の導入から，今後ますます需要地に近く，省エネルギー，省資源およびコスト低減効果の高い CGS は分散型電源として位置付けされ，導入が進むと思われる．

　しかし，自家用発電設備の CGS 単独方式は電力供給の信頼性，設備の効率的利用，予備電力の確保などの観点から問題があり，対策として電力会社との協議と「CGS の系統連系技術要件のガイドライン」および電気設備技術基準を遵守することで，商用電力系統と連系し，運用することが望ましく重要である．

　なお，今回の質問以外であるが，再生可能エネルギーの普及，燃料電池，廃棄物発電などもエネルギーの安定供給の確保，地球環境問題への対応の観点から利用促進を進めていくことが大切である．

　実際の計画に際しては，電力の需給バランス以外に利用可能な排熱量と熱需要量との関係を季節別，負荷状態別に定量的に検討し，さらに，生産，電力量，所要蒸気量，熱源の見通しなどを総合勘案し，機種選定することが大切である．

【参考】　燃料電池はCGSの注目度が高い

　近年，燃料電池は，CGSとして熱効率の向上と，エネルギーの有効利用，二酸化炭素削減に貢献できる技術として注目され，普及が進められている．

　溶融炭酸塩形と固体酸化物形の作動温度は高く，タービン発電機などと組み合わせるコンバインドサイクル発電により高い発電効率が期待されている．しかし，作動温度が高いほど，耐久性を上げるために高価な材料を使わなければならず，停止後の再運転時に温度が上がるまで時間がかかることから，長時間運転し続けるものが適しており，発電所としての用途や，工場・大規模ビルなどの分散型電源・コージェネレーションとしての用途が考えられている．

　一方，作動温度が低いりん酸形と固体高分子形は，固体酸化物形などと比べると発電効率は低いものの，材料や運転・停止の制約が少なくなり，さらに排熱を給湯や暖房に使えば総合効率は70〜80％になるので，火力発電所などと比較するとその効率をはるかに上回る．りん酸形は1992年に実用化され，100〜200kWクラスのCGSは日本でも200プラント以上，約5万kW以上の導入実績がある．

　最近，最も注目を浴びてきている固体高分子形燃料電池は，作動温度が常温〜90℃と最も低いのが特徴である．

　この電池は，起動に必要な時間が短く，頻繁に運転・停止が行われる用途に適しており，90℃という排熱温度は，工場用の蒸気などとして使用するには温度が低すぎるが，中小規模の自家用および家庭用の給湯や暖房として使うには十分といえる．また，安全面や取扱い面からも適しているといえる．

　また，単位体積当たりの発電量を大きくでき，装置を小形化できるというのも大きな特長であることから，中小規模の自家用および家庭用のコージェネレーション，自動車，モバイル機器の電源用などの用途として注目を浴び，普及を進めるような動きとなっている．

4-2-1

架空送電線路の鉄塔

架空送電線路の鉄塔形状は電験3種の書籍などに記載されていて，四角，方形，えぼし形，門形など知っているが，がいしの取付け方に違いがあったり，電線の配置もそれぞれ違っているようなので教えてくださいとの質問を受けたことがあったので，概要を述べる.

(1) 架空送電線路の電線の支持方式と使用目的による種類

電線の支持方式には第1図に示すような「懸垂形」と「耐張形」の2種類がある.

懸垂形は送電線の水平角度と高低差が小さい箇所に，耐張形は懸垂形

(a)　懸垂形　　　　　　　　　(b)　耐張形

第1図　架空送電線路の電線の支持方式

で対応できない箇所に適用される．懸垂箇所が多いほど送電線の建設コ
ストを安くできるが，わが国は国土が狭く，かつ平野部が少ない地形で
あるので，送電線は用地面から直線ルートを確保することが難しく，懸
垂形が適用しにくい状況にあるのが実情である．

　使用目的からみると，直線，角度，引留，保安に分類される．直線，
角度は送電線の屈曲に応じて懸垂形または耐張形で使用し，引留は送電
線の起終点など架渉線を完全に引き留める箇所に，保安は鉄塔間の径間
長の差が大きい場合など線路方向に不平均張力が生じる箇所などに耐張
形で使用される．

⑵　架空送電線路の電線配列による種類

　架空送電線路の電線配列は，支持
物の構造，回線数，径間長，気象条
件および地形などを考慮して適切な
配列が採用される．配列方法として
は第2図に示す三角配列，第3図
に示す水平配列，第4図に示す垂直
配列の3種類がある．

① 三角配列は，主に1回線の鉄塔，

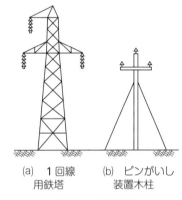

(a)　1回線　　　(b)　ピンがいし
　用鉄塔　　　　　装置木柱

第2図　三角配列

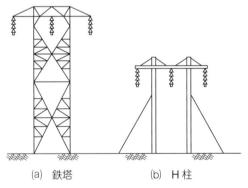

(a)　鉄塔　　　　　　(b)　H柱

第3図　水平配列

鉄柱，コンクリート柱，木柱に用いられ，22 kV ～ 33 kV の比較的電圧の低い送電線に多く採用されている．

② 水平配列は，着氷雪の多い地方（電線に付着した氷雪が脱落したために，電線が跳ね上がり接触するスリートジャンプのおそれがある地方），長径間箇所，谷あいなどで地形的に吹き上げる風の影響を受ける場所に適し，1回線鉄塔やH形木柱またはコンクリート柱などで採用される．

③ 垂直配列は，第4図に示すように，2回線（通常，並行2回線という）以上の鉄塔に多く用いられ，設置する用地面積も少なく，経済的なため，わが国では 66 kV ～ 500 kV 用鉄塔に至るまで多く採用されている．

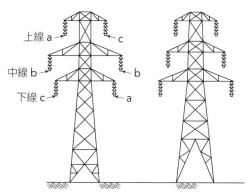

(a) 氷雪の少ない地方　(b) 氷雪の多い地方

第4図　垂直配列

垂直配列においては，同じ縦列にある上線，中線，下線の各電線の出幅に格差をつけている．第5図に示すように，この出幅をオフセットといい，着氷雪脱落時の電線の跳ね上がりなどによる線間短絡を防ぐため，オフセットを大きくとる必要がある．

なお，275 kV，500 kV 送電線では，通信線や線下の通行人に対し静電誘導障害を防止するために，コロナ雑音防止面からは不利となるが，上線 a，中線 b，下線 c の相順を逆相配置する場合が多いのも特徴の一

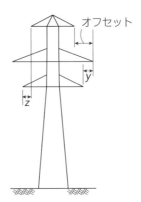

第5図　オフセット

つである.

　また，第6図に示すような「ばんざい鉄塔」などという変わった鉄塔もあるので，紹介しておく.

第6図　ばんざい鉄塔（東京電力「電気の史料館」内に展示）

　さらに，市販のテキストや電気工学ハンドブックなどを見ても絶対に載っていないものを第7図に示しておく．これで皆さんはちょっと専門家になれるかも.

　天気の良い日に鉄塔の形を見ながら郊外をぶらぶらするのも楽しいものですよ.

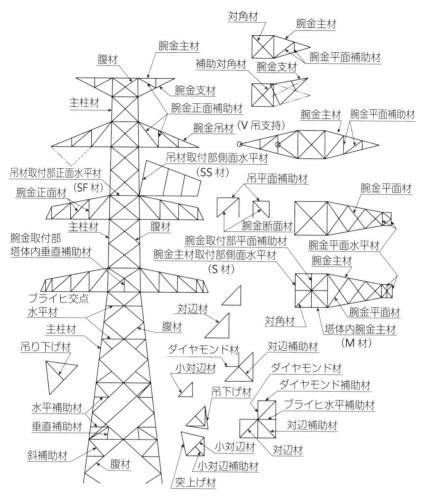

第7図　鉄塔上部の各部の名称

4-2-2

架空送電線路の鉄塔の ろうそく立て

　架空送電線路の鉄塔の組立て方について教えてほしいとの質問を受けたので，まずは鉄塔組立前の基礎工事である「ろうそく立て」について概要を述べる.

・ろうそく立てとは？

　送電鉄塔の基礎には第1図から第6図に示すような基礎があり，基礎の断面がろうそくに似ているため，現場では基礎工事を「ろうそく立て」と呼んでいる．実際に基礎工事が終了すると，第7図のようにろうそくの芯（主脚材の最下部）だけが顔を出した状態となる.

　各基礎は，以下に記述するような特徴があり，その特徴から現場にマッチした基礎が採用される.

① 　逆T字形基礎は，鉄塔基礎の代表的な独立基礎で，比較的支持層が浅く，良質で不等沈下の起こりにくい地盤に適することから，経済性に優れ，古くから平野部などで広範囲に採用されることが多い基礎で

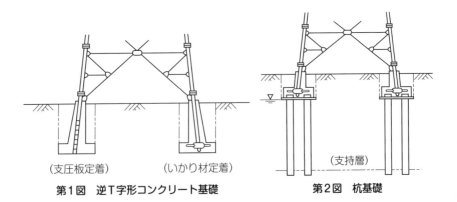

（支圧板定着）　　　　（いかり材定着）　　　　　　（支持層）

第1図　逆T字形コンクリート基礎　　　　**第2図　杭基礎**

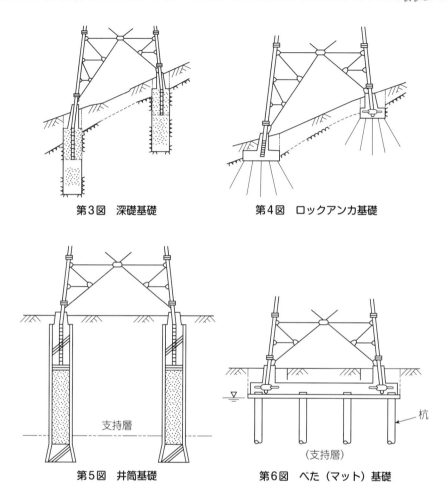

第3図 深礎基礎

第4図 ロックアンカ基礎

支持層

第5図 井筒基礎

（支持層）

杭

第6図 べた（マット）基礎

ある．床板部と柱体部からなる逆T字形の形状をした基礎で，掘削した底盤に直接床板を設置した構造となっている．

② 杭基礎は，比較的軟弱な地盤で，杭を固い地盤の支持層まで打ち，荷重を杭により支持層に伝達するような構造となっている．

③ 深礎基礎は，山岳部などの比較的急斜面の場所に基礎を設ける場合，円形の立杭を掘り下げていき，コンクリートを充てんして柱体部を作成する．大きな強度を発揮する．

④ アンカ基礎は，送電鉄塔の主柱の底面に十分な圧縮耐力を有する岩

第7図　送電線基礎工事後の状態（ろうそくの芯が出ているように見える）

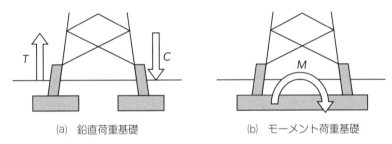

(a)　鉛直荷重基礎　　　　　　　　(b)　モーメント荷重基礎

第8図　鉛直荷重基礎とモーメント荷重基礎

盤がある場合に用いられ，岩盤または良質な地盤にアンカを定着させる基礎である．

　岩盤をボーリングマシンで削孔し，その穴に床板部と岩盤をつなぐ引張用鋼材を入れ，セメントペーストやモルタルを注入して岩盤内に定着させるもので，ロックアンカ基礎とアースアンカ基礎とがあり，強度の高い基礎である．

⑤　井筒基礎は，鉄筋コンクリートでつくった筒状の構造物の内部を掘削しながら支持層まで沈め，それを送電鉄塔の主柱の基礎とする工法である．主に軟弱地盤において湧き水が多く，ほかの工法で施工困難の場合に採用される．

⑥　べた基礎は，送電鉄塔主柱の４脚部をそれぞれ独立基礎とせずに連結して一体化した基礎であって，一般的には立方体形の鉄筋コンクリート基礎の４隅に脚材を設置するようにしたもので，逆Ｔ字形基礎と同様に平野部で採用されることが多い基礎である．

　前述した基礎は，上部構造から伝達される荷重のうち基礎に対して支配的となる作用荷重により，鉛直荷重基礎とモーメント荷重基礎の二つに分類される．鉛直荷重基礎は鉛直方向の圧縮および引張荷重が支配的な基礎であり，モーメント荷重基礎は転倒モーメント荷重が支配的な基礎となっている．

　市販のテキストや電気工学ハンドブックなどを見ても絶対に載っていない基礎部分の構成材の名称を第９図に示しておく．今回で皆さんはさらに専門家になれるかも．

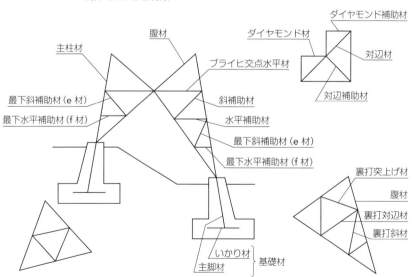

第9図　鉄塔下部の各部の名称

4-2-3

架空送電線路の鉄塔の組立て

　今回は引き続き，本題である鉄塔組立工事の基礎工事終了後の鉄塔組立工事の方法について概要を説明する．

　鉄塔の組立工事は，基礎工事終了後，コンクリートが十分な強度に達する養生期間を経てから組立てを行う．そして，組立工事の着手に際しては，次の条項を十分検討し，適切な工法を選択することとなる．

① 　組み立てる鉄塔について，あらかじめ設計図書をよく検討し，その規模・構造の詳細，特徴などについて熟知しておくこと．第1図に示すように，多くの材料を使用するので，現場では組立順序を熟知したうえで，材料ごとに整然と整理しておくことが大切となる．

第1図　鉄塔組立て前の材料準備

② 　各種工法の長所短所，適性，特徴，鉄塔の規模，構造，現地状況，工程などを検討し，最も効率的で安全な工法を選択する．

③ 　組立てに使用する各種機械は，十分な安全率を有したものを準備す

る.

④　法規制を受ける作業については，有資格者が作業に当たることを確認することが大切である.

(1)　標準的な鉄塔組立方法

66 kV 〜 154 kV 級規模の鉄塔の組立方法として，重機械の搬入が可能な工事条件の場所では，第2図に示すようなトラッククレーン（移動式クレーン工法）による組立てが行われる．この工法は，効率的で安全性も高い.

第2図　移動式クレーン工法

一般に塔高 40 m 〜 50 m 以下の組立てに用いられ，それ以上の組立てには以下に述べるクライミングクレーン工法，地上せり上げデリック工法，台棒工法等と併用される．なお，地形，地盤，作業環境等が適した場所では，大形の移動式クレーンを用いて 90 m を超える鉄塔を組み

立てることもある.

　なお，山地などの場所では，台棒（木製・鋼管製など）を用いて組み立てる台棒工法が採用される．この方法は，第3図に示すような台棒を鉄塔主柱材に取り付け，この台棒を利用して部材をつり上げ，組立てを行うもので，下部から順次組み上げていくものである.

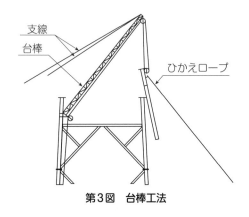

第3図　台棒工法

　木製台棒を採用する場合では，支線の設置が可能な場所において根開きが10 m以下，単体重量が500 kg以下の比較的小形の鉄塔の組立てに適している．一方，鋼製台棒を採用する場合では，支線の設置が可能な場所で根開きが15 m以下，単体重量が1 500 kg以下の鉄塔に適している.

　単ポール構造などでは，第4図に示すような地上せり上げデリック工法を用いることもある.

　この工法は，組み立てる鉄塔の中心部に，組立高さに応じて鉄柱を地上で継足しながら順次せり上げ，先端にブームを取り付けて組み立てる方法で，支線設置の不可能な山岳地の大形鉄塔に適し，ブームを人力で旋回させる人力旋回形タイプ（YSタワー）と，ブームが自動旋回できる形がある．鉄柱を地上でせり上げるため，鉄柱の組上げ，およびデリックの付換え等の高所作業が省かれ，安全性が高いという特徴がある.

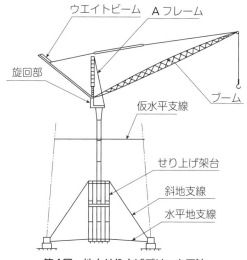

第4図　地上せり上げデリック工法

⑵　大形鉄塔の組立て

　275 kV 〜 500 kV 級の基幹系統の送電線は，鉄塔部材に鋼管が用い
られることが多く，部材の単体重量や腕金重量が重いため，第5図に示
すようなタワークレーンを利用した工法（クライミングクレーン工法）

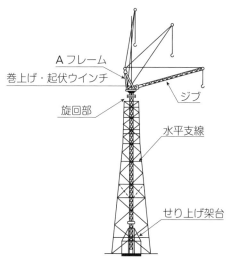

第5図　クライミングクレーン工法

が採用される．

　この工法は，鉄塔中心部に鉄柱を構築し，その頂部に360°旋回可能なタワークレーン装置を取り付けて鉄塔を組み立てる工法で，ブームの起伏，回転が自動的にできる，各種の安全装置が施されている，せり上げが容易である，操作が簡単であるなどの特長があり，支線が設置できない山岳地の大形鉄塔の組立てに用いられる．

　最近では，つり上げ能力に応じて，種々の形が開発され，山岳地での大形鉄塔組立ての主流となっており，平たん部では，大形トラッククレーンを利用して塔高100 m程度まで鉄塔組立てを行った例もある．

(3)　鉄塔かさ上げ工法

　都市化の進展，地域開発の活発化などに対応し，既設送電線路の電線と線下構造物などとの離隔確保のため既設鉄塔を利用した，かさ上げ工法が採用されることもある．

　一般的な工法は，電線を仮線路に移設するか，線路を停止して鉄塔を継ぎ足して行われる．

　特殊な工法としては，第6図に示すように既設鉄塔内部または外部にせり上げ用支持柱を設置し，これにより既設鉄塔をつり上げ，または押し上げて継ぎ足すせり上げ工法，ならびに既設鉄塔の外側を井げたに仮

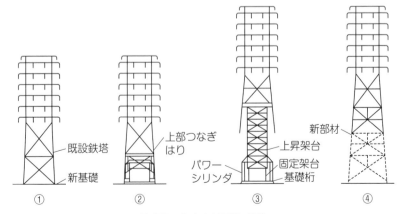

第6図　かさ上げ工法（例）

設部材で包み込み，これに仮腕金を取り付けて移線し，鉄塔部材を継ぎ足す井げた工法がある．工事用地，線路停止期間などの工事条件によって工法が選定される．

　鉄塔の組立てにおいては，資材の輸送が重要である．

　工事用資材の輸送に際しては，既設道路を利用するが，鉄塔の建設位置が既設の道路から離れていることが多く，鉄塔建設位置が田畑などの平地にあっては仮設道路を，山岳部においては索道やモノレールを，それぞれ工事規模に応じた構造によって設置する．

　また，山岳部などで地形上，索道設置の不可能な箇所や自然保護などの必要性からヘリコプタでの輸送に頼らざるを得ない場合がある．この場合，ヘリコプタでの輸送は飛行による騒音，風圧による人家や農作物に対する影響など飛行経路の選定について十分な検討を行うとともに，経済性の面から飛行ルートの検討を行うことが重要である．

　送電線工事は，山岳地の通過や狭あい地での作業が多く，また，作業現場が鉄塔ごとに何箇所にも分散することから，工事用資機材の運搬に多くの労力を要する．このため，機械工具は小形軽量化や分割可能な構造にするなど留意して施工を行っている．

4-2-4

架空送電線路の架線工事

　鉄塔組立工事に引き続き，送電線の電線はヘリコプタを使って直接電線を引いて張るのか教えてほしいとの質問があったので，架線工事の方法について概要を説明する．

　この質問の回答であるが，送電線の電線はヘリコプタを使って直接電線を引いて張るようなことはしない．送電線の電線を張る工事のことを架線工事といい，延線工事と緊線工事に区分されている．

　延線工事は，一般に $3 \sim 5 \, \mathrm{km}$ の区間を1延線区間として電線をウインチで引き延ばす作業のことをいう．

　最初に鉄塔と鉄塔の間に細いナイロンロープを渡すことから始める．このナイロンロープの後ろに太いワイヤロープを結び，細いロープを引っ張って太いロープと取り替える．こうして電線のガイドとなるロープを渡す作業を繰り返し，最終的に太い電線が張られる．

　最初にロープを渡す作業でヘリコプタを使用することが多いので，ヘリコプタを使って電線を張るということがイメージ付けられてしまったのだと思う．場所によってはラジコンヘリが使われることもある．最近ではペットボトルを使った工法もある．先輩から聞いた話だが，一昔前は弓矢を飛ばして電線を張っていたそうである．

　実際にヘリコプタを使用するのは，山間部や鉄塔と鉄塔の間に鉄道や道路などがある場合で，地上での作業が困難な場合に限られる（第1図参照）．地上作業が可能な場合は，ナイロンロープを鉄塔のならび（列という）に沿って敷き，それぞれの鉄塔に荷揚げ用ロープをかけて，人力でナイロンロープを鉄塔に引き上げる．その後の作業は前述した手順

第1図 ヘリコプタでの作業

どおりである.

　延線工事の方法（概略）は，第2図に示すように延線区間の片端をエンジン場，反対側をドラム場として，エンジン場には架線ウインチとリールワインダを，ドラム場には電線ドラムと延線車が配備される.

　中間の各鉄塔には金車を取り付け，これに延線区間全線に手延線またはヘリコプタ延線されたロープをかける．ヘリコプタ延線の延線ドラムは，第2図に示すようにつり下げ式として，ブレーキ装置およびドラム切離し装置が備えてある．安全に作業を進めるのに必要な装置である.

　このロープを架線ウインチで太いワイヤに引き替え，その片端をエンジン場で架線ウインチに取り付けてリールワインダに巻き，他端を電線ドラムから出して延線車を通した電線に接続して延線の配備が完了する．完了後,架線ウインチでワイヤを巻き取ると電線が鉄塔間に延線される.

　次に緊線工事における緊線の方法は「送込み工法」と「相取り工法」の2種類があり，通常，送込み工法を原則としている.

　送込み工法は，延線終了後，仮上げした電線の片端より順次緊線を行う工法で，緊線工事の結果，過不足を生じた電線を反対側の延線端方向

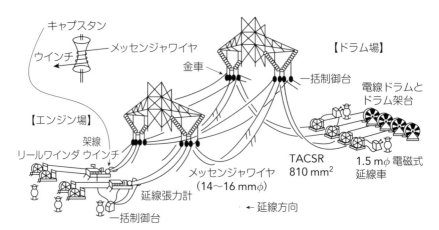

「1級電気工事施工管理技術検定試験模範解答集」（日本教育訓練センター）より
第2図　延線工事の概要図

へ送り込む，もしくは，不足分の電線を取り込んで鉄塔に不平均張力が加わらないようにして緊線工事を行う．このため，電線の無駄が生じることが少ない点で有利な工法であることから，一般に用いられている．

相取り工法は，延線した電線の仮上げ終了後，2緊線区間を中間の耐張鉄塔で同時に緊線する方法で，まず2緊線区間の両側の耐張鉄塔で，仮上げ張力のまま鉄塔両側の電線を耐張装置に取り付ける．この作業を切分けという．その後，中間耐張鉄塔で，両側の電線を同時に緊線弛度に張り上げて緊線する方法である．この方法は多数の緊線班で同時作業ができるため，短期間に施工できるが，電線のロスが多い欠点があるので，通常は，送込み工法が採用されるわけである．

最後に，緊線順序は，鉄塔に過大な張力を加えないよう上相から下相へ，次いで架空地線の順とし，左右回線同時に行うことが原則である．

緊線工事においては，緊線の弛度測定が大切であり，電力各社の指定値で施工することとなるが，施工時の気象条件は毎日違うので，締上げ温度を考慮した値で施工することが肝心である．

現場で作業する方たちは，死と隣り合わせの危険な作業を行っているので，手順どおりに安全を何重にも確認しながら作業を進めていく．

4-2-5
架空送電線路の弛度測定の方法は？

　電験の学習で架空送電線路のたるみ（弛度）を求める計算方法は知っているのですが，実際の現場での弛度測定は，仲間から聞いた話では道路などで見かけるトランシットなどを利用して直接測定しているとのことでした．実際の測定方法を図などで教えていただけないでしょうか，また，計算でも可能と思われますが，とのご質問があったので，以下に概要を示す．

　架空送電線の弛度測定方法には，直接，弛度の接線を見通して行う測視法と，両端を支持（吊架）された電線の物理的性質を利用して測定された値から計算によって求める間接的な方法とがある．前者を「直接法」，後者を「間接法」と呼ぶ．

　直接法には，角度法，等長法，異長法，水平弛度法があり，間接法には，張力計法，横振の単振動周期測定，機械的衝撃波による方法などがある．ここでは，質問の意図から「直接法」を中心に説明する．

(1) 角度法

　第1図のように，電線の最低点が径間内にない高低差の著しい山岳地帯，経過地等に用いる方法で，原理は異長法から導かれた縦断図より定めた任意点 A と異長法の計算式 $2\sqrt{d} = \sqrt{a} + \sqrt{b}$ より求めた，B より $A_0 B_0$ を見通すトランシットの迎角 $\tan\theta = \dfrac{h + a - b}{S}$ によって弛度を決定するが，トランシット迎角の読み違い等を防ぐため R 点を計算と縦断図により確かめ，弛度定規を設けて観測する．

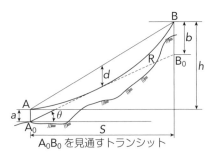

第1図　角度法

(2)　等長法

第2図のように，電線支持点からたるみ（斜弛度）dだけ下がったA_0点に水糸，B_0点に弛度定規をつけてA_0B_0間を見通す直線上に電線の接点を見通す方法で，最も精度が高いことからよく用いられる方法であるが，この方法で弛度測定を行うためには，「$A \sim A_0$，$B \sim B_0$の2点（弛度dに等しい支持点より鉛直測点）が鉄塔に存在し，ともに直線的に見通せる範囲内にあること」が必要である．

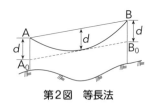

第2図　等長法

(3)　異長法

第3図のように，斜弛度（等長法）では見通せない場合，A_0点，B_0点がともに鉄塔に測設でき，電線接線が直線上に見通せる場合に用いる方法である．

つまり，地域環境または地形等の事情により等長法では弛度観測できない場合（等長法による観測点が鉄塔基部より低い場合等）に観測する方法である．a，b寸法が極端に異なると誤差が大きくなるため，その比は1.5～2以下であることが望ましい．

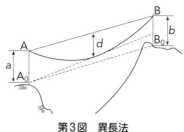

第3図　異長法

⑷　水平弛度法

第4図のように，電線の最低点は観測径間内にあるが，等長法が適用できない場合に用いる方法で，山岳地を経過する送電線の谷越えの長径間（標準径間 + 250 m）などに適する．

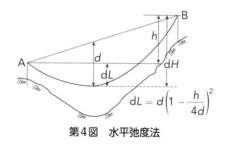

$$dL = d\left(1 - \frac{h}{4d}\right)^2$$

第4図　水平弛度法

一般に水平弛度法は，等長法，異長法いずれも適用できない場合に，電線最低点が観測径間にあって水平弛度観測ができるときに，A から $dL = d\left(1 - \dfrac{h}{4d}\right)^2$ だけ下がった位置にレベルまたはトランシット等を据えて弛度を観測する方法である．

以上，ここまでは教科書的なお話である．

実際には，これらのいずれかの方法を使用して行うが，現場では風が吹いていることが多いので，正確に測定するには無風状態で行うことが望ましいということになる．

さらに，送電線が谷を横断する箇所などは長径間で，しかも，図に示した鉄塔の測定点（A 点や B 点などの引留点）からは地形的に弛度の

最低点（dip 底）が見えないことも多くある．何十 km もある現場では地形的にもそのような箇所は必ずいくつかある．

そのような場合は，上述した方法での測定はできないのが現状である．

では，そのような場合はどうするのかというと，現場ではセオドライト（水平角と鉛直角を正確に測定する回転望遠鏡付き測角器械：トランシットを含めた総称）と光波測距儀を合わせたトータルステーションという優れものの測量機械を使用して弛度測定を行うのが現状である．

まず，鉄塔の引留点と弛度の最低点（dip 底）の両方を見渡せる場所にトータルステーションを据え付けて（水平に据付けできる場所でないとダメ）引留点と弛度の最低点（dip 底）までの距離を測定する．このトータルステーションの利点は，この 2 点間の距離や高さを自動計算してくれるということである．ただし，自動計算のコンピュータと連動しているので商品価格は高い．

また，据付け場所からの観測対象となる点の観測角度はおおむね−50 〜 +70 度の範囲で可能であるので，観測範囲が広がりほとんどの観測が可能となる．

質問者が電験の学習で学んだ弛度計算（カテナリー曲線となるのでカテナリー計算という）でも，弛度算出する方法はあるが，風圧荷重や微風振動による張力振幅を処理（静止時の正確な張力がわからなければ意味がない）できて，はじめて張力計値でカテナリーが計算できる．

また，弛度表（dip 表という）や K 値定規（鉄塔の工事をする場合は，架線時に架線用の弛度張力計算をするが，この曲線を描くために「ディップ定規」という定規を使う）を使ってある程度正確に弛度を出すことができる．しかし，山間部の現場では常に風が吹いていることが多く，風があるととにかく誤差が大きくなってしまう．

張力で弛度を算出する方法は，短径間でかつ，無風・曇天の条件がそろっていないと正確な測定は困難といえる．

4-2-6

電柱が導体？

　電力会社の LA（アレスタ）には接地線があるが，アークホーンには接地線がない．電力会社の見解では，「コンクリート柱は雷サージに対しては，ほぼ導体とみなせるため接地線は不要」と聞いた．本当にコンクリート柱を導体とみなしてよいのか．また，雷サージがどのようなケースでアークホーンから対地（大地）に逃げるのか教えてほしい．との質問を電力会社の営業店に勤務している時代に受け，次のように回答した．

　まず，高圧架空配電線に侵入する雷は，線路に直接落雷する直撃雷と，線路周辺での落雷あるいは雷雲間での放電による空間の急激な電界の変化によって線路に誘起される誘導雷に分けることができる．

　配電線では直撃雷による雷外事故の頻度が少ないうえ，万一落雷した場合には線路機器の絶縁強度をはるかに超える異常電圧となるため，直撃雷に対する保護が困難である．したがって，従来から配電線の雷害対策は，線路を構成するがいしや機器の絶縁レベルが低いことから，誘導雷を主対象として行われてきている．

　では，本題の「本当にコンクリート柱を導体とみなせるか」の質問に関する回答であるが，答は「導体とみなせる」となる．これは，以下の理由による．

(1) コンクリート柱の接地効果

　コンクリート柱は，第1図に示すように，鉄筋と半導電性のコンクリートからできており，その約 1/6 が地中に埋設されている．このため，ほかに専用の接地線がない場合においても，平均的な土壌では50〜100 Ω程度の接地が施してあるものとみなすことができる．

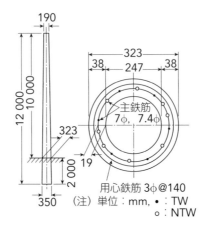

第1図 コンクリート柱の概要

このため，特別に低い接地抵抗値を要しない架空地線では，新たな接地は不要としているのが現状である．

また，避雷器接地として30 Ω以下の接地抵抗値を確保したい場合においても，コンクリート柱を1本の接地極とみなして，変圧器の設置されていない柱では接地棒，工事などの省略が行われている．

(2) 接地抵抗の大電流特性（電流依存特性等）

接地抵抗は「電流依存特性」を有している．これは，土中の電流密度が大きくなると，土中に含まれるボイドにおいて絶縁破壊が生じ，電極周辺（鉄筋コンクリート柱も同じ）の導電率が上昇する．つまり，実際の雷撃時には，等価的な接地抵抗は初期の値より低い値となることがわかっている．第2図は，前図に示したコンクリート柱（棒状接地電極と考える）において，数十 kA のインパルス大電流を印加したときの，印加電圧波高値（$V_{\max}$）を，印加電流波高値（$I_{\max}$）で除して得られる接地抵抗について，印加電流波高値を変えた場合の変化を示す．

この図から，数十 kA のインパルス大電流における接地抵抗は，小電流域における値の数分の1まで低下しており，接地抵抗の電流依存性がわかる．つまり，定常接地抵抗が高くても，雷電流に対しての接地抵抗は低い値となる．

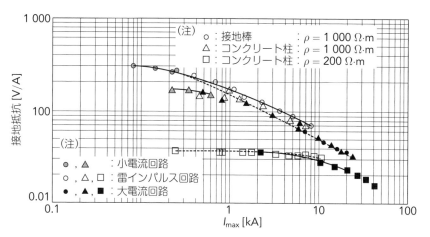

第2図　インパルス大電流印加時の接地抵抗

　また，配電線接地系における大電流特性の実験（電力中央研究所）においても，定常接地抵抗が高くても，雷電流に対しての接地抵抗は低い値となることがわかっている．

　なお，接地抵抗は第3図に示すような時間の依存性も示すことがわかっている．特に，棒状電極は容量性を示すことが多く，その時定数は数 μs

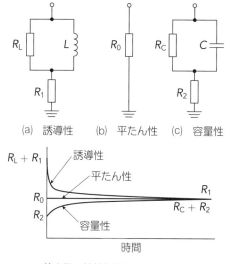

第3図　接地抵抗の時間依存性

程度であるといわれており，夏季雷のように波頭長が短い場合には，接地抵抗の過渡特性を考慮することが必要である．

　さらに，コンクリート柱にA種，B種接地線（8 mm²）を設置し，雷撃電流が流れたことに注目して，過渡解析を行った結果，A種，B種接地線，コンクリート柱間でフラッシオーバが生じることから，コンクリート柱のインパルス大電流における接地抵抗がA種，B種接地線の接地抵抗に比較して小さくなり，結果として，コンクリート柱のほうに大電流が流れることが解析されている．

　次に，「雷サージがどのようなケースでアークホーンから対地（大地）に逃げるのでしょうか」の質問について，以下に説明する．

　避雷器には接地線があり，サージの経路は接地線を通って対地（大地）に流れる．

　アークホーンは，「放電クランプ」と「耐雷ホーン」があるが，そのサージの経路を「耐雷ホーン」について述べると次のようになる．

　電線→リングホーン→ZnO素子→腕金→電柱→大地の経路で電流が流れる．

① 耐雷ホーン

　耐雷ホーンは第4図のように，10号中実がいしにリングホーンを取り付け，リングホーンとがいしのベース金具の間に限流素子（酸化亜鉛抵抗体）を挿入したものであり，がいし付近で雷せん絡しても続流によるアークがほとんど流れないため，がいしの損傷がなく，電線の断線も発生しない．

　さらに，変電所の遮断器も動作せず，停電に至ることはない．また，気中ギャップがあるため，万一，限流素子そのものが劣化しても配電線故障にならないなどの特長があり，雷断線防止に大きな効果がある．

② 放電クランプ

　放電クランプは第5図のように，高圧がいしの頂部にせん絡金具を取り付け，このせん絡金具とがいしのベース金具間（あるいは腕金間）で

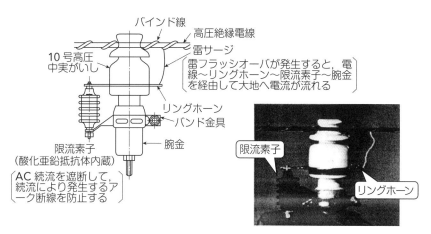

第4図　耐雷ホーン

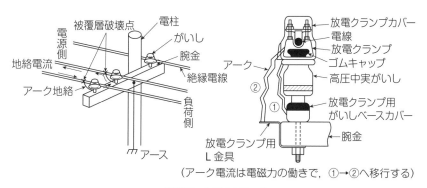

第5図　放電クランプ

雷サージによるせん絡ならびにこれに伴う続流の放電を行わせ，電線の溶断やがいしの溶断を防止するものである．

　さらに，質問者から質問事項の背景に「過去の雷事故資料を調べた結果，LA（アレスタ）が構内1号柱に設置してあるものと，キュービクル内に設置してあるものを比較してみると，1号柱のLAの方が誘導雷の被害が少ないようである」とあった．

　これは，以下の理由によることが大きいと考えられている．

　自家用架空引込み線に侵入した雷サージは，サージインピーダンスの

変異点（架空引込み線とケーブルの接続点，ケーブル端末，架空引込み線と配電線 LA の接続点など）で透過，反射を繰り返し，次第にケーブル内でサージ電圧が上昇し，この場合ケーブル端末で最大で2倍近くになることから，キュービクル内での被害が多くなると考えられている．

【参考事項】 高圧架空配電線では，線路の事故防止，公衆安全および作業安全の観点より，昭和40年代後半から絶縁電線への切換えが進められてきた．また，昭和51年に改定の「電気設備に関する技術基準を定める省令」において，新設配電線については裸電線の使用が禁止されるに至り，現在では全面的に絶縁電線が採用されている．

したがって，配電線の高圧架空配電線の絶縁被覆化に伴い，雷サージせん絡時の続流アークによる電線の溶断事故がクローズアップされるようになってきた．そこで，前述の耐雷対策のほかに，次のような対策が取られている．

(a) 格差絶縁方式の採用

変圧器周辺の絶縁レベルを本線部分より低くし，本線部分におけるフラッシオーバ事故を軽減するもので，高圧本線部分の絶縁レベルを従来の6号級から10号級に格上げしており，これによりフラッシオーバ箇所は変圧器周辺に集中するが，続流をPCヒューズで遮断することにより配電線故障となるのを防止している．

(b) 改良形絶縁電線の採用

改良形絶縁電線は素線径を大きくして，より線数を少なくし，かつ，スムースボディ化（圧縮形）にしたもので，従来形の絶縁電線に比較して溶断時間を10～20倍と大幅に改善することができる．

また，配電線では次のようなフラッシオーバ対策を施している．

(a) 架空地線

架空地線は，雷直撃時の逆フラッシオーバの防止と誘導雷の抑制に効果のある耐雷施設で，その概要は次のとおりである．

(i) 直撃雷に対しては，雷電流を架空地線の接地を通して大地に流入さ

せ事故防止を図るため，接地間隔が短く，かつ，各接地点の接地抵抗値が小さいほど，架空地線の効果が期待できる．

(ii)　誘導雷電圧に対しては，架空地線の接地点から流れ出す電流が導体との結合作用により相互誘導電圧を生じさせ，それが誘導雷電圧を低減させるため，架空地線と相導体の間隔や接地抵抗値の低減が重要である．つまり，電線との結合率を極力大きくする必要がある．

(b)　避雷器

配電線における避雷器は雷直撃による逆フラッシオーバ防止を主目的とするのではなく，線路に現れる誘導雷サージに対して，機器，がいしなどの絶縁協調を保つために使用し，線路保護と機器保護を目的としており，次のような箇所に取り付けられている．

(i)　耐雷上，か酷な条件となる線路末端・屈曲点

(ii)　自動電圧調整器，開閉器などの重要機器，河川横断，鉄道・軌道横断，架空線とケーブルなどの重要な架空線部分など

誘導雷サージ抑制効果を高めるためには，接地抵抗値をできるだけ低くするとともに，機器と避雷器の接地の連接あるいは共用により避雷器の効果を高める方策をとることが重要となる．

また，誘導雷サージに対するサージ抑制率は避雷器施設箇所から離れるに従い減少するため，誘導雷によるフラッシオーバ防止効果を高めるためには，被保護機器と避雷器との設置間隔を短くし，かつ，接地抵抗低減剤の使用や補助接地極の打ち増しなどにより接地抵抗値を極力小さくすることが大切である．

避雷器は従来，炭化けい素（SiC）形が主流であったが，最近では次の理由から，酸化亜鉛（ZnO）形が採用されるようになった．

①　構造（特にギャップ構造）の簡素化が図れること．

②　非直線性に優れるため，制限電圧を低くできること．

4-2-7
60 Hz の変圧器を 50 Hz で使用する場合の影響

　関西圏で使用していた定格周波数 60 Hz の変圧器を，関東圏の 50 Hz で使用する場合，どのような影響があるのでしょうか．また，実際に 60 Hz と 50 Hz の変圧器では構造上はどのように違うのでしょうか．

　さらに，逆に関東圏で使用していた 6 600 V/210 V，50 Hz，200 kV·A クラスの変圧器を関西圏で使用すると電圧変動率などどうなるのでしょうか，具体的な数値で示してくださいとの質問があり，次のように回答した．

(1) 定格周波数 60 Hz の変圧器を 50 Hz で使用する場合の影響

　質問の意図からすると，一次電圧は 6 600 V として，定格電圧に等しいものとして述べる．

　実際に影響が顕著に現れる①効率，②電圧変動率，③定格出力に絞って述べる．

① 変圧器の効率 η [%] は，次式で表される．

$$\eta = \frac{出力}{出力 + 全損失} [\%]$$

(a) 無負荷時

　全損失のうち，無負荷時の鉄損は，ヒステリシス損 P_h と渦電流損 P_e の和であり，電圧を V，周波数を f とすると，

$$P_\mathrm{h} \propto \frac{V^2}{f}$$

$$P_\mathrm{e} \propto V^2$$

の関係がある．電圧一定で，50 Hz で使用すると，ヒステリシス損 P_h

は 60 Hz のときの 1.2（6/5）倍となるが，P_e は変化しない.

　一般に，P_h は鉄損の 80 % 程度であるから，

$$P_h : P_e = 4 : 1$$

となるから，鉄損は，

$$鉄損 = \frac{4 \times \dfrac{6}{5} + 1}{4 + 1} = 1.24 \text{ 倍}$$

に増加する.

⒝　負荷時

　最大磁束密度を B_m とすると，

$$B_m \propto \frac{V}{f}$$

であるから，1.2（6/5）倍に増加する. このため鉄心が飽和に近づき，励磁電流が大きく波形ひずみも大きくなるため，巻線の抵抗損も増加する.

　また，漂遊負荷損は，周波数の 2 乗に比例するので $\left(\dfrac{5}{6}\right)^2 \fallingdotseq 0.694$ 倍に減少するが，絶対量としてはわずかである.

　以上のように，全体として損失が増加し，効率は低下することとなる.

②　電圧変動率

　電圧変動率 ε は，百分率抵抗降下を p，百分率リアクタンス降下を q，負荷力率角を θ とすると，次式（簡略式）で示される.

$$\varepsilon = p \cos \theta + q \sin \theta \, [\%]$$

　ここで，p は抵抗分であるため電源周波数が低下しても変化しないが，q はリアクタンス分であるため，0.833（5/6）倍に減少する.

　また，上式より，力率 1，すなわち $\cos \theta = 1$ のときは $\sin \theta = 0$ となるため電圧変動率は変化しないが，力率が悪化して，力率 0（極端な例）となった場合は，$\cos \theta = 0$，$\sin \theta = 1$ となるため，電圧変動率は

$$100 - 83.3 = 16.7\%$$

小さくなる.

したがって，一般に電圧変動率は小さくなる.

③　定格出力

損失の増加により温度上昇は大きくなるので，温度上昇を定格値以下に抑えるためには負荷電流を減少する必要があり，結果，定格出力は減少することとなる.

なお，最大磁束密度を大きく設計した変圧器は，ヒステリシス損，抵抗損とも大幅に増加するので，出力の低下は顕著となる.

変圧器の一次電圧を定格値に保ち，定格周波数と異なる周波数で使用する場合，最も大きく影響する変圧器の特性は，励磁電流である.

これは，磁気飽和に影響されるためで，通常無視できないほどの増加となり付随的に銅損も増える．また，前述のように周波数変化の影響を受ける特性として，鉄損（ヒステリシス損），百分率リアクタンス降下をあげることができる.

さて，定格周波数 60 Hz の変圧器を 50 Hz で使用する場合と，この逆の場合につき，上記の特性の比較を第1表に示す．これからもわかるように，前者では一般に特性が悪くなるのに対し，後者では一般に特性は良くなる.

第1表　特性比較

	定格 60 Hz を 50 Hz で使用	定格 50 Hz を 60 Hz で使用
励磁電流	未飽和のとき 20 % 増，飽和で著しく増大	飽和のとき約 17 % 減，飽和で著しく減少
鉄損	$\dfrac{6}{5}$ 倍	$\dfrac{5}{6}$ 倍
リアクタンス降下率	$\dfrac{5}{6}$ 倍	$\dfrac{6}{5}$ 倍
電圧変動率	減少	増加
短絡インピーダンス	約 90 %	110 ～ 120 %

(2)　変圧器の構造上の違い

　60 Hz 器と 50 Hz 器は外観を見ても，また，内部の鉄心や巻線の構造などを見てもほとんど違いは判別できない．銘板の記載内容を確認して判断する．

　変圧器メーカでは，細部は周波数に応じた最適設計が行われており，若干の構造や特性に違いがある．メーカの資料によれば，この違いは変圧器の電圧が高くなるほど，容量が大きくなるほど顕著に現れている．

　ここでは，周波数の違いが比較的顕著に現れる変圧器の大きさ等について概説する．

　変圧器の 1 相の誘導起電力は次式で示される．

$$E_1 = \sqrt{2}\,\pi f n_1 \phi_{\mathrm{m}}\ [\mathrm{V}]$$

E_1：一次誘導起電力の実効値 [V]，f：周波数 [Hz]，n_1：一次巻線の巻数，ϕ_{m}：磁束の最大値 [Wb]

　変圧器の一次と二次の電圧および巻数が等しく周波数だけが異なる場合，上式より周波数と磁束の最大値は反比例の関係にある．つまり 50 Hz 器よりも 60 Hz 器の方が磁束の最大値が 0.833 倍（＝ 50/60）に小さくなる．

　このため，理論的には鉄心の断面積を小さくでき，小形・軽量になりコストについても低減可能となる．

　しかし，中小形変圧器では鉄心材料のコストだけではなく，設計コスト，加工コスト，生産計画などがコストに大きく影響するため，製品のコストに差が出ない場合があり，メーカでは総合的に検討が成され製品化される．

(3)　6 600 V/210 V，50 Hz，200 kV·A クラスの 50 Hz 器を 60 Hz で使用した場合の電圧変動率の特性変化計算例

　当該変圧器の定格を第 2 表に示す一般的な数値と仮定して計算する．

第2表　油入変圧器の仕様（例）

定格容量	200 kV·A
定格周波数	50 Hz
定格一次電圧	6 600 V
定格二次電圧	210 V
短絡インピーダンス	2.9 %
無負荷損	730 W
負荷損	3 450 W
全損失	4 180 W

①　定格周波数 50 Hz で使用した場合の電圧変動率

$$p = \frac{3\,450}{10 \times 200} = 1.725\,\%$$

$$q = \sqrt{2.9^2 - 1.725^2} ≒ 2.331\,\%$$

負荷力率を 90 % と仮定して電圧変動率 ε_{90} を計算すると，

$$\varepsilon_{90} = 1.725 \times 0.9 + 2.331 \times \sqrt{1 - 0.9^2} ≒ 2.57\,\%$$

②　周波数 60 Hz で使用した場合の電圧変動率

短絡インピーダンスが 120 % に増加すると仮定すると，

$$Z_{120} = 2.9 \times 1.2 = 3.48\,\%$$

百分率抵抗降下率は変化しないため，百分率リアクタンス抵抗降下率 q' は，

$$q' = \sqrt{3.48^2 - 1.725^2} ≒ 3.022\,\%$$

したがって，力率が 90 % のときの電圧変動率 $\varepsilon_{90}{}'$ は，

$$\varepsilon_{90}{}' = 1.725 \times 0.9 + 3.022 \times \sqrt{1 - 0.9^2} ≒ 2.87\,\%$$

電圧変動率の増加率 β は，

$$\beta = \frac{2.87 - 2.57}{2.57} ≒ 0.116\,7 ≒ 11.7\,\%$$

したがって，電圧変動率は約 15 % 増加する．

力率が低いと，この値はさらに大きくなる．また，実際の配電設備では変圧器の二次側の電力ケーブル等による電圧降下が加算されるため，

50 Hz 器を 60 Hz で使用した場合，電圧降下が問題となる場合があるので注意が必要となる．

以上の検討から結論としては，定格周波数 60 Hz の変圧器を 50 Hz で使用する場合，効率，電圧変動率，定格出力に影響が出るので，十分な検討が必要である．

【参考】　実際の変圧器の損失を詳しく示すと図のようになる．変圧器の損失は大別すると，負荷に関係なく発生する無負荷損と負荷電流によって変化する負荷損に分けられる．無負荷損は主として磁束の通路である鉄心に発生する鉄損であるが，そのほかに励磁電流による巻線の抵抗損や絶縁物の誘電損が含まれる．

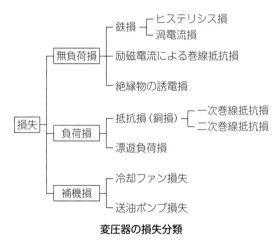

変圧器の損失分類

負荷損は主として負荷電流による巻線の抵抗損であり銅損とも呼ばれるが，負荷電流の増加とともに増大する漏れ磁束による表皮効果によって，巻線の実効抵抗が増加することによる抵抗損や巻線以外の金属構造物に発生する渦電流による漂遊負荷損が含まれる．

負荷損は基準巻線温度 75 ℃に換算したものが使用され，そのほか，変圧器の構造によっては，冷却ファンや送油ポンプなどの補機損があるが，一般に鉄損と銅損以外の損失は小さいため，変圧器の損失は鉄損と銅損で表される．

第5章

現場よもやま話

5-1

和とバランスが大切

　20年以上前に定年退職されたA火力発電所のS先輩にある会合で久しぶりにお会いした．

　S先輩には部門を越えていろいろなことを教えていただいた．特に「他人を頼るな」ということを常々いっておられた．

　私が土木現場で請負者とのトラブルや職場で失敗を繰り返して落ち込んでいるとき，私の現場や職場とは全く異なるがボイラの点火にまつわる次のような話を聞かされ，勇気づけていただいたことがある．

　昭和30年代の火力発電所のボイラの点火は，まず鉄棒の先にウエスを巻きそれを軽油に浸し，3〜4人でウエスに火を点けると「点火準備完了」となるとのことであった．部門の違う私からはそれが松明のように思えた．先輩に再確認の意味でお聞きしたところ，「タイマツ」と答えが返ってきた．

　さて，当時先輩は点火準備完了後からが，経験と勘による「技」が決

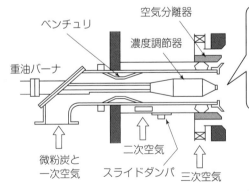

現在のバーナはこのような構造となっているが，当時はどのようになっていたのだろうか？いろいろ調査してみましたが，それらしき文献はなかった．

第1図　微粉炭燃焼バーナ

め手なのだと, 自慢げに語っていた.

つまり, ボイラへ微粉炭投入を見計らってその「タイマツ」なるものを挿入する. すると大きな爆発音が起こる.

その直後, 点火孔からバックファイヤなる粉炭が吹き出し, これをよけ損なうとまさしくマンガなどでよく見るような光景となるとのことであった. そのときに見せていただいた写真で, 先輩も私も大笑いだった.

経験を積むまではこの点火がうまくいかずに 2 ～ 3 回繰り返すことが日課のようであったそうである. そして毎回のごとく S 先輩も班長に怒鳴られ, 小突かれ一人前になれたとのことであった.

この点火は, 微粉炭の投入量, 風量, ドラフトの微妙なバランスと, 職員の息がピッタリと合わないとうまくいかないのだと聞かされた.

S 先輩はその日, 私の仕事について何も意見などいわなかったが, 発注側と請負者側との立場上のバランスを考え指示をするように, また, 職場では天狗にならず皆との和を大切にしろと, いいたかったのだと思う.

その後の私は, とにかく自分の立場をわきまえたうえで, 相手の意見をよく聞き, 自分の意見を正確に伝えることを心掛けるようにした. また, コミュニケーションをとにかく大事にした. 大嶋は何か口実をつくっては, 酒を飲みに誘っているだけだという人もいるが.

わが国でも電力競争の時代に突入している. これに伴って, 競争に勝つための風土改革を各社で推し進めている機運にあるようだが, 最近, 先急ぎの感があるように思えてならない.

和とバランスが崩れては元も子もない. 急がば回れということもある. 慎重にまん延している悪しき風土を取り除いていくことが大切ではないか, と思われてならない今日この頃である. さらに, 先輩の電気技術者にお願いしたいのは, 後輩をどんどん現場に連れて行き, よい意味で後輩をどんどん小突いていただきたい. 私は最近, 現場技術力も低下してきているように思われてならないからである.

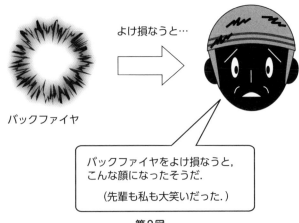

第2図

　和とバランスを大切にしていただきたい.

　そういえば, バランスしないでほしいものが一つある.

　CO_2 削減効果のある太陽光発電をわが国は推し進めているが, トラブル時に変電所で遮断器が開放したとき, 需要と供給がバランスして「単独運転」となることだけは何が何でも防止しなければならない.

　これから現実に起こりうるかも？

5-2

正しい姿勢

　5年前，山などを管理する会社へ転籍された，事務系の元上司の案内で尾瀬へ行った．

　下界では花見シーズンが終わって初夏という感じがしてきたというのに，残雪が多く，さすが尾瀬という感じであった．

　ここで働く人々は私たちのような現場の人と違い，とにかく足が強い．1日に数十 kg の荷物を 20 km 以上，山道を歩いて運んでしまうのである．私たちとは全く違う「技術職」である．

　ベテランの方に話をうかがうと，山道で重い荷物を難なく運ぶ秘訣は，「正しい姿勢」で歩くということであった．人間にとって正しい姿勢の維持が，人間のもつエネルギーをロスなく有効に活用するために大切なことであり，また，正しい姿勢を維持することができれば，「正しい構え」もでき，怪我をすることもないということであった．

　つまり，山道は都会の道路と違い，自然からの働きかけが多く，常に，それらに対する「備え」が必要であるということであった．

　我々の現場においてもこのことが必要であることは，誰もが感じることであろう．電気現場に限らず，さまざまな事業にも必要であると思えてならなかった．

　我々を取り巻く世の中全体が大きく揺れ動いており，東日本大震災以降，電気事業も規制緩和や地球環境問題への対応など，激流の真っただ中にあり，我々電気技術者も新たな備えが必要な時代が来たように思われる．

　身近な話題では，一般用電気工作物の電力自由化と発送電分離であろ

うか．

　さて，ここで米国での失策を紹介しておく．

　2003年8月14日，米国のオハイオ州，ミシガン州，ペンシルベニア州，ニューヨーク州，バーモント州，マサチューセッツ州，コネティカット州，ニュージャージー州およびカナダのオンタリオ州におよぶ広大な地域で停電が発生した．よく知られるニューヨーク大停電である．

　この大停電による被害は，電力供給支障が約6 180万kW，停電人口約5 000万人，被害額40〜60億ドル（AP通信）といわれている．米国のある経済学者の試算では，被害額は100億ドル以上との説もあり，甚大といわざるを得ない．6 180万kWという数字は，東日本大震災前の東京電力の発電量に匹敵するもので，停電人口約5 000万人という数字からも，日本の関東圏全域にわたる大停電が発生したのと同じと想像できると思う．

　このとき，ニューヨーク市民は29時間という長時間の停電にみまわれたが，そのときの報道では，ニューヨーク市民は過去の1977年の大停電と9.11の経験から，市民が協力して冷静な行動をとったとされている．

　今の日本で，関東圏全域にわたる大停電が発生したら，社会的パニックが起き，大混乱に陥る可能性大であると考える．ただし，律儀な性格の日本人ゆえに冷静に行動をとるということも，東日本大震災の行動からみてとることができるのではないだろうか．

　さて，ニューヨーク大停電の根底には何があったのか．

　米国では，「エネルギー政策法」（1992年）が施行され，「独立事業者」に発電事業が認められた．さらに，「オーダー888」（1996年）による「電力自由化」が成され，すべての発電事業者に送電網が開放され「小規模独立事業者」までもが発電事業への参入が可能となった．

　この規制緩和によって増加する電力需要に対し，大きな儲けがすぐに出る発電事業者は瞬く間に増加したのであるが，建設費および維持費が

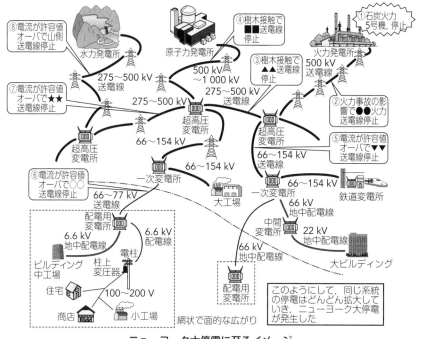

ニューヨーク大停電に至るイメージ

高く，仕事も地道である送電・配電設備については，儲けを多く生み出すことが困難であることから，送電事業者の参入は皆無に近いような状態であった．

　その結果，送電・配電設備の強化・整備が成されないまま，発電事業者ばかりが増加していき，米国北部の一部送電網に大きな負担がかかる状態となっていった．つまり米国は，この規制緩和によって大停電への道へと歩み始めてしまったのである．

　日本も再生可能エネルギーが注目され，大停電への道へと歩まぬよう，再生可能エネルギーと併行して大規模電力貯蔵システムの開発・導入を望むところである．

　さて，大停電の危機が迫っていることを知りながら，米国政府は法の整備に手を付けず，さらに送電事業者は儲けを優先して送電網の強化・整備についてはほとんど手つかずどころか，日々の保安も怠るといった

状態としていたことから，ついにニューヨーク大停電が起きてしまったのである．

　まさに，大停電の根底にあるものは「政治の失策」であると思う．このようなことのない政策を望みたいものである．

　これからの世の中の大きな変化に，我々電気技術者が対応していくためには，時代の波に揺らぐことのない「正しい姿勢」と正しい姿勢から生まれる「正しい構え」を身につけることが，これからの21世紀の躍進の基盤となると思えた1日であった．それにしても，「尾瀬は寒かった…*!!*」

5-3

電力設備はストレス解消の標的？

　30年以上前の送電設備巡視中の出来事である．

　お昼が近づいたので，いつも巡視の途中で休憩場所としている開閉所へと上司と私は車を走らせた．

　その日は特に穏やかな日で，我々は開閉所の芝生の上で昼食を楽しんでいた．すると「カーン，カーン」という音が近くでﾞすると同時に，私たちの目の前に小石が転がってきた．

　あわてて小石の飛んできた方向を見渡すと，塀の外側からまた小石が飛んで来るではないか．これは明らかに誰かが故意に，電力設備を標的として小石を投げつけているのである．

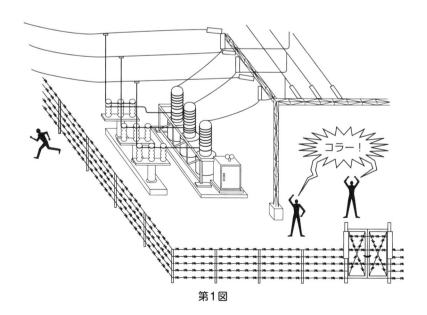

第1図

「コラー！」と叫びながら上司と私は開閉所の外へ出て，その犯人を追おうとしたが，逃げ足が速く犯人の姿は見えず，捕まえることはできなかった．

上司と私は電力設備のトラブルなど今後のこともあるため，一応，警察に被害届を提出しておくこととした．また，当該開閉所付近の巡視強化を所内で徹底した．

後日，警察から電力設備へ小石を投げつけている犯人を逮捕したとの連絡が事務所に入った．

所長とそのときの上司と私の3人で警察署に赴いた．

犯人は中学3年生で，受験勉強でいらいらしており，ストレス解消に開閉所付近にある送電線のがいしをねらって小石を投げつけたとのことであった．日本の偏差値教育の一つのゆがみなのであろう．

幸いにも電力設備に被害がなく，加害者当人も非常に反省していたため，事はなかったこととして処理した．当時は現在よりほんの少しではあるがおおらかな時代であったと思う．

そういえば，米国のボネビル電力局が同局の保有する230kV送電線のがいしが，何者かに銃の射撃の標的として破壊され，容疑者の逮捕につながる有力な情報を提供してくれる人には，1000ドルの懸賞金を支払うことを発表したことがあった．

当時，同電力局によれば，磁器がいしはクレー射撃の標的のようにはじけ飛ぶので，ストレス解消，悪遊びの対象となっているとのことであった．これも米国社会のゆがみなのか．

何かものを壊すと気持ちがいいのは私も同様であるが，電力設備を対象とするのはやめてほしいものである．いや，電力設備だけでなくものを壊す行為自体やめてほしい．

小石を投げつけたとのことについて，日本の偏差値教育の一つのゆがみと述べたが，偏差値（ヒストグラム）というものは，本来の使われ方であるものづくりの現場での改善活動に使用されるべきであり，教育現

場での人づくりの手段として利用するのは明らかに間違いであり，すぐにも正すべきと考えるのは私だけだろうか．

それにしても，我々が電力設備のセキュリティを維持するためには，単に電力会社独自のパトロールや監視だけでなく，協力会社や一般市民などを含めた協力体制を考えることも必要な時代がきているのかも．

また，近年では子供の誘拐事件が報道されることがたびたびあるが，社会生活のセキュリティをより一層高めるためには，防犯カメラの設置だけではなく，地域社会とその地域の企業などが連携を図った協力体制を考えていく時代がきたのではないか．

【参考】　ヒストグラムとは

ヒストグラムは現場での品質管理に用いられる「QCの七つ道具」の一つで，第2図に示すようにデータを適当な幅に分け，そのなかの度数を縦軸にとった柱状図であり，データの分布状態がわかりやすく，一般に規格の上限と下限の線を入れて良・不良のバラツキ具合を調べやすくしたものである．

ヒストグラムでは，次のことがわかる．

① 規格や標準値から外れている度合い

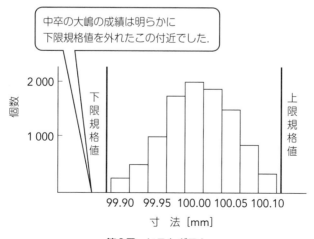

第2図　ヒストグラム

② 　データの片寄りなど全体的な分布

③ 　モード（最多値）やレンジ（範囲）およびメジアン（中央値）から
観察される大体の平均やバラツキ

④ 　片寄った形状から推理される工程の異常や天候等の外的要因

⑤ 　作為的データ（異常に低い度数の隣の異常に高い度数のデータ）

5-4

壊れた冷蔵庫と電気屋

その日の作業をすべて終了し，班長とともに帰社するときであった．

「電気屋さんちょっとお願い」の声に振り向くと，80歳くらいのおばあさんが玄関から私たちを呼んでいる．

何用なのかと応対すると，冷蔵庫が壊れてしまったので見てほしいとのことであった．送電関係の仕事に従事する私としては家電製品には精通しておらず，町の電気屋に修理を依頼したらどうかと思ったが，班長はともかく冷蔵庫を見てみようと言い出した．

家の中に入って冷蔵庫を覗いてみると，コンセントからプラグが外れかかっているのにすぐに気がついた．壁と冷蔵庫の間に何かが落ち，それを棒などで取り出したときにコンセントもしくはコードを引っ掛け，その拍子にプラグが外れたのであろう．

これだと思いプラグを奥まで差し込むと冷蔵庫は正常に稼動した．冷蔵庫が動いたのですぐに帰社しようとしたとき，班長が私に「プラグの点検をしてみろ」と一言．

私は渋々持っていたウエスでプラグを掃除し，よく見てみるとコード部分などにトラッキングが発生していた．

お年寄りの一人暮らしのため，大形の家電製品を移動しての掃除ができないため，ほこりが積もってしまい発生したものと思われる．放っておくと火災発生の原因となることから，事務所へ電話して材料を調達することとなった．

さて，それからが大変である．

家の中の大掃除が始まり，材料を持ってきてくれた所員も加勢して，

時間外覚悟で家の中全部のコードおよびプラグ類の点検を行った．結果，冷蔵庫以外に洗濯機など数台の家電機器に同じような現象が見られ，完了までに数時間を要していた．

　おばあさんも我々の仕事ぶり？　に，あっけにとられていたようであったが，お礼にとシューマイを包んでくれた．

　その日，事務所ではもちろんそのシューマイをつまみに酒宴となった．その席で班長から私は一喝された．「大嶋！　おまえは今日冷蔵庫が動いたからといってすぐに帰ろうとしたな．なぜ清掃と点検をしなかったんだ」「それは一……」

　「家電も大形の送電設備も同じだ．最後まで責任をもって仕事をするものだ」「それにおまえは勉強が足らない！」「はあー……」

　その後班長は，自分たちの送電設備だけでなく発変電・配電・家電製品に至るまで電気屋として，時間があったらではなく，時間をつくって勉強しておくようにとのことであった．トラッキングの事象も実は班長は勉強していたのである．

　このこともきっかけとなり，電気屋といえるよう多方面にわたって勉強をしたおかげで，数々の資格を取得することができたように思う．

　十数年後その班長（部長となっていた）へ技術士，電験1種合格の報告に行くと，「やっと電気屋になれたな．これからはプロの電気屋になるよう努力しなさい」とのことであった．

　現在，"電気屋を育てるプロの電気屋"になるべく奮闘中であるが，これもまた勉強である．その班長は今年90歳を迎える．班長からいつになったら"プロの電気屋"として認めてもらえる日が来るのだろうか．

　さらに，電力会社時代にあるお客さまから，「プラグに発生したトラッキングにより，電気火災が発生することは知っているのですが，トラッキング現象について詳しく説明していただけないでしょうか．また，防止対策についての基本的なポイントを教えてください．」との質問を受けたので，以下のように回答した．

　コンセントに差し込んだプラグの周辺やプリント基板等に綿ぼこり，湿気などが付着し，局部的に絶縁性能が低下した際に電流が流れ，微小な短絡を起こして表面に炭化経路（トラック）が形成され出火する現象をトラッキングという．

(1) グラファイト化現象

　通常の状態（乾燥）における木材は絶縁体と考えることができ，低圧の電気を通すことはないが，約3 000 ℃以上の高温で炭化すると電気を通しやすくなる．

　これは木材が火災熱によって炭化した場合，不良導体の無定形炭素(木炭）になるが，電気的スパークによって生じた炭素は同素体の黒鉛（グラファイト化）となり，導体となるためである．つまり，グラファイト化現象を含めて炭化導電路の形成を広義の「トラッキング現象」と呼ぶ．

(2) トラッキング火災の発生メカニズム

　第1図にトラッキングによる火災に至るまでのメカニズムを示す．

　東京消防庁管内で平成30年に発生したトラッキング火災は34件で，なかでもプラグ部分の火災が大半を占めている．

　第2図にトラッキング火災の状況を示す．

(3) トラッキング現象の特徴

① 　プラグ両刃の付け根部分に両刃とも溶融痕が存在しているか溶断している．

② 　直接燃焼したプラグは絶縁距離（沿面距離）の最も近いところから短絡が発生する．

③ 　水＋ほこりによっても絶縁不良から短絡が発生し，燃焼することから，微量の導電性物質の存在でも長時間かけるとトラッキング火災に至る．

④ 　トラッキングによって燃焼してプラグの両刃が溶融または溶断しても，配線用遮断器（20 A）は作動しない．

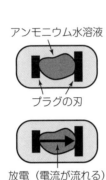

①両刃間に電解液（0.2％の
　アンモニウム水溶液）を滴
　下する.

②電解液に電流が流れてジュール
　熱が発生する.

③ジュール熱により絶縁物の表面
　が乾燥する.

④乾燥部分の絶縁抵抗がさらに増
　大してトラックを形成し始める.

⑤乾燥部分が高電界となり火花
　（シンチレーション）が発生し,
　絶縁物表面にトラック（炭化導
　電路）が形成される.

⑥炭化物がさらに高電界
　となり, 表面炭化から
　内部炭化へと進み, 火
　花発生がさらに炭化物
　を生成する.

絶縁物の炭化の進行

発火する

第1図　実験によるトラッキングの発生メカニズム

第2図　トラッキング火災の状況

⑷　トラッキング火災の防止対策

⒜　プラグ

　異極間相互の絶縁物に耐トラッキング性能を有するユリア樹脂を使用する．または異極間の沿面距離を長くするなどの対策を講じたプラグを採用する．

⒝　プリント基板

　プリント基板上の電位差がある部分に水分が付着しないようにシリコン樹脂などによって充電部を防護する．または配線板を垂直にすることによって水分が基板に付着しにくくする．

⒞　その他

　水分や湿気を含んだほこりなどが付着して絶縁が劣化しないように清掃を行うことが最も簡単な方法である．10年ほど前よりトラッキング発生時の温度を感知して，電気の供給を停止する安全装置やトラッキング発生時の波形をマイコン制御によって検出する配線用遮断器も開発されている（第3図参照）．

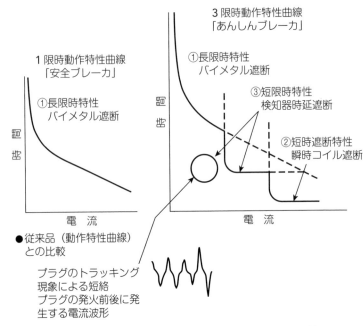

第3図　トラッキング現象を検出して作動する配線用遮断器

　本書を愛読されている方々は勉強熱心な方が多いと思われる．ともに勉強を続けようではないか．

5-5
予備知識は大切
（欧州卒業旅行でのプラグの話）

　今から約50年前の3月に貧乏卒業旅行に悪友と出かけたときの出来事である．場所は当時では（今でもかな？）花のロンドン，パリといわれたところである．

　旅行に際しての予備知識として英国の電圧は240 V，周波数50 Hzであることから，電気科卒業の我々としてはなにか電気製品を現地調達して記念に持ち帰ろうと意見がまとまった．

　さっそく現地到着後，安価でかつ現地で即使用可能であるドライヤーを皆が買い込んできた．その日は初日であるので，シャワーよりアルコールが先ということで，夕食後にシャワーとなったのだが，シャワー後に初めの事件が起こった．

　何とドライヤーにプラグが付いてないのである．私だけでなく皆，箱の中身は同じであった．

　次の日，しどろもどろの英語で電気屋に文句を言ったら，当時の英国では，ほとんどの電気製品にはプラグが取り付けられていない状態で売られているとのことであり，そんなことも知らんのかと言わんばかりであった．

　仕方なくプラグを購入したのだが，取付工具まで気が回らず，再び工具を探しに街へ出向く羽目になってしまった．宿に戻ったときにはすでに夕食の時刻となっており，皆腹ぺこで夕食後にプラグを付けることとなった．

　ここでまた事件が起こった．何と私たちの購入した英国のプラグは，中にヒューズを取り付けて使用する構造（ヒューズ内蔵のもの）となっ

ていたのである．

　あの電気屋のヤロー，俺たちをオチョクッてんのか？　もう少し親切にしてくれたっていいじゃねーかー！　次の日はえらい剣幕で乗り込んだのだが，言葉もままならぬ我々ではなすすべもなかった．

　何でも英国では電圧が高いことから，事故時の影響を考慮して，プラグには製品の容量に合わせてヒューズ（普通 10 A 程度だと言っていたような記憶）を取り付けるのだとのことであった．そんなこと常識だと言わんばかりであった．

　今でもこの国の電気製品事情は変わらないのかなー…．

　（卒業旅行のおかげで，今でも英国には旅行する気にならないでいる）

　ほんの少しの予備知識のために貴重な 3 日間をつぶしてしまった我々は皆，旅行社などにもう少しお国事情などを確認し，予備知識を入れておけばよかったと反省したのは言うまでもない．

　我々が現場で新しいことを始めるとき，正しく豊富なデータや予備知識を得ていないと，失敗や事故につながることが多いのは明らかである．正確なデータや予備知識を少しでも多く仕入れたいと考える今日この頃である．

　しかし，時には失敗が大きな成功につながることもあるのだが……．

　卒業旅行といえば，2011 年の 3 月は「東日本大震災」で，卒業旅行を取りやめた若者も多いと思われる．英国の周波数は 50 Hz で統一されているようだが，わが国の周波数は富士川を境に東側は 50 Hz，西側は 60 Hz に分かれており，電力融通面から周波数統一の論議も一部では沸いた．

　私は以前に周波数統一の論議が成されたということを，大先輩の電気技術者から聞いていたことから少し調べてみたので，読者の皆さまも何かのときに予備知識として知っていて損はないと思うので，概要を以下に述べておく．

　電力事業の創生期には相互の連系は考えず，電燈会社各社はいろいろ

な周波数を使っていた．わが国最初の交流には 125 Hz が使用されていた．

その後，明治 28 年に関東の東京電燈では，浅草の集中発電所にドイツのアルゲマイネ社製の三相 50 Hz の発電機を設置した．一方，明治 30 年に関西の大阪電燈では，幸町発電所にアメリカの GE 社製の三相 60 Hz の発電機を設置した．このことが発端となり東は 50 Hz，西は 60 Hz に分かれたといわれている．

ヨーロッパとアメリカからの設備の導入にあたっては，東，西の電燈会社の対抗意識や欧米の電機メーカ間の利権問題も絡んでいたようである．

昔は東，西の電燈会社の対抗意識があり，現在のような広域運営など全く考えていなかったので，そのまま設備を拡大していった．

実はこれを統一する試みも何度かあったようである．有名である話は，松永安左エ門の提案である．彼は大正 12 年に，わが国の中軸に 220 kV の超高圧大動脈を形成して東西の電力を連系し，周波数も 60 Hz に統一する「超高圧電力連系構想」を打ち出したが，それには莫大な費用がかかることと，どちらの周波数に統一するかが難航し，結局，日の目をみることはなかった．

その後，文化・産業の発展とともに電力需要は増大の一途を歩むこととなった．そこで，東西両方の電力の過不足をできるだけ緩和するため，佐久間発電所をはじめ中部山岳地帯のいくつかの発電所は，50 Hz，60 Hz いずれも発電できるようにした．しかし，それだけでは不十分で，周波数の違った電力を融通し合う周波数変換所の必要性が出てきた．

そして昭和 40 年，佐久間発電所にわが国最初の 300 000 kW の周波数変換装置が設置され，この整流器にはスウェーデン製の水銀整流器が使用された．

昭和 52 年，長野県の松本市郊外の新信濃変電所内にわが国第 2 号の 300 000 kW の周波数変換設備が建設された．この設備には，半導体を

使用した国産のサイリスタバルブが採用されている.

わが国には,図に示すように,現在3か所の周波数変換設備が稼動中であり,連系容量(総変換容量)は1000000kWである.

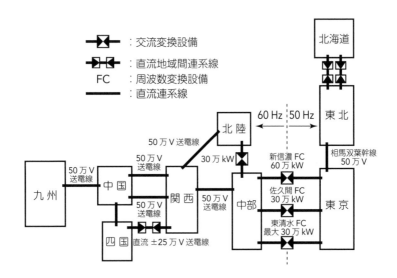

したがって,東日本大震災における3月時点での東京電力の電力不足分10 000 000 kWの1/10の連系能力(融通可能電力)というのが日本の現状であった.現在は,東清水(300 000 kW)の設備が運転開始となり,1 200 000 kWという規模であり,飛騨信濃周波数変換設備が運用開始(2021年4月)されると,2 100 000 kWへ拡大される.東清水の増強なども進められている.

静岡県磐田郡佐久町にある佐久間周波数変換所(1965年営業開始)は,現在,これら二つの周波数系統を出力300 MW,電圧DC 125 kVの変換器によって直接連系する役目を果たしている.特にこの変換器は,サイリスタを用いた静止器で構成されているため,変換動作が速く,単に50 Hzと60 Hz間の電力を応援するだけでなく緊急時の応援に優れている.新信濃周波数変換所も東清水周波数変換所も同様である.

周波数変換の方法として,佐久間周波数変換所では送り側の交流電力

をいったん直流に変換し，受電側では直流から自分の系統の周波数となるように制御してから電力供給している．

　東側西側の両系統ともしっかりした系統であるため，東日本大震災以前は緊急融通という場合はほとんどなく，融通するケースは需給逼迫の場合が多い．2003年には，中越沖地震による東京電力の柏崎・刈羽原子力発電所の停止に伴う応援のため，2003年6〜7月に60 Hz系統からの応援融通があったが，そのときの融通電力量は，130 000 000 kW·hであった．

5-6

相表示はどうなっているの？

　新入社員教育をしていたときのことある．新入社員より「学生のとき
に教授から教わった相表示は UVW の順で表示するよう規定している
と聞いたのですが，電力会社では何故色別表示なのですか．JEC 規定
などによるものなのでしょうか．何か根拠があって色別表示としている
のでしょうか．」ということだった．

　以下，相表示について説明する．

　一般的な相配列表示は，RST は電源側の相表示，UVW は機器側の
相表示として使われている．また，実際の電気設備においては，これら
の表記以外にも，ABC や黒赤白青等の色別の表示が使われている．

　相配列表示は非常に大切なものであり，電源と負荷の相配列を誤って
結線してしまうと，感電や設備損壊の危険があるほか，相順を誤って結
線してしまうと三相誘導電動機は逆回転となり，機器の誤動作を引き起
こす．

　つまり，交流電線路の相名表示方法について，規定を設けておかない
と電気を安全に使用することができない．

(1)　相名表示の規定

　電気学会電気規格調査会標準規格（JEC）では，電気機器の相名表
示について次のように規定している．

①　変圧器の線路端子記号は，高圧巻線を UVW，低圧巻線を uvw，
　　三次巻線を abc とする．端子配列を第1図に示す．

②　同期機・誘導機は，線路側端子を UVW と規定している．また，
　　同期機で各相の中性点端子を引き出した場合は XYZ を用いるとして

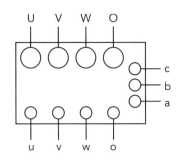

第1図 三相3巻線変圧器の端子配列例

いる.

次に,日本電機工業会標準規格(JEM 1134)では,相名表示について,配電盤や閉鎖型配電盤等は,第1相を赤相,第2相を白相,第3相を青相と表示することを標準としている.

ちなみに,日本電機工業会標準規格(JEM 1134)では,単相3線式の色別は,第1相を赤相,中性相を黒相,第3相を青相と表示することを標準としており,国土交通省仕様(ほかの官庁仕様も同じ)では,第1相を赤相,中性相を白相,第3相を黒相と表示することとしている.

なお,電源側の相表示には,JEC では「ABC,RST」,日本産業規格(JIS)では「ABC,L1-L2-L3」が解説図の中で,電源の記号として使われている.

これだけでもかなり混乱してしまうことがわかる.

(2) 電力会社の相表示方法

各電力会社では,発電所からお客さままでの相表示を統一するため,日本電気技術委員会の発変電規程(JEAC 5001)に基づき,各電力会社の社内規定により相表示札を付けている.

発変電規定(JEAC 5001)第5-20条(特別高圧母線,高圧母線の相表示および接続状態表示装置)では,「特別高圧母線(母線と機器間及び機器相互間を含む)及び高圧母線には,その見やすい箇所に相別の表示をすることが望ましい.」と規定され,電力会社の設備には相表示札

JEM規格と電力会社の相表示

対象	第1相			第2相			第3相		
	色別	呼称	記号	色別	呼称	記号	色別	呼称	記号
JEM	赤			白			青		
北海道電力	青		□	赤		○	白		△
東北電力	赤	R	○	白	S	△	黒	T	□
東京電力	黒		□	赤		○	白		△
中部電力	青	B	○	白	W	△	赤	R	□
北陸電力	赤	R	○	黄	S	□	青	T	△
関西電力	赤	A		青	B		白	C	
中国電力	赤		○	白		△	青		□
四国電力	赤		○	白		△	黒		□
九州電力	白			赤			青		
沖縄電力	赤	A		白	B		青	C	
電源開発	赤	A		白	B		黒	C	

が付いている．

　同規定の解説では，「色別（赤，白，黒），記号別（A，B，C又はR，S，T）などによるのが普通で，同一系統はできるだけ統一した表示を行うことが望ましい．」としており，統一した表示方法を規定していない．

　したがって，電力会社では，各社の社内マニュアル等で相表示の方法をそれぞれ決めているのが現状である．表は，各電力会社の相表示の一覧を示した．日本全国で色別がまちまちであることは一目瞭然である．

　なお，電源から機器までの相表示をまとめると，第2図のようになるので，参考としてほしい（統一されているわけではないので，参考図である）．

⑶　端子記号の根拠はあるのか

　UVW，RSTの端子記号の根拠を調査したが，どの文献にも見あた

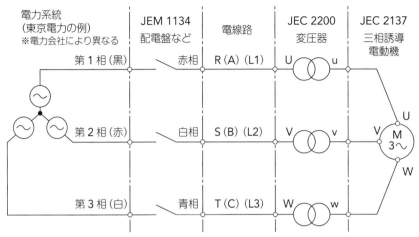

第2図　三相交流の相表示規定（電力会社：マニュアルなど）

らなかった（知っておられる方がいましたら，電気書院にお知らせください）．

　海外でも RST の端子記号を使用しているので，電力設備を導入したときの経緯で使用されているのかと考え，海外電力調査会などに問い合わせてみたが，わからなかった．大先輩から「連続したアルファベットの三文字を便宜的に名称として付けた」と聞いたことがあるが，確かではない．

⑷　相順

　三相交流における相順とは，「三つの単相交流の最大値が現れる相の順序」のことを意味する．

　第3図の三相交流波形では，第1相-a 相，第2相-b 相，第3相-c 相の順になる．

　三相誘導電動機の UVW 端子をこの順に接続すれば電動機は正回転する．三相誘導電動機は回転磁界の方向に回転力を生じるので，三相に配置された巻線に，三相交流電流を流すことによって発生する回転磁界によって回転方向が決まる．結線の際に相順を誤ると三相誘導電動機は逆回転することになる．

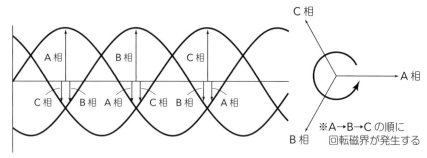

第3図　三相交流波形

　第1種電気工事士技能試験の過去の問題には，この三相誘導電動機の逆回転回路の結線が問題として出題され，受験者が四苦八苦して電工ナイフやペンチを片手に汗をかいていたのを思い出す．

⑸　相順を誤るとどうなるのか

　注意しなければならないのは，表にあるとおり，電力会社によって相名が違っていることである．

　例えば，JEM 1134 の標準にて製作された配電盤を電力会社の電源に接続する場合を考えると，配電盤の主回路端子は「赤白青」の色別であり，「赤白青」端子を電源の第1相・第2相・第3相の順に接続すればよいことがわかる．

　しかし，東京電力の場合で見てみると，電源の第1相・第2相・第3相の順は「黒赤白」を使っているので，色別だけを見て，赤には赤，白には白，黒がないので黒には青と接続してしまうと，配電盤は負荷設備に第2相・第3相・第1相の順で供給することになる．

　この場合，相順についていえば合っているから，電動機が逆回転することはない．しかし，種々のトラブルを防ぐためには推奨できるとはいえない接続となる．

　また，電力会社によっては，色別だけを見て接続すると相順が逆になるケースがあり，すべての電動機が逆回転するなどの不具合を発生することがあるので，十分注意する必要がある．

　なお，変圧器の並列運転では，低圧母線にベクトルの電位差を生じ，二次側の遮断器を投入して並列すると，電位差と変圧器漏れインピーダンスによって変圧器間に短絡電流が流れて危険な状態となってしまう．

　したがって，受変電設備の施工にあたっては，第1相目は「何という相名か」，第2相目は，第3相目は，と確実に相順を確認することが大切である．電力会社では，お客さまの電源側の相順を確認するために「センスメータ」などと呼ばれる機器などを使用している．また，施工者（お客さま）側では三相誘導電動機の接続の際には，相回転計にて電源の相順を確認することが大切となる．

5-7
省エネは経営者・会社全体の意識改革から

　地方のある零細企業での省エネルギー（省エネ）指導における一コマを紹介する.

大嶋：こんにちはー. 大嶋技術士事務所から来ました大嶋です. 本日は
　　　よろしくお願いします.

社長：社長の○○です. 大嶋先生, 本日はよろしくお願いします.

大嶋：それでは早速ですが, 社長さんは電気料金の請求書または領収書
　　　をご覧になったことはありますか.

社長：もちろん見たことはあります.

大嶋：そうですか. それでは1か月にどの程度の料金を電力会社に支払
　　　っているかご存じでしょうか.

社長：おーい. Aさん！ 電気料金表を持ってきてくれ.

大嶋：社長さん, 料金表は後で確認することとして, 私は社長さんがご
　　　存じなのかどうかとお聞きしたかったのです.

社長：いやー, 先生, 1か月にいくら支払っているかはわかりません.

大嶋：そうですか. それではそのほかの燃料費, 例えばボイラの重油料
　　　金なども把握していませんよね.

社長：はい. お恥ずかしい限りです. うちみたいに小さな企業はどうし
　　　ても, 運転資金のことが最優先なものですから.

大嶋：それでは, 今日からまず社長さんから "意識改革" に努めてくだ
　　　さい.

社長：具体的にどのようにしたらよろしいのでしょうか.

大嶋：まずは勉強から始めましょう. 電気料金計算書なるものが電力会

　社から届いていると思いますので，先ほどのAさんにお願いして1年間分の電気料金を計算してみましょう．その際，電気料金計算表の内容についての見方もお教えします．続いてほかの燃料費についても1年間でどの程度使用しているか把握してみましょう．そして，電気エネルギー比などを把握することとしましょう．

社長：わかりました．よろしくお願いします．

大嶋：意識改革といっても難しいですよね．"省エネルギーは省マネー"ということをご理解ください．そして，"省マネーを運転資金にまわそう"と意識改革してみてはどうでしょうか．

社長：先生，それを先に言ってください．"省マネーで運転資金拡大"ですね．

大嶋：そうです．その意気込みでやってください．

　以上のやり取りから，おわかりのように，小さな企業ではとにかく運転資金の確保という切り口から，まずは経営層の意識改革にもっていくことが重要である．

　具体的には，まずエネルギー消費量の把握を行うことから進める．

① 全体のエネルギー消費量（燃料，電気，水）を月度ごとに把握させる．

② 全体のエネルギー費用（燃料，電気，水）を月度ごとに把握させる．

③ 主要設備のエネルギー消費量を月度ごとに把握させる．

④ 全生産量に対するエネルギー消費原単位を月度ごとに把握させる．

⑤ 主要製品別のエネルギー消費原単位を月度ごとに把握させる．

⑥ 用途別（燃料：ボイラ，加熱炉，暖房，厨房等，電力：空圧機，空調機，生産動力，照明・コンセント等，水：用水，冷却水）のエネルギー消費量比率を年度ごとに把握させる．

⑦ 最後に，エネルギー消費量または消費原単位の月別トレンドを社内掲示する．

　それができたら，経営層と社員全員が話し合うことが重要なカギとな

る．そして，以下のことを進めることが大切である．

(1) 経営層が省エネ方針を示す

① 省エネの社内目的（ビジョン）を示す．

② 経営層は省エネ目標（数値，達成年度）を社員との話し合いをもとに示す．

③ 経営層は省エネ改善のための投資予算をできる範囲で用意する（小企業ではほとんど無理であるところが多いので，「予算をかけない」省エネルギー指導が重要となってくる）．

④ 省エネ優遇税制または省エネ公的融資制度も教授し，利用できるものはすべて利用する．

⑤ 省エネ対策と環境・リサイクル対策とを一体的に進めることができれば理想である．

(2) 省エネ推進体制をつくる

① 省エネ推進のための組織をつくる．

② エネルギー管理者または省エネ推進担当者を社員と話し合い決める．

③ 省エネのための小集団活動を実施させる．

④ できれば，省エネ提案に対する社内表彰制度などを設ける．

⑤ 外部コンサルタントの指導を受ける（予算による）．

　以上のことを社長さんの呼びかけで行うことで，小さな企業であればこそ社員末端まで「意識改革」を行うことができるはずである．

　さらに，社員とのコミュニケーションが良い意味で図られると考える．

　図に，「電気料金計算書」の例を示す．電力会社によりスタイルに違いはあるが，使用電力量，力率など表示事項は同じである．太線で囲んだ部分が特に大切である．省エネ指導はこの部分から切り込んでいくとよいと考える．

・電気料金計算書の基本料金が省エネ・省マネーの基本

　電気料金は「基本料金」と「電力量料金」で構成されており，省エネ

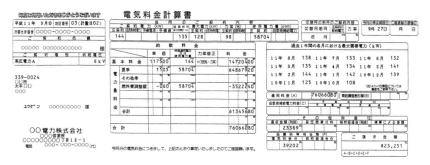

「電気料金計算書」の例

ルギーに貢献し省マネーを行うには，基本料金を下げることが一番である．

① 実量制による主契約電力を下げる

契約電力は，当月を含む過去1年間の各月の最大需要電力のうちで最も大きい値となる．ただし，電気使用開始から1年間の各月の契約電力は，電気使用開始月からその月までの最大需要電力のうち最も大きい値となる．したがって，最大需要電力を下げることにより，省エネルギーに貢献し，かつ，省マネーを実現することができる．

② 力率改善により基本料金割引を最大限受ける

電気料金計算書の「力率」による基本料金の割引制度について，知らない経営者もいることから，まずは割引制度について理解していただくことから指導することも大切である．

東日本大震災後の電力不足による「計画停電」を経験した私たちは，国民全体が「節電」という形で，まさに経営者・会社全体の意識改革をはじめ，国民一人ひとりがエネルギーの大切さを学ばれたと思う．今後もこの経験を忘れず，後世に生かしたいものである．

5-8

シーケンス制御回路の基本動作

　「工事と受験」の読者から，工場などで採用されるシーケンス制御に関しての自己保持回路，遅延回路，優先回路，フリッカ回路の基本的な動作について質問を受けたことがあったので，これらシーケンス制御回路の概要を紹介する．

(1) 自己保持回路

　自己保持回路は，有接点回路でよく用いられる基本回路であり，その例を第1図に示す．

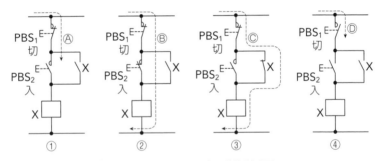

第1図　自己保持回路の動作説明図

①は初期状態を示し，操作電圧は PBS_1 を通過し，リレー X は無励磁状態である．

②は回路の動作中を示し，PBS_2 を押すことにより，操作電圧はリレー X を励磁する．

③は自己保持回路が形成された状態を示し，リレー X が励磁され，リレー X のメーク接点がオンとなり，PBS_2 を離してもリレー X のメーク接点によりリレー X は励磁し続ける．

④は自己保持からの復帰を示し，PBS₁を押すことにより，リレーXの
励磁電流が遮断され，リレーXは無励磁となり，リレーXのメーク
接点がオフとなり，①の初期状態に戻る．

(2) 遅延回路

遅延回路は，ある動作から次の動作をするために一定時間の遅れをもたせたいとき，タイマを用いて時間の制御を行う回路であり，動作形式により限時動作形と限時復帰形がある．第2図に限時動作形の一例を示す．

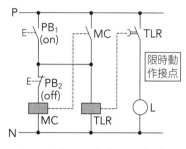

第2図　遅延回路（限時動作形）

第2図において，始動ボタンスイッチPB₁を閉じるとタイマの駆動部TLRが励磁され，設定された時間後にタイマのメーク接点TLRが閉じるようになっており，負荷Lに電流が流れる．また，停止ボタンBS₂を開くとタイマの駆動部TLRが消磁して直ちにタイマのメーク接点が戻り，負荷Lに電流が流れなくなるような動作をする．

(3) 優先回路

優先回路は，設定された動作を優先するよう構成した回路であり，先行優先回路や上位優先回路などがある．第3図に先行優先回路の例を示す．

これは，先にスイッチAをオンすると，リレーXが動作し，回路Bのブレーク接点X-bがオフし，その後スイッチBをオンしてもリレーYが動作せず，Ⓐ回路の動作を行えないように構成されたものである．

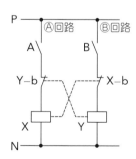

第3図　優先回路（先行優先回路）

(4) フリッカ回路

フリッカ回路は，一定間隔で接点のオン・オフを繰り返す回路で限時

回路を組み合わせた回路が基本である．第4図にフリッカ回路の例を示す．

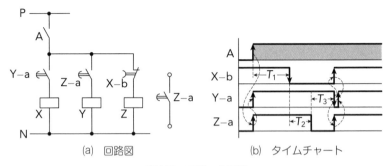

（a）回路図　　　　　　　（b）タイムチャート

第4図　フリッカ回路

　この回路では，X が限時動作瞬時復帰形で，Y および Z が瞬時動作限時復帰形となっている．

① 　スイッチ A をオンすることにより，リレー X のブレーク接点 X−b を経由して Z が励磁される．

② 　Z のメーク接点 Z-a がオンすることにより，リレー Y が励磁される．

③ 　Y のメーク接点 Y-a は瞬時動作形なので X が励磁され，一定時間（T_1）経過後，X-b がオフする．

④ 　Z-a は限時復帰形で，一定時間（T_2）経過後にオフする．

⑤ 　Y の励磁がなくなるので，一定時間（T_3）経過後 Y-a がオフする．

⑥ 　Y-a がオフすると X の励磁がなくなるので，X-b がオンする．

⑦ 　Z が励磁されるので，Z-a がオンする．

　以降，再度①に戻り，順次この動作を繰り返すことにより，Z の接点が一定時間でオン・オフを繰り返すこととなる．

　我々電気技術者が保守する現場では，これらのシーケンス制御回路をよく理解したうえで最適に組み合わせ，工場やビル等の設備を効率よく稼動させ，運転管理していくことが望まれる．

【参考】 メーク接点は a 接点を，ブレーク接点は b 接点を表す．

第6章

新入社員教育で
再教育させられた

6-1
コミュニケーションの大切さ

　4月になると，初々しい＆生意気？　な社員が入社してくる．電力会社の研修部門の所長時代の話である．

　私の所属していた研修部門は，現場での実践教育主体の研修が主な仕事内容であり，作業服に着替えての研修の毎日であった．

　私も専門分野の研修を担当するのだが，所長という立場から机上での専門講義を行うことが多く，大学・大学院卒の新入社員であっても机上研修では必ず1～2名が船こぎを始めるのは言うまでもない．

　そこで毎年のごとく皆に「君たちは研究部門，設備建設部門，メンテ部門，…，のどこを希望しますか」と聞くと，多くの社員が目を輝かせて「研究部門，設備建設部門で働いてみたい」と答え，建設畑であった私が設備建設部門の話を中心に進めると，耳を傾け始めるのである．さすがに大学・大学院卒のバリバリ社員たちである．

　どのような設計はどのような検討を行うのか，研究所ではどのような研究を行っているのか，こんな研究は行えるのかといった質問が出始めたころ，「では君たちを建設部門や研究所へ推薦するにあたって（私にはそんな権限などない）簡単なテストを行います」と切り出す．

　そこで，いつも電線絶縁設計の問題と電線の許容電流設計の問題を配る．微分・積分を使って解く問題なのだが，毎年といってよいほど，ほぼ全員全滅である．「こんなことでは絶縁物の研究どころかどこに配属されてもダメだなー．皆で相談して明日の朝までに解答をつくってきてください」で，1日目の研修を終了する．

　宿題であるから，当然のごとくブーイングが起こる．

しかし2日目，例年のごとく皆で相談して作成してきた解答はすばらしい．解答の中身はともかく，何よりも昨日とは違う彼らの「仲間である」という意識が芽生えていることである．毎年，2日目の夜はお酒が進みすぎて長くなり，3日目の研修はボロボロである．

しかし，彼らの研修反省文に，コミュニケーションの大切さが書かれていることでホッと胸をなで下ろすと同時に，数年後の彼らのバイタリティあふれた成果に期待したものである．15年も前のことであるので，今の社員はどのようであるのかは私には見当もつかない．

我々の仕事もコミュニケーションが大切である．

受電設備を停止しての試験業務などでは，66 kV級の受電設備を1日で行う場合も多くある．その場合，数百名の作業者が適切に機能しなければ，停電時間内に試験業務を終了することができない．

事前準備を万全に行うことは当然であるが，日ごろのコミュニケーションの大切さを感じる仕事の一つでもある．仲間は大切であり，これはすべての仕事，社会生活にいえることであると思う．

そういえば，知り合いの外交官から家族のコミュニケーションにまつわるこんな話を聞いたことがある．彼の米国生活での苦労は，6才の長女が1年経っても英語がろくに話せず，スクールへ通うのが嫌いになったことだそうである．

そこで専門のカウンセラーに相談したところ，一番大切な言語は日本語（母国語）であり，日本語で考えることができる力をまず身につけさせる．つまり，日本語での家族のコミュニケーション（会話）が一番大切で，日本語で物事の判断ができるようになれば，自然と英語を理解するとのことだったそうである．

彼は，子どもは米国のスクールに通っているうちに英語を覚えるだろうと思い込み，放っておいたことが間違いであったことに気付き，家族との時間を多くつくるように努力したとのことであった．

後日，そのお嬢ちゃまと話す機会があった．彼女は「輝夫おじちゃま

バイリンガルには程遠いわね」と一言.

　うーん，英語でのコミュニケーションは微分・積分よりも難題である！

6-2
感電する？　しない？
新入社員教育は難しい！

　電気現場の職場で新入社員研修を行ったときの出来事である．

　労働安全衛生法に基づく，安全教育を皆さんは必ず受けたことがあると思う．2005年頃の新入社員は，必ずしも工学系の教育を受けてきた人たちばかりでなく，中には文系の教育を受けた方もいる．感電に関する事項について講義をしていたときの1コマである．

大嶋：電気つまり"電流"が体の中を流れて初めて"感電した"ということになります（図などを用いて説明した）．

大嶋：電気が流れなければ感電しません．電気は流れる回路ができて，初めて流れることができます．皆さんは灯りをともすのに，"スイッチを入れる"という行為をしますね．

技術系社員：……（くだらないといった風な感じで聞いている）．

大嶋：「このことは電気の流れる回路をつくる行為をしたのです．専門的にはスイッチが入って灯りがともった回路を"閉回路"といいますが，閉回路ができないと電気は流れないということになります」

などなど説明した．

　文系出身の新入社員からすかさず質問が出た．

文系社員：「台風の後などで電線が切れて垂れ下がっているとき，電線に触っては危険だと言われたことがあります．今の説明ですと電線を1本だけ触っても，もう一方の線に触らなければ電気は流れないのではありませんか．電気が流れなかったら感電はしないと思います」とのことである．

　自分では電気回路と感電についてうまく説明でき，皆が理解できたなと思ったものだから，少し荒い口調で「電線を1本だけ触った場合でも，電気は人体を流れるので，感電します！」と私もすぐさま答えました．

文系社員：「えー！　じゃ今までの説明は嘘じゃん」

大嶋：「確かに！」（何だその物言いは！　心の中では，このやろー！
　　　殴ってやろーかと思ったが気を取り直して）

大嶋：「今までの説明では電線を1本だけ触っただけでは黒板の回路の
　　　ように"閉回路"ができないので電気は体の中を流れず，感電し
　　　ないように思えます．しかし，電線を1本だけ触った場合でも，
　　　感電はします」

　電気に精通している皆さんにはあえて説明する必要はないと思うが，電気を勉強したことのない方（文系・情報系の社員など）には，理解しがたいようであった．

大嶋：「では，何故，電力会社などで垂れ下がっている電線などは絶対
　　　に触らないようにしてください．と言うと思われますか」

技術系社員：「そんなの簡単ですよ．閉回路ができているからです」（こ
　　　いつもなんとなく生意気そうなやつ）

大嶋：「そうです．実は人体を通して閉回路ができているからですね．
　　　それでは，どういう形で閉回路ができるのでしょうか」
と再度問いかけました．

　技術系の新入社員は何となく得意げに接地回路などの回路図を描いて黒板に向かって説明を始めた．説明が終了したところで

大嶋：「完璧です．皆さん拍手，拍手ー！」「でも少し専門的すぎて，皆
　　　さんわかりましたか」

文系社員：「……（同期の新入社員に遠慮して）ちょっと難しいです」

大嶋：「そうなんです．電気は見えないから難しいと思います」

　それから私も自分自身と格闘しながらなるべく皆がわかるように説明したつもりだが，もっとわかりやすく説明できるぞという方がおられた

ら，勉強のため教えてほしい．以下，紙面の都合もあるので，そのとき説明したことを要約する．

　私たちが家庭で使っている電気は，発電所でつくられ，その電気は500 000 V という超のつく高電圧で需要地近くの変電所へ送られ，その変電所で電圧を下げて皆さんの家の近くの変電所(配電用変電所という)へと送られてくる．

　その配電用変電所ではさらに6 600 V の電圧にまで下げられて，皆さんの家の近くの電柱に設置されている変圧器（トランス）まで送られてくる．電柱の一番上にある3本平行になっている電線は6 600 V の電圧がかかっている．

　電柱上の変圧器で100 V や200 V の低圧の電気に変成されて，やっと皆さんの家に電気が届けられるということになる．この変圧器は簡単にいうと，変電所側（一次側という）に6 600 V の高圧の電圧がかかると，皆さんの家側（二次側という）から100 V や200 V が出てくるという機器である．

　つまり，変圧器の内部では6 600 V と100 V や200 V が混在していて，変圧器が何かの要因で故障すると，6 600 V と100 V や200 V が接触するおそれがある．そうなると，6 600 V の電気が家庭の100 V の回路に直接流れ込んでくることになり，たいへん危険な状態となる．

　この危険な状態は絶対に回避しなければならない．

　この危険回避のため，変圧器の二次側で100 V 側の1線に接地工事が施してあり，それは大地（地球）に接続されている．したがって，切れた電線に人間が接触すると電線を通して閉回路ができてしまい，人体に電気が流れて感電するのである．

大嶋：「皆さんが，ゴム製の長靴などを履いていて，足下が絶縁されていると閉回路ができないので，電気は流れません．これから使用する高圧ゴム長靴だったら感電しません．また，絶縁マットの上にいるときも同じです．さらに，今皆さんにお渡しした高圧ゴム

　　　手袋を着用して裸電線を触っているのも同じ理屈で，閉回路をつ
　　　くらないためです」

文系社員：「先生，質問いいですか」（先生ときたもんだ）

大嶋：「どうぞ」

文系社員：「接地側の電線が切れていて，その1本に触っても感電しま
　　　　　せんね」

大嶋：「そのとおり！」（うれしいー！　わかってくれたんだ）

文系社員：「なあーんだ！　じゃ，今までの説明はやっぱり嘘じゃん．
　　　　　切れた電線に触って感電する確率は50％てところかな．い
　　　　　や，停電していればもっと確率低いじゃん．感電しないかも
　　　　　な」

大嶋：「うーん．新入社員教育は難しいー」

　ここでさらに付け加えておく．

　電気機械が漏電していると，その機器のケースが鉄製であった場合な
ど，感電することがある．であるから，非常に接地工事は大切になると
いうことである．

　また，接地工事の方法によっても感電の危険性が大きく変わってくる．
諸外国では図に示すようにT-N方式を採用しているが，日本では，T-
T方式としているので，諸外国より漏電の際，危険度が高いといえる．

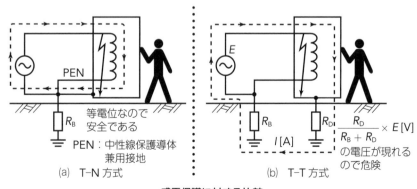

感電保護に対する比較

6-3

流れている電流の大きさは？

　6-2 では電線に止まっているカラスなど鳥の体内には電流が流れていないから感電しない（両足の電位が同じなので電流は流れない）との話をしていたが，理論的にはかなり小さな電流は流れているはずであるから，それを計算してみようということとなった．

技術系社員：「すみません．電線の電気抵抗を求めるには $R = \rho l/S$ の式を使えばいいですか．それとも規格値のようなものはあるのですか」

……こいつ意外に勉強しているな……

大嶋：「規格値はあります．また，電線の電気抵抗を求めるには $R = \rho l/S$ の式が基本となっていますから，あなたではなくほかの技術系新入社員に説明してもらいましょう」

　少し不満そうであったが，別のおとなしそうな技術系社員に基本式の説明をさせた．

　その技術系社員は要点をわかりやすく説明してくれた．私よりも説明がうまいかも？

大嶋：「とてもわかりやすかったです．皆さん拍手，拍手〜〜！」

大嶋：「それでは基本がわかったところで，ついでに来週から行う設計などの基本研修で説明しようと思っていました電線の「より込率」による電気抵抗の増加についてお話しましょう」

　ここでは標準軟銅の抵抗率，実際に使用されるパーセント導電率，断面積には素線の径に対する交差，より込率などを考慮して計算した値が規格値として決まっていることなどの説明を行った．

大嶋：「これまでの説明に質問がなければ計算してみましょう」「計算に
　　　当たっては，技術系社員と，情報・文系社員に分かれて計算して
　　　みてください」

技術系社員：「先生，条件はカラスではなく，人間が空を飛んで両手で
　　　電線に止まったでいいですか〜」

大嶋：「それも面白そうですね．本題の人体への生理的影響，つまり最
　　　小感知電流の話をしなければいけませんので，すべて人間の条件
　　　としましょう．では，両手の間隔を1m，人間の抵抗（皮膚の抵
　　　抗・接触抵抗等を含めて）を3kΩとする条件で計算してみるこ
　　　ととしましょう」

　私は文系社員の方についてみることとした．

文系社員：「有効桁数はどうしましょうか？」

大嶋：「電卓が示す数値すべてを有効として詳細な計算をしてみてはど
　　　うでしょうか」

　計算式と計算結果は次のとおり．

　$N，K，C，S$ は何を示すか，皆さん調べてみてほしい．

$$R = \frac{1+K}{N} \times \frac{1}{58} \times \frac{100}{C} \times \frac{1\,000}{S}$$

①　硬銅より線 $55\,\mathrm{mm}^2$（7/3.2）の場合

$$R = \frac{1+0.012}{7} \times \frac{1}{58} \times \frac{100}{97} \times \frac{1\,000}{8.042} = 0.319\,535\,177\,\Omega/\mathrm{km}$$

②　鋼心アルミより線 $330\,\mathrm{mm}^2$（26/4.0）の場合

$$R = 0.088\,757\,757\,\Omega/\mathrm{km}$$

大嶋：「やはりずいぶん小さな値となりましたね．技術系社員の方はど
　　　うですか」

技術系社員：「完璧だべー．おんなじ値だべー」

　聞き慣れてくると意外に方言もいいものである．

技術系社員：「先生，この先の計算に使用する電流値はどうしたらいい

　　　　　ですか」

大嶋：「硬銅より線 55 mm² （7/3.2） の場合は 300 A，鋼心アルミより
　　　　線 330 mm² （26/4.0） の場合は 730 A として計算してみてくだ
　　　　さい」

技術系社員：「先生，この電流値にも何か根拠がありそうですね」

　　このときは私もぞくぞくしたことを覚えている．

大嶋：「大ありです．この電流値については日を改めて説明しましょう」

（計算結果は次のとおり）

①　硬銅より線 55 mm² （7/3.2） の場合

　　人体に流れる電流＝31.951 618 38 µA

②　鋼心アルミより線 330 mm² （26/4.0） の場合

　　人体に流れる電流＝21.597 720 31 µA

技術系社員：「先生，やはり小さな値ですが，流れていることには変わ
　　　　　　　りはありませんよね．感電というのは，人体に電流が流れ
　　　　　　　ている，いないではなく，電流が流れていることをその人
　　　　　　　が感じた時点で感電となるということですか？」

大嶋：「そのとおりです」（うれしい〜）

大嶋：「それでは改めて安全教育に入りたいと思います」

　　── 皆さんも再度確認しておいてほしい ──

　　感電（電撃ともいう）は，一般に人体に電流が流れることによって発
生するもので，単に電流を感知する程度の軽いものから，苦痛を伴うショ
ック，さらには筋肉の硬直，心室細動による死亡など種々の症状を呈
する現象をいう．交流に比べ直流のほうが安全であり，特に，交流 50
〜 60 Hz が危険である．

　　最小感知電流とは，人体の通電電流がある値に達し，初めて通電して
いるという感覚を受けたときの電流をいい，人により多少の違いはある
が，2 mA 以下といわれている．この程度の電流では危険は全くない．

　　新入社員の計算したとおり，µA オーダの電流では感電していること

自体を感じることはないと思われる.

　なお，人体の電気抵抗は電源に触れる皮膚の乾湿の差および電圧の値によって変化する.電圧50 V付近で手が乾いているとき,人体の抵抗(手－足間)は5 000 Ω,湿っているときは2 000 Ωという程度である.また,電圧が高くなると人体の電気抵抗は小さくなり，交流，直流の違いによる人体の抵抗は，低い電圧（100 V以下ぐらい）において差があり，直流に対する抵抗のほうが大きい（前述の直流のほうが安全の理由である）.

　交流では100 V級であっても湿気のある床に立っていて感電したような場合は往々にして致命的である．また，40 V級以下であれば感電死亡した例はまれである．これに対して直流では100 V級以下では同じように感電死亡した例はまれである.

文系社員:「先生，講義はよくわかりました．質問なんですが，カラス
　　　　　は感電していることをわかっているのでしょうか」

大嶋:「………」（そんなこと俺にはわかる訳ないだろ！　からかってい
　　　　るのかワレ〜〜！）

　　　「本日の講義はこれくらいにして，これから実技訓練実習館で短
　　　　絡接地器具の取扱いなどについて説明を行います」

　どうも今年の新入社員は一言余計なのが多いな.

　君たちもそのうち写真のようなたくましい電線マンになってほしいと願う大嶋であった.

6-4

接地工事は本当に必要？

　実技訓練実習館で短絡接地器具の取扱いを説明していたときの一場面である．

大嶋：短絡接地器具の取扱いについてその他質問ありますか．何でもいいですよ．

文系社員：器具の取扱いではないのですが，先ほど「接地工事を行う」という説明がありましたが，何か建築工事などを行うようなイメージがするのですが．

大嶋：そうですね．説明が足りなかったようです．その都度土を掘り返して接地極を埋め込むのではなく，「接地がしてある状態」になればよいのです．一言で表すとすれば，設備や電気工作物などを電線を介して地球（大地）と電気的に接続することをいいます．

文系社員：うちの洗濯機は緑色の線で接地端子につながれているので，それも「接地工事」と受け止めてよいのですか．

大嶋：そのとおりです．あとで教室に帰ったら先ほどちょっと説明した「B，C，D種接地工事」について，人が触れた場合の感電という観点から皆さんの嫌いな計算式を用いて説明しましょう．

技術系社員：また計算ですか．漏電による電位の計算ですよね．

大嶋：そうです．

文系社員：漏電という言葉は入社してからよく耳にしますが，なんとなくわかったような気がしているだけで〜．

大嶋：それでは A さん（技術系社員）説明してみていただけませんか．

　待ってましたとばかりに技術系社員は要約すると以下のような説明を

始めた．

　電気機器や電気配線は人が触れても感電しないように絶縁（大地から絶縁）されている．しかし，その絶縁も温度や湿度などによって年とともに劣化する．人間が年を取るようなものである．例えば，洗濯機などの配線の絶縁が劣化して洗濯機のケースなどに触れていたとすると，本来配線の導体に流れるべき電流の一部が，洗濯機のケースを通して大地に流れてしまう状態を漏電という．（黒板で説明してくれた）……文系社員は納得したようである……

大嶋：いいでしょう．付け加えますと，人間の体は電気を通しやすいですから，もし漏電している洗濯機などに体の一部が触れると，人体を通して漏電電流が流れて感電負傷します．そこで，あらかじめ漏電電流の流れる道をつくっておこうというものが「接地工事」です．では，教室で計算してみましょう．

技術系社員：ちょっと待ってください．計算を始める前に，接地極はどのような役目を担っているのですか．私が勉強してきた限りでは，大地へ接続する電線の端子の役目を担うということでよいのでしょうか．

大嶋：そのとおりです．（こいつまたわかっていて質問しているな）

技術系社員：まだ質問いいですか．

大嶋：いいですよ．（こいつ計算するのをわざと遅らせているな）

技術系社員：その計算は，絶縁劣化など何かの異常原因が生じて接地系統に故障電流が流れると，故障電流と接地抵抗の積に相当する電位上昇が生じる．この電位上昇値が人体に危険を及ぼすことになるので，この電位上昇を極力小さく抑えるため，電気機器などは低い接地抵抗をもつ接地工事を行わなくてはならないという計算ですよね．

大嶋：そのとおりです．（いまいましいやつ）ではもういいでしょう．計算してみましょう．

文系社員：あの〜，もう少し質問いいですか．

大嶋：いいですよ．（こいつも計算するのを遅らせているな〜）

文系社員：人体に危険のない程度の電位上昇に抑えなければならないということと，接地工事の目的はわかりましたが，接地工事の目的はこれ以外にもありますか．

大嶋：え？（耳を疑いました）よいところに気が付きましたね．今まで述べた接地工事は，電気設備の「保安用接地」というものです．このほかに「避雷用接地」，「静電気障害対策用接地」などがあります．しかしこれも，感電や火災の防止など安全の確保が本来の目的です．

技術系社員：先生，それならもう一つ質問いいですか．

大嶋：いいですよ．

技術系社員：接地工事の目的には，第二義的な目的をもった接地もあると聞いたことがあります．それはどのようなものでしょうか．

大嶋：電気関連機器の雑音防止を目的とした「雑音対策用接地」や機器の安全な稼動の確保を目的とした「機能用接地」などのほかに，電気防食用を目的とした「回路用接地」があります．これから教室に戻って表がありますから詳しく説明しましょう．

……読者の皆さんはこれらの接地についてはよくご存じと思います．何となくという方は，接地に関する書籍で勉強してください．

技術系社員：先生，最後にもう一つ質問いいですか．これが最後です．接地工事で所定の接地抵抗値が得られない理由と接地抵抗値を低減する方法を教えてください．

大嶋：いいですよ．（こいつ〜いいかげんにしろよ）接地電極表面と土壌の接触状況に影響されることが原因の一つです．また，接地抵抗が大地の抵抗率によって大きな影響を受けます．これも積分計算で後で説明しましょう．

文系社員：えぇ〜．積分なんかやめようよ．もう余計なことはいわない
　　　　　ようにしよう．

大嶋：さらに〜〜〜，接地抵抗値を低減する方法ですが，一般によく知
　　　られている方法に，接地電極周辺に塩水を注水したり，木炭の粉
　　　末を投入したりする方法があります．まず，塩水の注水では，一
　　　時的には効果が現れるのですが，降雨による希釈や流出などで持
　　　続性がないことが欠点となります．また，木炭粉末の投入では，
　　　銅などの電極を腐食させるのが難点となりますね．現在では，こ
　　　うした欠点を補うために接地抵抗低減剤が使用されるようになり
　　　ました．ただし〜〜，これらも環境問題とか低減効果とかいろい
　　　ろと問題がありますので，そのへんをじっくりと計算問題ととも
　　　に詳しく教室で説明しましょう．

技術系社員：何かやぶへびだったな〜．

大嶋：さあ〜，早く教室へいらっしゃい．

文系社員：やばい．だんだん眠気が襲ってきたぞ〜．

6-5
高圧水銀灯と高圧ナトリウム灯はどちらがお得？

実技訓練実習館で短絡接地器具の取扱い講義後の一場面である．天井付近に設置された高圧水銀ランプの1灯が講義中に突然消えてしまった．

大嶋：さて，先ほど突然消えてしまった高圧水銀ランプを取り替えましょう．照明器具昇降用のスイッチを押してランプを手元まで降ろしてください．（私が水銀ランプを取り替えようとすると…）

文系社員：先生だめじゃないですか．私たちには高圧ゴム手袋を使用しなさいと言っておきながら自分が使わないなんて違反ですよ．

大嶋：高圧といっても高圧水銀ランプの高圧は，意味が違います．点灯中の水銀蒸気圧が 13 kPa 程度と高いので高圧といい，電圧6 600 V の高圧とは意味が違います．

文系社員：実は何となく知っていました．先生が口やかましく安全，安全と言っていたのでつい…．

大嶋：そぉ～ですか．それでは終業時間までまだ1時間以上ありますから，ランプについて少し講義を行いましょう．

文系社員：やば～．

大嶋：高圧水銀ランプは，高圧ナトリウムランプ，メタルハライドランプとともに HID（High Intensity Discharge）ランプといわれるランプです．皆さんもご存じのとおり学校の体育館などで利用されていたものです…（一般的な説明）．

技術系社員：先生，私の学校は最初にいわれていた HID ランプである高圧ナトリウムランプとメタルハライドランプが屋外運動場などに利用されていたようなのですが，確か，経済的だ

からという理由で….

大嶋：すごいですね．よく覚えていましたね．

技術系社員：私はあまり興味がなかったのですが，大学の担当教授が照明の専門でしたので….

大嶋：わかりました．ではナトリウムランプについて私の知る範囲で少し説明しましょう．大学の教授のように専門的なことは勘弁してください．

大嶋：皆さんは車を運転しますよね．高速道路を走っていると，トンネルなどの照明にオレンジ色の照明が使用されています．これがナトリウムランプです．皆さんもこれくらいはご存じだと思います．

技術系社員：トンネルは低圧ナトリウムランプが多いと聞いていますが．

大嶋：そうでもないようですよ．道路公団の知り合いに聞いたところによると，低圧ナトリウム灯が約4割，高圧ナトリウム灯が約6割で，逐次高圧ナトリウム灯に更新すると言っていました．低圧のものはオレンジ色が多少濃く，高圧が黄白色でオレンジ色が低圧より薄い照明です．

技術系社員：先生，経済的ということは，効率から経済的ということなのでしょうか．

大嶋：そうですね．それが一番だと思います．それから，寿命の面からも最近では36 000時間というものも出現してきています．この寿命は従来の高圧水銀ランプと比較すると，3倍近い寿命ということになります．

文系社員：寿命が長くなれば取替回数も減り，人件費がかなり削減できますよね．

大嶋：そうですね．それが一番かもしれませんね．

文系社員：あの色をもう少し何とかできれば楽しいのにな〜．

技術系社員：それはだめなんだってよ．教授が言ってたぜ．道路の照明の目的は交通の安全とか事故の防止とか保安が主体だか

ら，高速自動車道などの照明は，夜の高速走行でも路上の物体がよく見えるように保たれることが必要だ．だからオレンジ色がよいと言っていた．

大嶋：ちゃんと覚えているじゃん．そのとおりです．オレンジ色のナトリウム灯，特に，低圧ナトリウム灯のオレンジ色の光は，目に最も感じやすい波長 555 nm（ナノメータ）の光に近いので，霧の中でもよく透過し，かつ，効率が高く経済的ですから，道路照明に広く利用されているという訳です．

技術系社員：ただし，ご指摘のとおりオレンジ色一色の単光色なので物が見える色は大変悪くなります．

大嶋：（こいつ俺より先にいうな）

文系社員：で，先生，高圧水銀灯と高圧ナトリウム灯はどっちがお得なのでしょうか．

大嶋：う〜ん．難しい質問ですね．効率からいえばナトリウムランプになりますし，値段からいえば水銀ランプですし，取替のコストからいえば寿命という面でナトリウムランプになりますし〜．

文系社員：わかりました先生．まず電球を取り替えてから明日までにじっくりと検討してくるということで〜．

大嶋：俺が検討してくるのか〜．

文系社員：そのとおり．

大嶋：何か立場が逆になったような．

技術系社員：いつも俺たちばかりに宿題を出すからサ〜．

大嶋：わかった．とにかくやってみるよ．

【翌日】

大嶋：昨日の宿題ですが結論が出ました．水銀灯もナトリウム灯も業者さんの値引きの大きいほうが経済的です．

文系社員：お〜．俺たちと同じような結論だ．先生もわかってきたようだなー．

大嶋：わかったことがもう二つある．経済性というのは難しいということと，昆虫は特に紫外線に感応し黄色の光の波長域には感応しないということです．田舎出身の○○さんたちは知っていると思いますが，虫取りに行ったとき，水銀灯によくカブトムシなどが寄ってきていましたよね．水銀灯には虫が寄り付きますが，黄色の単色光だけを出すナトリウム灯には昆虫は近づかないということです．

文系社員：先生，結論が出た．水銀灯が経済的です．

大嶋：どういう理由から？

文系社員：決まってるジャン．水銀灯で天然のカブトムシ，クワガタムシ集めて商売して大もうけや．

大嶋：………．

―― 著 者 略 歴 ――

大嶋　輝夫（おおしま　てるお）

1974年　　　　東京電力㈱入社
1989年1月　　技術士（電気電子部門）
1996年1月　　電験1種合格
2004年　　　　東京電力㈱地中送電技能訓練センター所長
2009年7月　　大嶋技術士事務所設立，代表
2017年11月　㈱オフィスボルト設立，代表取締役社長

電気技術者　現場バカのしくじり

2021年 5月28日　　第1版第1刷発行

著　　者　　大　嶋　輝　夫

発 行 者　　田　　中　　聡

発 行 所
株式会社 電 気 書 院
ホームページ　www.denkishoin.co.jp
（振替口座　00190-5-18837）
〒101-0051　東京都千代田区神田神保町1-3 ミヤタビル2F
電話(03)5259-9160／FAX(03)5259-9162

印刷　中央精版印刷株式会社
Printed in Japan／ISBN978-4-485-66555-8

• 落丁・乱丁の際は，送料弊社負担にてお取り替えいたします．

［本書の正誤に関するお問い合せ方法は，次ページをご覧ください］

書籍の正誤について

万一，内容に誤りと思われる箇所がございましたら，以下の方法でご確認いただきますよう
お願いいたします．

なお，正誤のお問合せ以外の書籍の内容に関する解説や受験指導などは**行っておりません**．
このようなお問合せにつきましては，お答えいたしかねますので，予めご了承ください．

正誤表の確認方法

最新の正誤表は，弊社Webページに掲載しております．
「キーワード検索」などを用いて，書籍詳細ページをご
覧ください．
正誤表があるものに関しましては，書影の下の方に正誤
表をダウンロードできるリンクが表示されます．表示さ
れないものに関しましては，正誤表がございません．

弊社Webページアドレス
https://www.denkishoin.co.jp/

正誤のお問合せ方法

正誤表がない場合，あるいは当該箇所が掲載されていない場合は，書名，版刷，発行年月
日，お客様のお名前，ご連絡先を明記の上，具体的な記載場所とお問合せの内容を添えて，
下記のいずれかの方法でお問合せください．
回答まで，時間がかかる場合もございますので，予めご了承ください．

郵便で問い合わせる	郵送先	〒101-0051 東京都千代田区神田神保町1-3 ミヤタビル2F ㈱電気書院　出版部　正誤問合せ係
FAXで問い合わせる	ファクス番号	**03-5259-9162**
ネットで問い合わせる	弊社Webページ右上の「**お問い合わせ**」から **https://www.denkishoin.co.jp/**

お電話でのお問合せは，承れません

(2021年1月現在)